机械基础实验指导书

（上　册）

主编　邢邦圣　王柏华

主审　韩继光　施春华

东南大学出版社

·南京·

内 容 提 要

本书分上、下两册。其中上册包括计算机绘图、材料力学、工程材料及机械制造基础、互换性与技术测量、测试技术、机电控制工程基础等6门课程的实验指导书；下册包括流体力学、机械原理、机械设计、液压与气压传动、单片机原理及应用、电气控制与PLC等6门课程的实验指导书。

本书为高等学校机械类、近机类专业的本科生实验教材，也可作为教师的参考书。

图书在版编目(CIP)数据

机械基础实验指导书/邢邦圣，王柏华主编．—南京：东南大学出版社，2009.8（2020.8重印）
ISBN 978-7-5641-1793-1

Ⅰ.机…　Ⅱ.①邢…　②王…　Ⅲ.机械学—实验—高等学校—教学参考资料　Ⅳ.TH11-33

中国版本图书馆CIP数据核字(2009)第134278号

东南大学出版社出版发行
(南京四牌楼2号　邮编210096)
出版人：江建中
网　址：http://press.seu.edu.cn
电子邮件：press@seu.edu.cn
全国各地新华书店经销　虎彩印艺股份有限公司印刷
开本：787 mm×1092 mm　1/16　印张：19　字数：480千
2009年8月第1版　2020年8月第8次印刷
定价：59.00元(上、下册)

前　言

本书根据高等学校机械类专业机械基础实验教学大纲的要求，参考了国内外同类教材，结合徐州师范大学多年实验教学改革的实践和经验，并按照当前机械基础实验教学的发展趋势编写而成。

本书具有下列主要特点：

(1) 从对21世纪人才的"宽口径、厚基础、高素质、强能力"的要求出发，充分体现以人为本，知识、能力、素质协调发展，学习、实践、创新相互促进的先进的实验教学理念和实验教学改革思路，注重培养学生严谨的科学态度、相互协作的团队精神和勇于开拓的创新意识。

(2) 增加了提高型(综合性、设计性、应用性等)和研究创新型实验，这样有利于培养学生的创新能力。

(3) 实验包括实验目的、实验设备和工具、实验内容、实验原理、实验仪器、实验步骤等内容，并附有实验报告，便于学生自主学习，提高学生的自学能力。

(4) 教材内容深入浅出，通俗易懂，图文清晰，版面合理。

本书由邢邦圣、王柏华主编。参加本书上册编写的有：邢邦圣(第1章)，蔡瑜玮、李顺才(第2章)，郭永环(第3章)，袁建民(第4章)，封士彩(第5章)，凌杰(第6章)。参加本书下册编写的有：王柏华(第1章)，刘玉(第2章)，王永军(第3章)，李富柱、杨存智(第4章)，季广中(第5章)，董广强(第6章)。全书由邢邦圣统稿并最后定稿。

本书由韩继光、施春华主审，对此表示衷心感谢。

在本书编写、出版过程中，徐州师范大学教务处、设备处和机电工程学院领导给予了大力支持和热情指导，并得到徐州师范大学教材出版基金和省级实验教学示范中心建设经费资助。此外，编者参考了许多专家、学者的著作和文献，在此一并表示衷心的感谢！

由于编者水平有限，时间仓促，书中错误及不妥之处在所难免，恳切希望广大读者批评指正。

编　者

2009年6月

目　录

第1章　计算机绘图 …… 1
实验1　图形绘制实验 …… 1
实验2　图形编辑实验 …… 3
实验3　绘图辅助工具实验 …… 6
实验4　绘制剖面线实验 …… 9
实验5　三维造型实验 …… 11
实验6　尺寸标注实验 …… 13
实验7　绘制零件图和装配图实验 …… 15

第2章　材料力学 …… 18
实验1　材料的拉伸和压缩实验 …… 18
实验2　扭转实验 …… 27
实验3　纯弯曲梁的正应力实验 …… 32
实验4　弯扭组合变形实验 …… 37
实验5　压杆稳定实验 …… 44
附录1　液压式万能材料试验机(WE-300 kN) …… 49
附录2　扭转试验机(NJ-50 B) …… 52
附录3　材料力学多功能实验台 …… 54
附录4　电阻应变测量技术和应力应变综合参数测试仪 …… 56

第3章　工程材料及机械制造基础 …… 64
实验1　金属的力学性能实验 …… 64
(一) 硬度实验 …… 64
(二) 一次冲击韧度实验 …… 75
实验2　铁碳合金平衡组织的观察实验 …… 78
实验3　钢的热处理实验 …… 83
实验4　刀具几何角度的测量实验 …… 88
实验5　切削因素对加工表面粗糙度的影响实验 …… 95
附录1　金相显微镜的使用 …… 99
附录2　金相试样的制备 …… 102

第4章　互换性与技术测量 …… 105
实验1　内尺寸的测量实验 …… 105
实验2　直线度误差的测量实验 …… 110
实验3　表面粗糙度的测量实验 …… 114
实验4　齿轮综合测量实验 …… 119
(一) 齿轮公法线平均长度偏差与齿轮公法线长度变动的测量 …… 119
(二) 齿轮齿厚的测量 …… 124

第5章　测试技术 …… 128
实验1　信号频谱分析实验 …… 128
实验2　悬臂梁固有频率测试实验 …… 132

第6章　机电控制工程基础 …… 139
实验1　系统的时频域分析实验 …… 139
实验2　PID调节器的设计及特性分析实验 …… 141

第 1 章　计算机绘图

实验 1　图形绘制实验

1　实验目的

（1）了解机房规则，明确 AutoCAD 在工业中的作用。
（2）熟悉 AutoCAD 的显示界面。
（3）熟悉图形绘制命令的功能和作用。
（4）掌握图形绘制命令的操作步骤和技巧。

2　实验设备和工具

计算机

3　实验内容

（1）熟悉 OPTIONS 命令，掌握 AutoCAD 的环境参数设置。
（2）熟悉 AutoCAD 中各功能键的作用。
（3）熟悉命令输入的 3 种方式和数据的输入方式。
（4）正确掌握常用文件操作，如 NEW、OPEN、CLOSE、SAVE、SAVEAS、EXIT 等。
（5）熟悉 LIMITS、UNITS 命令，掌握绘图环境的建立方法。
（6）熟悉 HELP 命令，掌握帮助命令的使用。
（7）练习 AutoCAD 的常用绘图命令：如 POINT、LINE、MLINE、CIRCLE、ARC、PLINE、DONUT、RECTANG、POLYGON、ELLIPSE、SOLID、TEXT、MTEXT 等。
（8）用 AutoCAD 绘制如图 1-1 所示的图形。

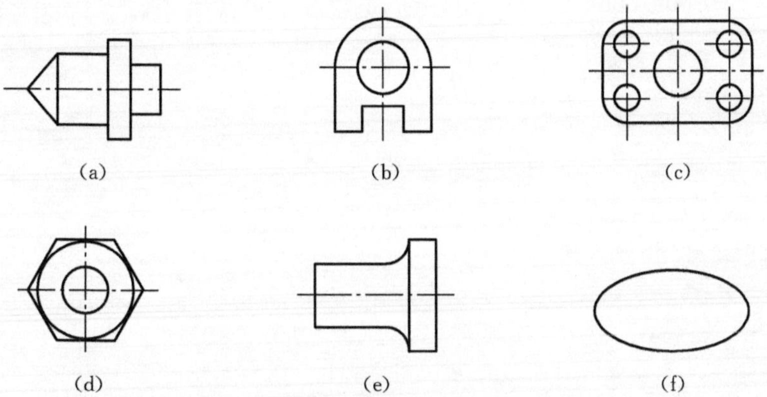

(a)　(b)　(c)　(d)　(e)　(f)

图 1-1

图形绘制实验报告

班级______________ 姓名______________ 学号______________

同组实验人姓名______________________ 实验日期____________

1 用 AutoCAD 绘制图 1-1 的步骤

2 思考题

(1) 输入 AutoCAD 命令的常用方法有哪些？键错了命令或数据，如何处理？怎样中断一个正在执行的命令？

(2) 如何建立、打开和保存图形文件？

(3) 用 CIRCLE 命令画圆的方式有哪几种？

成绩评定__________________ 指导教师__________________

实验 2　图形编辑实验

1　实验目的

(1) 熟悉编辑命令的功能和作用。

(2) 掌握编辑命令的操作步骤和技巧。

(3) 熟练使用编辑命令,准确、快速绘制较复杂的平面图形。

2　实验设备和工具

计算机

3　实验内容

(1) 练习 AutoCAD 的常用图形编辑命令,如 SELECT、ERASE、OOPS、BREAK、TRIM、EXTEND、UNDO、REDO、MOVE、STRETCH、ROTATE、MIRROR、MIRRTEXT、COPY、ARRAY、OFFSET、SCALE、LENGTHEN、CHAMFER、FILLET、CHANGE、EXPLODE、PEDIT、DIVIDE、MEASURE、DIST 等。

(2) 如图 1-2(a)所示,先画出此图,然后做下述操作:

① 用 ERASE 命令擦除若干图线,并用 OOPS 命令恢复。

② 用 BREAK 命令删除 CM 和 DN。

③ 用 TRIM 命令修剪 EF 和 GH。

④ 用 COPPY 命令把 3 个圆复制到一个新位置,成为同心圆。

⑤ 用 ARRAY 命令生成题图 1-2(b)。

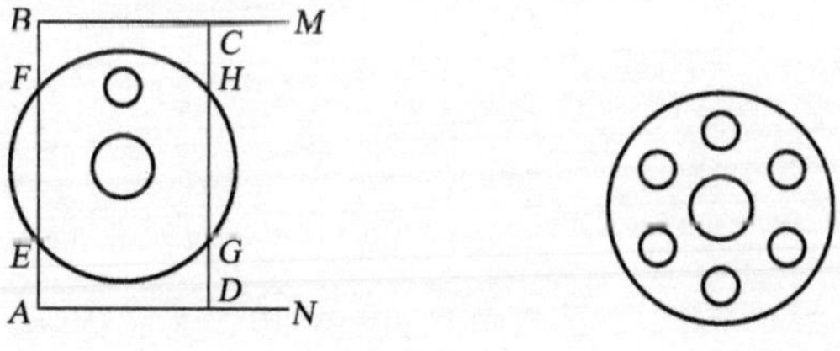

图 1-2

(3) 如图 1-3 所示,先画出图(a),然后利用 MIRROR 和 CHANGE 命令完成图(b)。

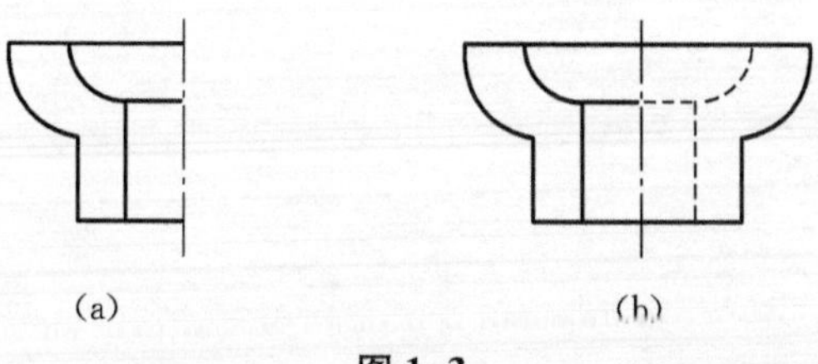

图 1-3

(4) 如图 1-4 所示，先用 PLINE 命令画出两条连续的复合线 *ABCDEFGH*、*HIJ*，再用 PEDIT 命令进行如下操作：

① 把它们连接成一条复合线。

② 作曲线拟合，然后恢复原状。

③ 利用顶点编辑命令做断开、拉直、移动、插入等操作。

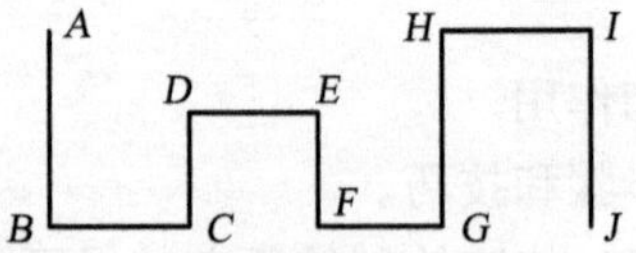

图 1-4

(5) 如图 1-5 所示，先完成此图，再进行下述操作：

① 对整条复合线完成倒角和倒圆角操作。

② 用 OFFSET 命令在外侧画等距线。

③ 图形编辑时练习使用 U、UNDO、REDO 等命令的功能。

(a)　　　　(b)

图 1-5

图形编辑实验报告

班级____________ 姓名____________ 学号____________

同组实验人姓名________________ 实验日期__________

1 用 AutoCAD 绘制图 1-2 的步骤

2 思考题

（1）命令 BREAK、TRIM 有何区别？

（2）命令 LENGTHEN、EXTEND 有何区别？

（3）命令 UNDO、OOPS 的区别是什么？

（4）CHAMFER 命令能对直线、多义线进行倒角，能不能对圆弧、椭圆弧进行倒角？FILLET 命令呢？

成绩评定________________ 指导教师________________

实验3　绘图辅助工具实验

1　实验目的

（1）熟悉绘图辅助工具命令的功能和作用。

（2）掌握绘图辅助工具命令的操作步骤和技巧。

2　实验设备和工具

计算机

3　实验内容

（1）练习 ZOOM、PAN、DSVIEWER 等命令的使用。

（2）练习 LAYER、LTSCAL 等命令的使用。

（3）练习 SNAP、GRID、ORTH、OSNAP 等命令的使用。

（4）练习 BLOCK、WBLOCK、INSERT、MINSERT、ATTDEF 等命令的使用。

（5）如表 1-1 所示，试建立 MAIN、CENTER、DASHED、TEXT、DIM、HATCH、BLOCK 图层。

表 1-1

LAYER NAME	STATE	COLOR	LINETYPE
0	ON	WHITE	CONTINUOUS
MAIN	ON	RED	CONTINUOUS
CENTER	ON	BLUE	CENTER
DASHED	ON	WHITE	DASHED
TEXT	OFF	MAGENTA	CONTINUOUS
DIM	FREEZE	CYAN	CONTINUOUS
HATCH	LOCK	GREEN	CONTINUOUS
BLOCK	OFF	YELLOW	CONTINUOUS

（6）用 AutoCAD 绘制如图 1-6～图 1-9 所示图形，注意精确作图。

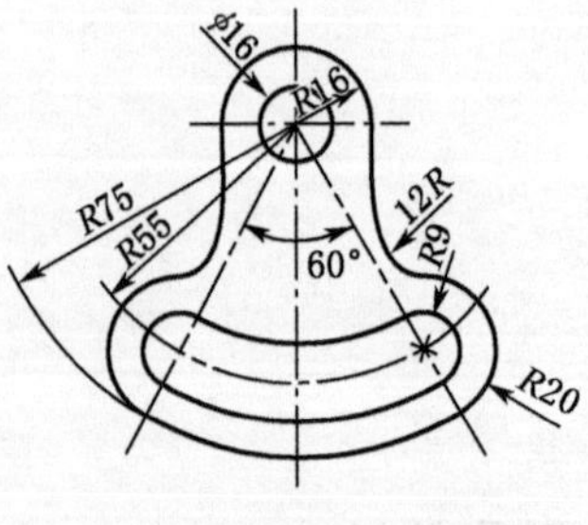

图 1-6

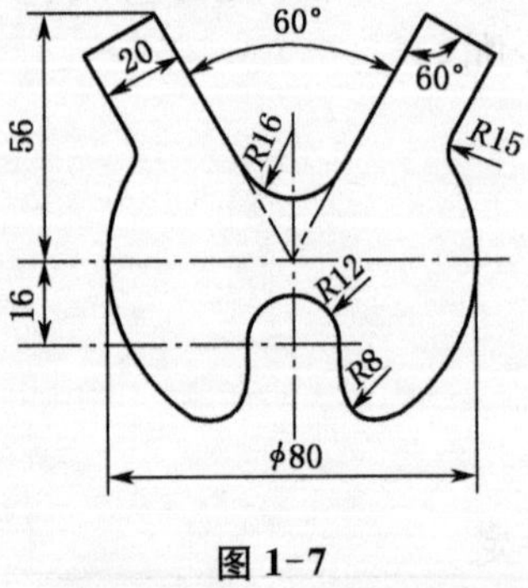

图 1-7

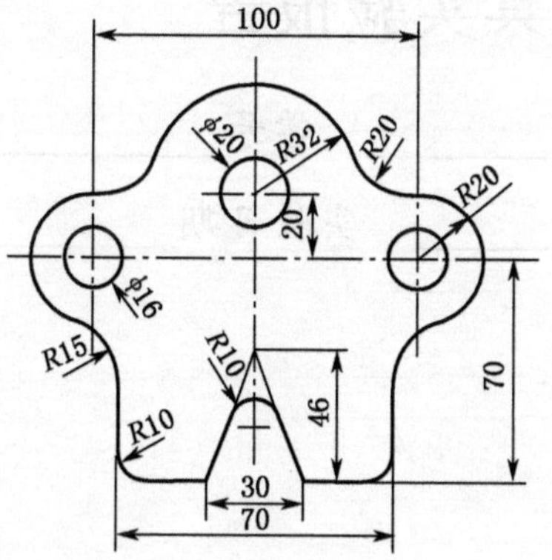

图 1-8

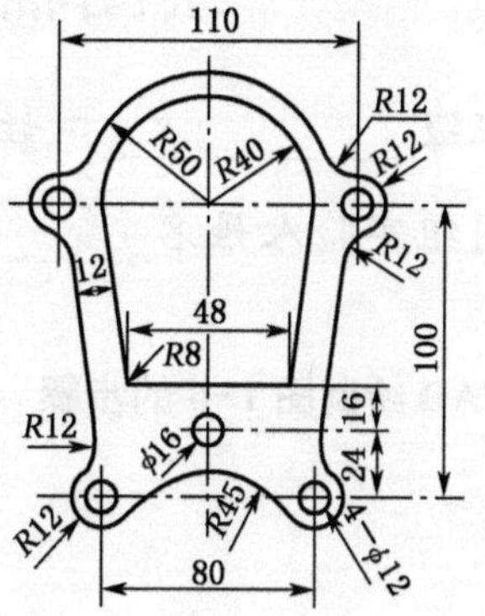

图 1-9

(7) 用 BLOCK 命令定义块，绘制如图 1-10 所示的图形。

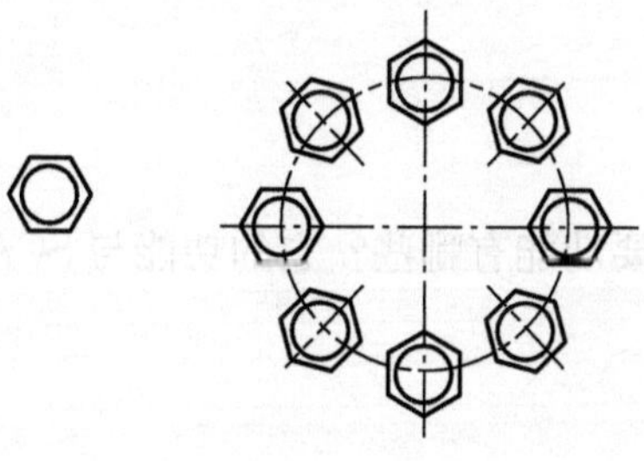

图 1-10

(8) 用 BLOCK 命令建立如图 1-11 所示表面粗糙度符号的图形库。

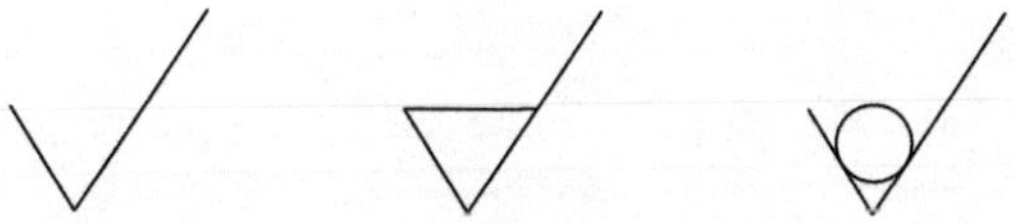

图 1-11

绘图辅助工具实验报告

班级__________ 姓名__________ 学号__________

同组实验人姓名______________ 实验日期__________

1 用 AutoCAD 绘制图 1-6 的步骤

2 思考题

(1) 缩放命令 ZOOM 主要功能有哪些？它的功能与 SCALE 命令有何区别？

(2) LAYER 的作用是什么？如何建立图层并设置颜色和线型及状态？

(3) OSNAP 命令可捕捉实体上哪些特殊点？能否同时捕捉多种特殊点？

(4) 用“Insert”命令在插入块或图形文件时，如何控制比例大小？

成绩评定____________ 指导教师____________

实验 4　绘制剖面线实验

1　实验目的

(1) 熟悉剖面线命令的功能和作用。

(2) 掌握剖面线命令的操作步骤和技巧。

2　实验设备和工具

计算机

3　实验内容

(1) 练习 BHATCH 命令的使用,熟悉图案类型、图案填充方式、边界选择、比例和角度选择等问题。

(2) 用 AutoCAD 绘制如图 1-12～图 1-16 所示图形。

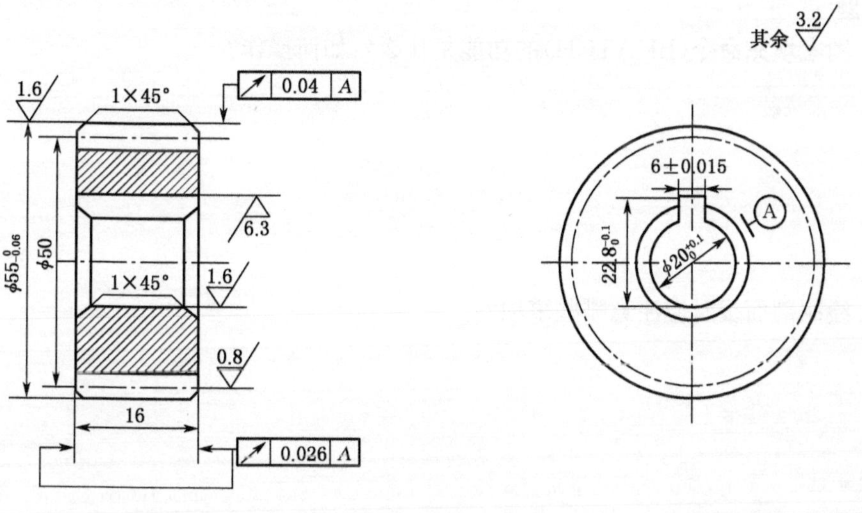

图 1-12

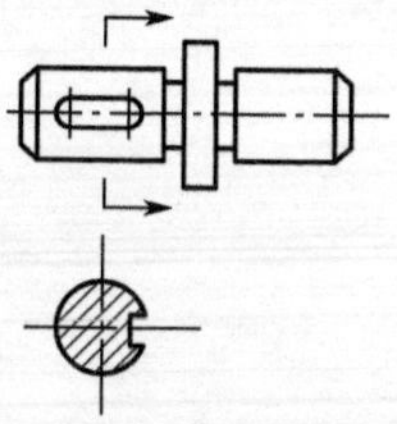

图 1-13

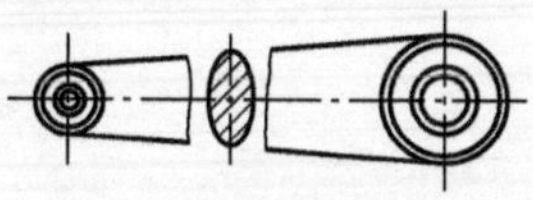

图 1-14

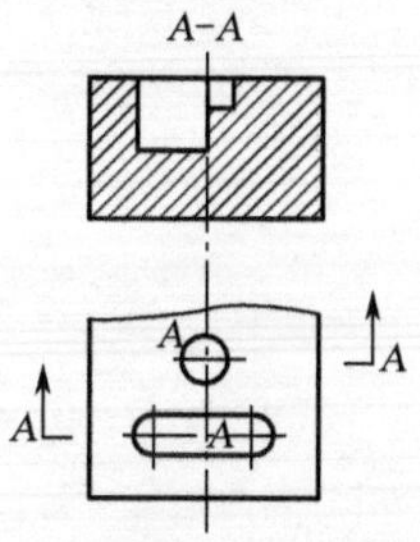

图 1-15

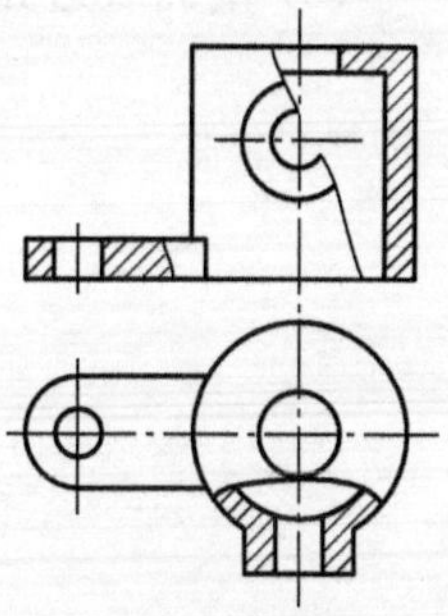

图 1-16

绘制剖面线实验报告

班级＿＿＿＿＿＿　姓名＿＿＿＿＿＿　学号＿＿＿＿＿＿

同组实验人姓名＿＿＿＿＿＿＿＿　实验日期＿＿＿＿＿＿

1　用 AutoCAD 绘制图 1-12 中剖面线的步骤

2　思考题

(1) 图案填充命令(BHATCH)的功能是什么？如何操作？

(2) 绘制剖面线时应注意哪些事项？

(3) 剖面线边界出错时应怎么办？

成绩评定＿＿＿＿＿＿＿＿　指导教师＿＿＿＿＿＿＿＿

实验 5　三维造型实验

1　实验目的

（1）熟悉三维造型命令的功能和作用。
（2）掌握三维造型设计的方法和技巧。

2　实验设备和工具

计算机

3　实验内容

（1）练习创建与管理视口。
（2）练习设置三维视点。
（3）练习 UCS 在三维设计中的作用。
（4）练习三维曲面命令的使用。
（5）练习三维实体造型命令的使用。
（6）练习消隐、着色及渲染的使用。
（7）练习三维模型的动态显示。
（8）用 AutoCAD 绘制如图 1-17 和图 1-18 所示图形。

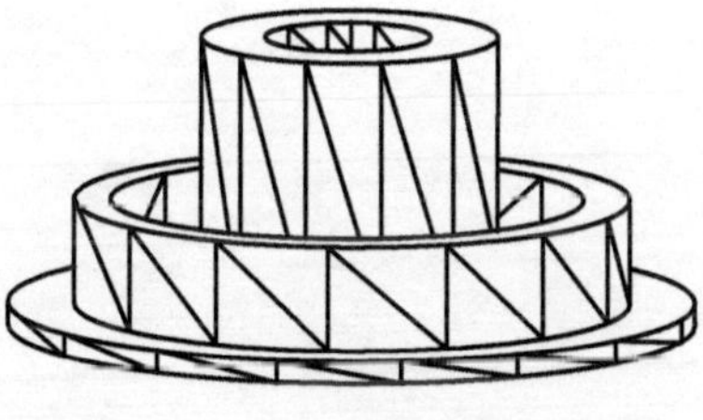

图 1-17

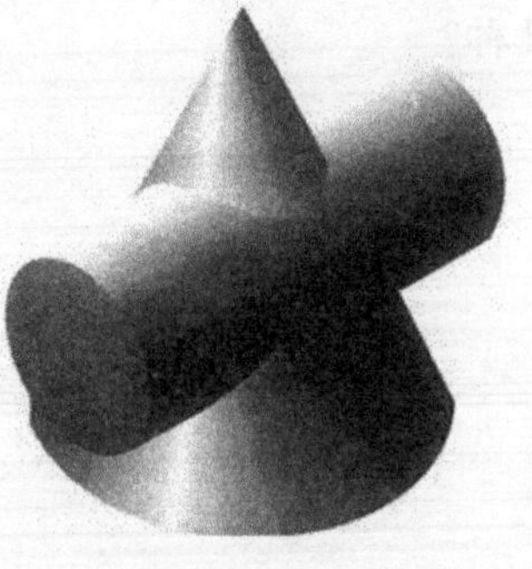

图 1-18

三维造型实验报告

班级＿＿＿＿＿＿＿ 姓名＿＿＿＿＿＿＿ 学号＿＿＿＿＿＿＿

同组实验人姓名＿＿＿＿＿＿＿＿＿＿ 实验日期＿＿＿＿＿＿

1 用 AutoCAD 绘制图 1-17、图 1-18 的步骤

2 思考题

（1）如何打开或关闭浮动视口？

（2）如何缩放视图？

（3）三维建模模型包括哪几种？

成绩评定＿＿＿＿＿＿＿＿＿ 指导教师＿＿＿＿＿＿＿＿＿

实验6　尺寸标注实验

1　实验目的

（1）了解尺寸标注的类型。

（2）掌握尺寸标注样式的建立方法。

（3）熟悉尺寸标注命令的功能和作用。

（4）掌握尺寸标注的方法和技巧。

2　实验设备和工具

计算机

3　实验内容

（1）尺寸标注样式的设置。

（2）常用尺寸标注命令：DIMLINEAR、DIMALIGNED、DIMBASELINE、DIMCONTINUE、DIMDIAMETER、DIMRADIUS、DIMANGULAR、QLEADER、TOLERANCE、DIMCENTER等。

（3）尺寸标注的编辑命令：DIMEDIT、DIMTEDIT、DDEDIT等。

（4）用AutoCAD绘制如图1-19所示图形，并标注尺寸。

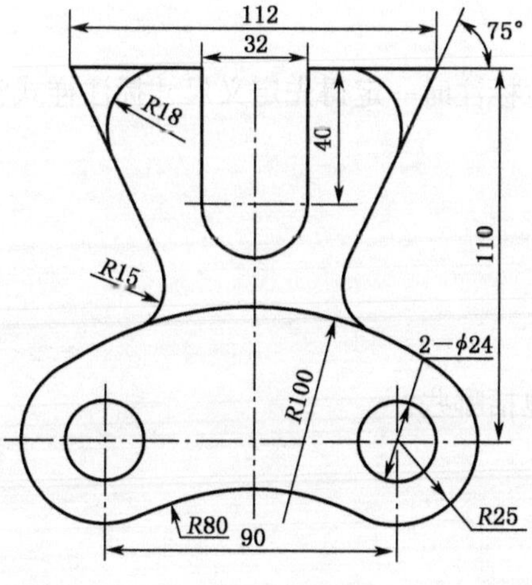

图1-19

尺寸标注实验报告

班级＿＿＿＿＿＿＿ 姓名＿＿＿＿＿＿＿ 学号＿＿＿＿＿＿＿

同组实验人姓名＿＿＿＿＿＿＿＿＿＿＿ 实验日期＿＿＿＿＿＿＿

1 用 AutoCAD 标注图 1-19 中尺寸的方法与步骤

2 思考题

（1）尺寸标注的要素是什么？

（2）为什么在进行尺寸标注时一定得先定义尺寸标注样式？

（3）长度型尺寸标注包括哪些？

成绩评定＿＿＿＿＿＿＿＿＿＿ 指导教师＿＿＿＿＿＿＿＿＿＿

实验 7　绘制零件图和装配图实验

1　实验目的

(1) 掌握图形设置的有关内容。

(2) 熟练掌握 AutoCAD 中各种命令的使用及操作。

(3) 熟悉零件图和装配图的绘制方法、步骤。

(4) 综合运用所学知识,熟练绘制零件图和装配图。

2　实验设备和工具

计算机

3　实验内容

用 AutoCAD 绘制图 1-20 所示零件图和图 1-21 所示装配图。要求如下:

(1) 将绘图范围定义为 A3 幅面,按 1 : 1 的比例绘图。

(2) 定义必要的图层、颜色、线型。

(3) 标题栏不必画出。

(4) 图形正确、清晰,布局合理。

(5) 尺寸标注正确、合理,文本书写合理。

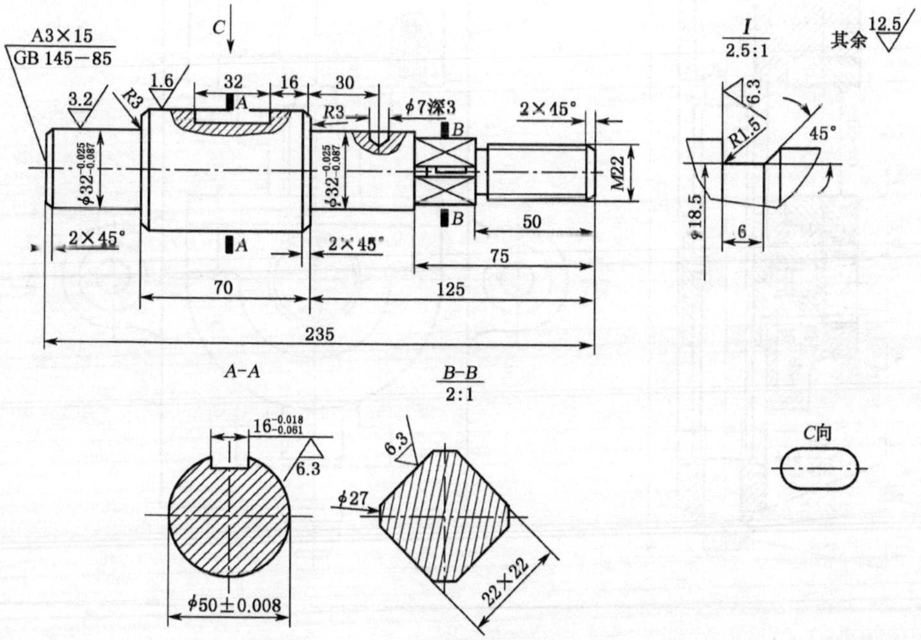

图 1-20　零件图

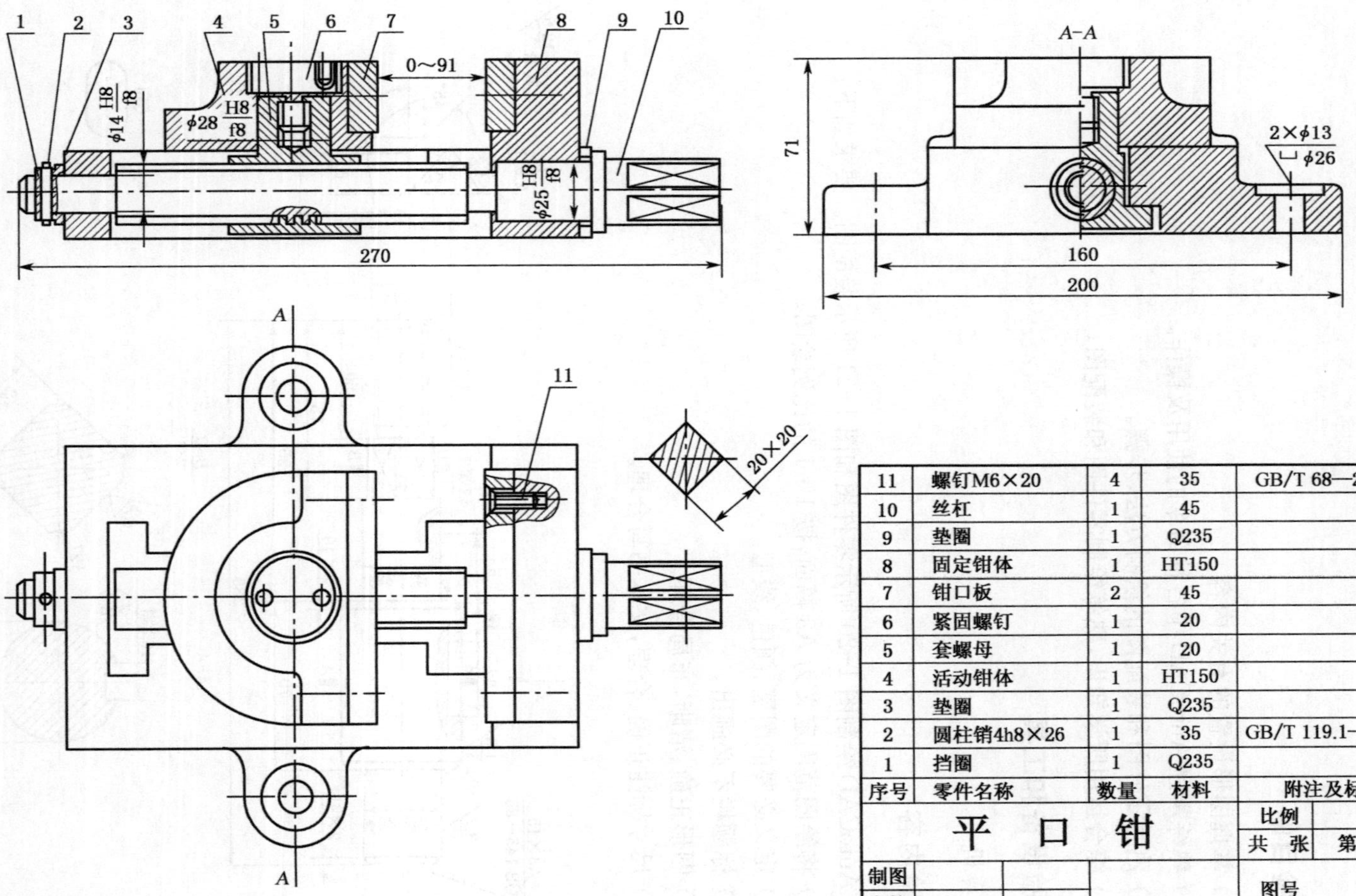

序号	零件名称	数量	材料	附注及标准
11	螺钉M6×20	4	35	GB/T 68—2000
10	丝杠	1	45	
9	垫圈	1	Q235	
8	固定钳体	1	HT150	
7	钳口板	2	45	
6	紧固螺钉	1	20	
5	套螺母	1	20	
4	活动钳体	1	HT150	
3	垫圈	1	Q235	
2	圆柱销4h8×26	1	35	GB/T 119.1—2000
1	挡圈	1	Q235	

平口钳			比例	
			共 张	第 张
制图			图号	
审核				

图 1-21 装配图

绘制零件图和装配图实验报告

班级____________ 姓名____________ 学号____________

同组实验人姓名__________________ 实验日期__________

用 AutoCAD 绘制图 1-20 零件图的主要方法与步骤

成绩评定________________ 指导教师________________

第 2 章　材料力学

实验 1　材料的拉伸和压缩实验

1　实验目的

(1) 进行万能试验机的操作练习，学习操作规程。

(2) 测定低碳钢的屈服极限 σ_s、强度极限 σ_b、延伸率 δ 和断面收缩率 ψ。观察拉伸过程中的各种现象，并绘制拉伸图。

(3) 测定铸铁拉伸和压缩的强度极限 σ_b。

(4) 比较低碳钢和铸铁压缩时的变形、破坏现象。

2　实验设备和工具

万能材料试验机、游标卡尺、试样。

3　实验内容

在万能材料试验机上进行金属材料的拉伸与压缩试验。

4　实验原理

1) 试件

(1) 拉伸试件

低碳钢和铸铁的拉伸试验均采用圆形截面试件(如图 2-1 所示)。拉伸试件一般由 3 部分组成：即工作部分、过渡部分和夹持部分。为了使试验数据具有可比性，国家对试件尺寸作了统一规定，即采用标准试件。按国家标准 GB 6397—86 规定金属材料拉伸试件的尺寸为：$d_0 = 10\,\text{mm}$，$l_0 = 10d_0$ 或 $l_0 = 5d_0$，分别称为长试件(10 倍试件)和短试件(5 倍试件)；它们的延伸率分别记为 δ_{10} 和 δ_5。

如圆形截面时，$l_0 = 10d_0$；矩形截面时，$l_0 = 11.3\sqrt{S_0}$。

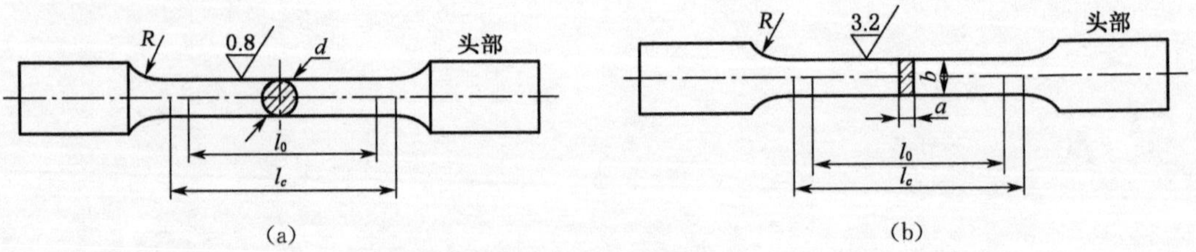

图 2-1　试件形式

(2) 压缩试件

为了使试件尽量做到纯压缩，一方面要求试件不能过于细长，以免失稳；另一方面试件不能过于短粗，以免两端面的摩擦力对试件中部的影响过大。试件的抗拉能力与高度和直径之比 h_0/d_0 有关，一般取 $1.5 < h_0/d_0 < 3$。

2) 拉伸实验

常温下的拉伸实验可以测定材料的弹性模量 E、屈服极限 σ_s、强度极限 σ_b、延伸率 δ 和断面收缩率 ψ 等力学性能指标，这些参数都是工程设计的重要依据。

(1) 低碳钢弹性模量 E 的测定

由材料力学可知，弹性模量 E 是材料在弹性变形范围内应力与应变的比值，即

$$E = \frac{\sigma}{\varepsilon}$$

因为 $\sigma = \dfrac{P}{A}$，所以弹性模量 E 又可表示为：

$$E = \frac{PL_0}{A\Delta L}$$

式中：E——材料的弹性模量；

σ——应力；

ε——应变；

P——实验时所施加的载荷；

A——以试件直径的平均值计算的横截面面积；

L_0——引伸仪标距；

ΔL——试件在载荷 P 作用下，标距 L_0 段的伸长量。

可见，在弹性变形范围内，已知对试件作用拉力 P，并量出拉力 P 引起的标距内伸长 ΔL，即可求得弹性模量 E。实验时，拉力 P 值由试验机读数盘示出，标距 $L_0 = 50\,\text{mm}$（不同的引伸仪标距不同），试件横截面面积 A 可算出，只要测出标距段的伸长量 ΔL，就可得到弹性模量 E。

在弹性变形阶段内试件的变形很小，标距段的变形（伸长量 ΔL）需用放大倍数为 200 倍的球铰式引伸仪来测量。为检验载荷与变形之间的关系是否符合胡克定律，并减少测量误差，实验时一般用等增量法加载，即把载荷分成若干个等级，每次增加相同的载荷 ΔP，逐级加载。为保证应力不超出弹性范围，以屈服载荷的 70%～80%作为测定弹性模量的最高载荷 P_n。此外，为使试验机夹紧试件，消除试验机机构的间隙等因素的影响，对试件应施加一个初始载荷 P_0（本实验中 $P_0 = 2.0\,\text{kN}$）。

实验时，从 P_0 到 P_n 逐级加载，载荷的每级增量均为 ΔP。对应着每级载荷 P_i，记录相应的伸长 ΔL_i，ΔL_{i+1} 与 ΔL_i 之差即为变形增量 $\Delta(\Delta L)_i$，它是 ΔP 引起的变形（伸长）增量。在逐级加载中，如果得到的 $\Delta(\Delta L)_i$ 基本相等，则表明 ΔL 与 P 为线性关系，符合胡克定律。完成一次加载过程，将得到 P_i 和 ΔL_i 的一组数据，按平均法计算弹性模量，即

$$E = 200 \times \frac{\Delta PL_0}{A\overline{\Delta}(\Delta L)}$$

式中：$\overline{\Delta}(\Delta L) = \frac{1}{n}\sum_{i=1}^{n}\Delta(\Delta L)_i$，为变形增量的平均值；200 为测量变形时的放大倍数。

(2) 屈服极限 σ_s 和强度极限 σ_b 的测定

测定弹性模量后继续加载使材料到达屈服阶段，进入屈服阶段时，载荷常有上、下波动，其中较大的载荷称为上屈服点，较小的载荷称为下屈服点。一般用第一个波峰的下屈服点表示材料的屈服载荷 P_s，它所对应的应力即为屈服极限 σ_s。

屈服阶段过后，材料进入强化阶段，试件又恢复了承载能力。载荷达到最大值 P_b 时，试件某一局部的截面明显缩小，出现"颈缩"现象。这时示力盘的从动针停留在 P_b 位置，主动针则迅速倒退，表明载荷迅速下降，试件即将被拉断。这时从动针所示的载荷即为破坏载荷 P_b，所对应的应力称为强度极限 σ_b。

(3) 延伸率 δ 和断面收缩率 ψ 的测定

试件的原始标距为 l_0（本实验取 100 mm），拉断后将 2 段试件紧密地对接在一起，量出拉断后的标距长为 l_1，延伸率应为：

$$\delta = \frac{l_1 - l_0}{l_0} \times 100\%$$

式中：l_0——试件原始标距，为 100 mm；

l_1——试件拉断后标距长度。

对于塑性材料，断裂前变形集中在颈缩处，该部分变形最大，距离断口位置越远，变形越小，即断裂位置对延伸率是有影响的。为了便于比较，规定断口在标距中央三分之一范围内测出的延伸率为测量标准。若断口不在此范围内，则需进行折算，也称断口移中。具体方法如下：以断口 O 为起点，在长度上取基本等于短段格数得到 B 点，当长段所剩格数为偶数时（见图 2-2(a)），则由所剩格数的一半得 C 点，取 BC 段长度将其移至短段边，则得断口移中的标距长，其计算式为：

$$l_1 = \overline{AB} + 2\,\overline{BC}$$

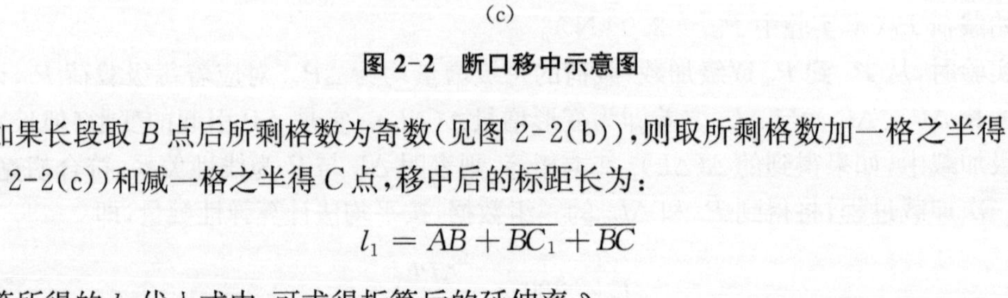

图 2-2　断口移中示意图

如果长段取 B 点后所剩格数为奇数（见图 2-2(b)），则取所剩格数加一格之半得 C_1 点（见图 2-2(c)）和减一格之半得 C 点，移中后的标距长为：

$$l_1 = \overline{AB} + \overline{BC_1} + \overline{BC}$$

将计算所得的 l_1 代入式中，可求得折算后的延伸率 δ。

为了测定低碳钢的断面收缩率，试件拉断后，在断口处两端沿两个互相垂直的方向各测量一次直径，取其平均值 d_1 计算断口处横截面面积，再按下式计算断面收缩率 ψ：

$$\psi = \frac{A_0 - A_1}{A_0} \times 100\%$$

式中：A_0——试件原始横截面面积；

A_1——试件拉断后断口处最小面积。

5 实验步骤

1）万能试验机操作练习

液压式万能材料试验机的原理和操作步骤见附录 1。

按材料试验机操作步骤，在老师指导下，每人轮流操作一遍，练习慢速加载。

2）低碳钢拉伸实验

(1) 试件准备

① 测量直径 d_0

因直径沿长度方向不均匀，所以为提高精度，应在标距及中间取 3 个截面，每处在相互垂直的 2 个方向各测一次，取其平均值作为该截面的直径，最后取一个最小的值作为计算直径 d_0。

② 标定标距

在试件工作部分，量取标距 l_0($l_0 = 100$ mm)，并用画线器每隔 10 mm 画一圆周线，将标距 10 等分或 5 等分。

(2) 试验机准备

① 选用量程

为了选用量程，需先估算出最大载荷 P_b(取 $\sigma_b = 400$ MPa)，如 $d_0 = 10$ mm，则 $P_b \approx 31$ kN。使 P_b 在量程的 70%～90%以内，并挂上相应的摆锤，为使试件拉断后，油压不突然降为 0，致使摆锤回摆造成冲击，机器上设置了回油缓冲器，以加大回油阻尼。因此，加载前要根据摆锤的大小，将回油缓冲器旋转至相应的位置。

② 试验机调零

调零分 3 步进行：活动台上升 1～2 cm；使摆锤铅直；指针调零。拨动从动指针与主动指针靠拢，调好自动绘图装置。

③ 安装试件

将试件安装在试验机的上夹头内，然后开动下夹头至适当高度，夹紧试件下端。注意，试件夹紧后，不得再开动升降电机，以免烧坏电机。

(3) 实验

经老师检查后方可加载试验，在比例极限内试加载至 5～6 kN(其目的是保证试件夹紧，避免正式试验时打滑，如直接加载试验，将看到拉伸图最初一段是曲线)，然后缓慢卸载接近零点，如试验机正常工作，则按下自动绘图器的笔，正式加载，绘图笔将自动绘出其拉伸图。为使试件缓慢而均匀产生变形，加载要平稳。

如果发现指针倒退，则说明材料进入了屈服阶段，目测主动针回摆的最低值，作为屈服

载荷 P_s。

进入强化阶段后，可用较快的速度加载，直至断裂为止（如果想观察冷作硬化现象，这时可缓慢卸载，接近零点，然后再加载）。过了最高点后，注意观察颈缩现象。

试件断裂后，立即停机，读出最大载荷，记为极限载荷 P_b，取下试件，试验机回油。

测量 l_1 和 d_1：将断后的试件两段拼紧，然后用游标卡尺测量断后的标距 l_1 与颈缩处的直径 d_1。

3）铸铁的拉伸实验

实验步骤与低碳钢的拉伸实验基本相同，要求记录 P_{b1}。观察其破坏形式与低碳钢的破坏形式进行比较。

铸铁是典型的脆性材料，拉伸时载荷-变形曲线无直线部分，变形小，无屈服和颈缩现象。载荷较小时试件便突然断裂，其强度极限远小于低碳钢的强度极限。断口平齐粗糙，并垂直于其轴线。

4）低碳钢的压缩实验

压缩实验与拉伸实验的方法步骤基本相同。

（1）试件准备

测量试件的直径 d、高度 h。

（2）试验机准备

① 选用量程，挂好相应的摆锤。

② 将万能材料试验机的夹头换成压缩夹头。

③ 安装压缩试件，注意试件位置要对中。

（3）实验

慢速加载，注意当指针停止不动或来回摆动时，表明材料已进入屈服阶段，记下此时的载荷，即为屈服载荷 P_s。

在屈服阶段之前，与拉伸图基本相同，即低碳钢拉伸与压缩时的弹性模量和屈服极限基本相等。但低碳钢压缩时无破坏现象（直至压成扁片），故无压缩强度极限。

由于试件承受压缩时，上下两端面与压头之间有很大的摩擦力，因而使得试件两端的横向变形受到阻碍，故压缩后的试件呈鼓形，且导致测得的抗压强度比实际值高。试件越短，这种影响越突出。若试件过长，虽然摩擦力对试件中部的影响有所减小，但又容易产生失稳现象。因此，抗拉能力与试件长度和直径之比值有关。实验时，在试件两端面涂以润滑剂。

5）铸铁的压缩实验

铸铁的压缩实验与低碳钢的压缩实验步骤基本相同。观察其破坏形式并与拉伸时的破坏形式进行比较。

铸铁受压时与拉伸时有明显的差别：压缩时曲线明显变弯，且远远高于拉伸时的曲线，表明铸铁的抗压强度极限远远高于其抗拉强度极限；断裂时有明显的塑性变形，断面的法线与轴线大致成 45°或 50°的倾角，表明试件沿斜截面因相对错动而破坏。

6 实验结果的处理

（1）计算低碳钢拉伸时的屈服极限 σ_s 和强度极限 σ_b：

$$\sigma_s = \frac{P_s}{A_0}$$

$$\sigma_b = \frac{P_b}{A_0}$$

式中：$A_0 = \frac{\pi}{4}d_0^2$，d_0 为最小直径。

（2）计算低碳钢的弹性模量 E：

$$E = 200 \times \frac{\Delta P L_0}{A \overline{\Delta}(\Delta L)}$$

式中：ΔP——载荷增量；

$\overline{\Delta}(\Delta L)$——变形增量的平均值；

$A = \frac{\pi}{4}d^2$，d 为平均直径。

（3）计算延伸率 δ 和断面收缩率 ψ：

$$\delta = \frac{l_1 - l_0}{l_0} \times 100\%$$

$$\psi = \frac{A_0 - A_1}{A_0} \times 100\%$$

（4）计算低碳钢压缩时的屈服极限：

$$\sigma_s = \frac{P_s}{A_0}$$

（5）计算铸铁压缩时的强度极限：

$$\sigma_b = \frac{P_b}{A_0}$$

式中：A_0——实验前试件的最小横截面面积。

材料力学的拉伸与压缩实验报告

班级____________ 姓名____________ 学号____________

同组实验人姓名__________________ 实验日期____________

1 实验记录

（1）测定低碳钢拉伸时的力学性能

试 样 尺 寸	实 验 数 据
实验前： 标　　距 $l=$ mm 直　　径 $d=$ mm 横截面面积 $A=$ mm^2 实验后： 标　　距 $l_1=$ mm 最小直径 $d_1=$ mm 横截面面积 $A_1=$ mm^2	屈服载荷 $F_s=$ kN 最大载荷 $F_b=$ kN 屈服应力 $\sigma_s=\frac{F_s}{A}=$ MPa 抗拉强度 $\sigma_b=\frac{F_b}{A}=$ MPa 伸长率 $\delta=\frac{l_1-l}{l}\times100\%=$ 断面收缩率 $\psi=\frac{A-A_1}{A}\times100\%$
试 样 草 图	拉 伸 图
实验前： 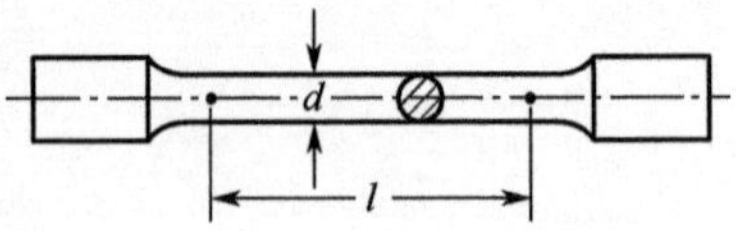 实验后：	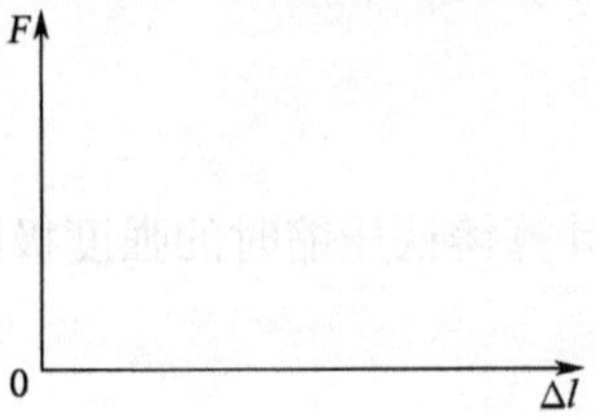

（2）测定灰铸铁拉伸时的力学性能

试 样 尺 寸	实 验 数 据
实验前： 直　　径 $d=$ mm 横截面面积 $A=$ mm^2	最大载荷 $F_b=$ kN 抗拉强度 $\sigma_b=\frac{F_b}{A}=$ MPa
试 样 草 图	拉 伸 图
实验前： 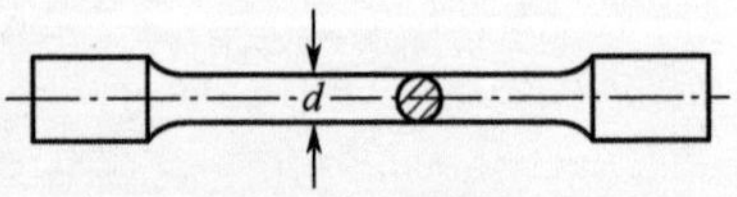 实验后：	

(3) 测定低碳钢和灰铸铁压缩时的力学性能

材　料	低　碳　钢		灰　铸　铁	
试样尺寸	$d=$　　mm，$h=$　　mm　$A=$　　mm^2		$d=$　　mm，$h=$　　mm　$A=$　　mm^2	
	实　验　前	实　验　后	实　验　前	实　验　后
试样草图	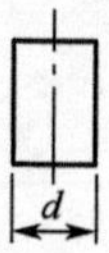			
实验数据	屈服载荷　$F_s=$　　　　kN 屈服应力　$\sigma_s=\frac{F_s}{A}=$　　　　MPa		最大载荷　$F_{bc}=$　　　　kN 抗压强度　$\sigma_{bc}=\frac{F_{bc}}{A}=$　　　　MPa	
压 缩 图	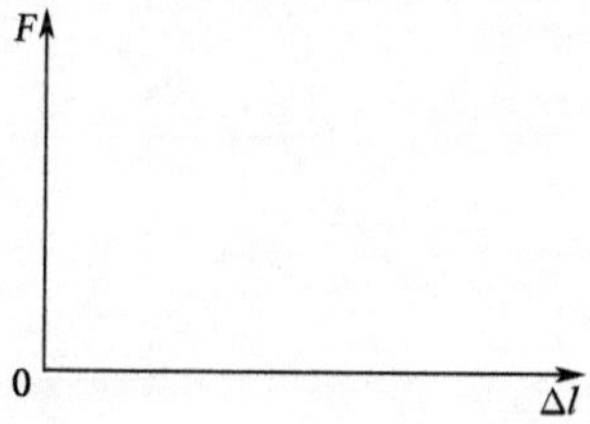		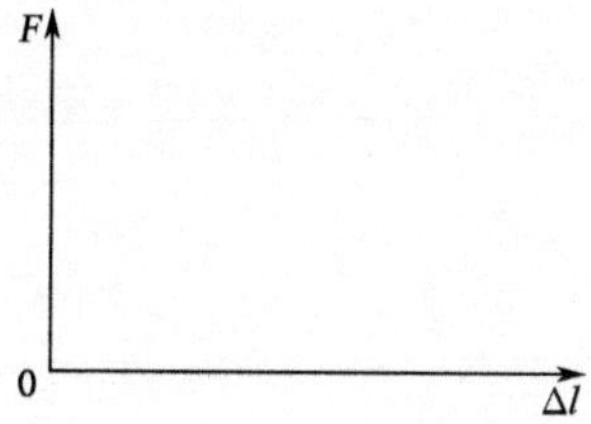	

2　实验分析

3　思考题

(1) 由实验现象和结果比较低碳钢与铸铁的力学性能有何不同？

(2) 液压式试验机为什么要将其开启一点后，才调整“零”点？

(3) 低碳钢压缩后为何变成鼓形？铸铁压缩后为何沿 45°斜截面破坏？

(4) 为什么拉伸试验必须采用标准比例的试样？材料和直径相同而长短不同的试样的伸长率是否相同？

(5) 低碳钢拉伸曲线分几个阶段？每个阶段的力和变形之间有什么特征？

成绩评定________________ 指导教师________________

实验2　扭 转 实 验

1　实验目的

(1) 测定低碳钢剪切屈服强度 t_s、低碳钢和铸铁的剪切强度极限 τ_b。

(2) 了解扭转试验机的操作规程。

(3) 观察低碳钢和铸铁在扭转过程中的变形现象和破坏特征,并比较它们的差异。

2　实验设备和工具

扭转试验机,游标卡尺,扭转试件(一般加工成圆截面试件)。

3　实验内容

在扭转试验机上进行低碳钢和铸铁扭转实验。

4　实验原理

测低碳钢 t_s、t_b 和铸铁 t_b 采用标准试件,如图 2-3 所示。

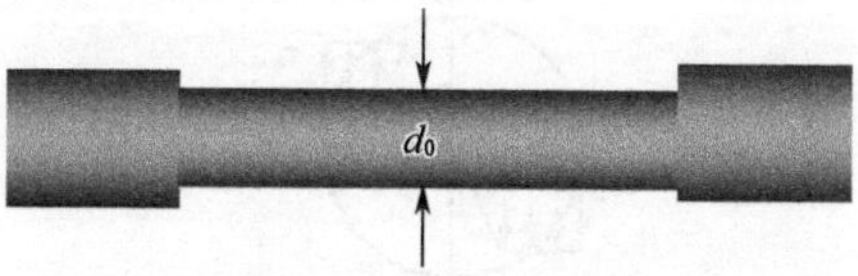

图 2-3　标准试件

按国标 GB 10128—88 规定,金属的扭转试件采用圆形截面,其标距部分直径 $d_0 = (10 \pm 0.05)$mm,标距分别为 50 mm 和 100 mm。

圆柱形试件在纯扭转时,试件表面应力状态如图 2-4 所示,其最大剪应力和正应力绝对值相等,夹角成 45°,因此扭转实验可以明显地区分材料的断裂方式——拉断或剪断。如果材料的抗剪强度小于抗拉强度,破坏形式为剪断,断口应与其轴线垂直;如果材料的抗拉强度小于抗剪强度,破坏原因为拉应力,破坏面应是沿 45°的方向。

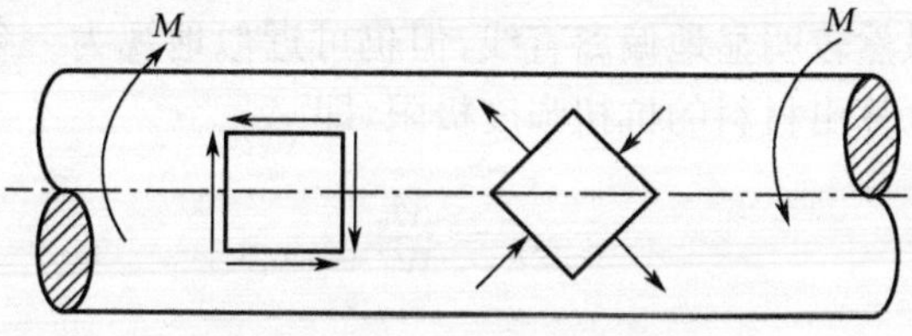

图 2-4　圆轴扭转时的表面应力

材料的扭转过程可用 M-φ 曲线来描述。$M(T)$为施加扭矩,φ 为试件的相对扭转角。

图 2-5 所示为两种典型材料(低碳钢和铸铁)的扭转曲线。

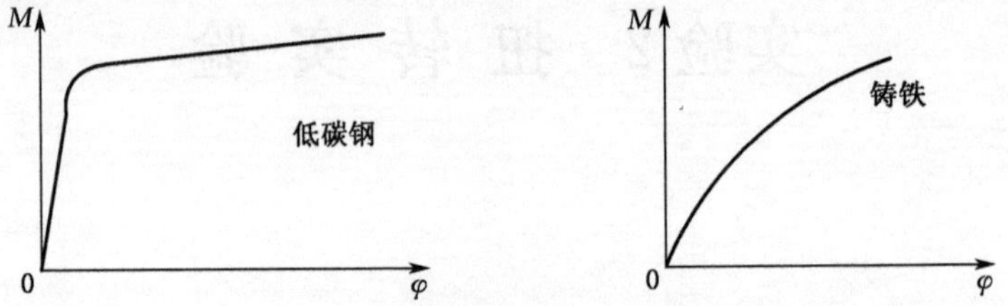

图 2-5　低碳钢和铸铁的扭转曲线

低碳钢扭转曲线的直线部分为弹性阶段,此时截面上的剪应力为线性分布,最大剪应力发生在横截面周边处,圆心处剪应力为 0,如图 2-6(a)所示。低碳钢扭转时有明显的屈服阶段,但与拉伸实验相比,它的屈服过程是由表面至圆心逐渐进行的,如图 2-6(b)所示。当横截面全部屈服后,试样才全面进入塑性,扭转曲线图上出现屈服平台,扭矩度盘上的指针几乎不再转动,甚至有微小的倒退现象。这时,横截面上的剪应力不再成线性分布。如认为这时整个圆截面皆为塑性区,如图 2-6(c)所示,则屈服极限近似为:

$$\tau_s = \frac{3M_s}{4W_p} \tag{2.1}$$

式中: $W_p = \frac{\pi d^3}{16}$,为抗扭截面模量。

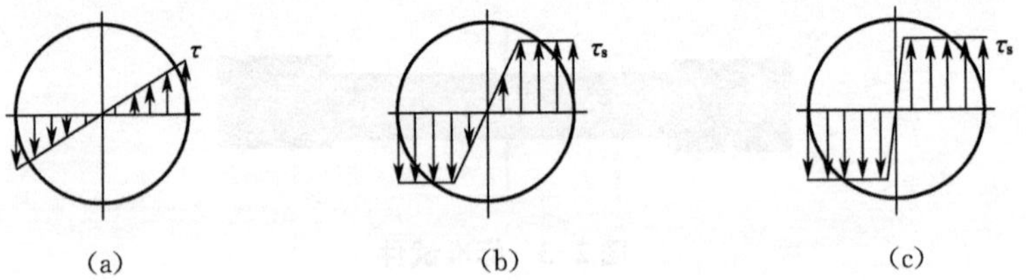

图 2-6　剪应力分布

过屈服阶段后,材料的强化使承载力又有缓慢的上升,但变形非常明显,试件的纵向画线变成螺旋线,扭矩继续增加,直至破坏。破坏时的扭矩即为最大扭矩 M_b,剪切强度极限近似为:

$$\tau_b = \frac{3M_b}{4W_p} \tag{2.2}$$

铸铁的扭转曲线虽然较明显地偏离直线,但仍可近似地视为一条直线,没有屈服过程,故可按弹性应力公式计算出材料的抗扭强度极限,即

$$\tau_b = \frac{M_b}{W_p} \tag{2.3}$$

5　试验步骤

(1) 测量试件直径。量取 3 个截面,每个截面测量 2 个互相垂直的方向取平均值。用 3

处截面中平均值最小者计算抗扭截面模量 W_p。

(2) 试验机准备。根据试件尺寸,估计所需最大扭矩,选择适当的扭矩量程。

(3) 安装试件(注意试件的纵轴线与试验机夹头的轴线重合),用粉笔在试件表面上画一条纵直线,以便观察试件的变形。

(4) 扭矩、扭转角初值调零。

(5) 开机试验。对于低碳钢试件,首先缓慢均匀加载,直到测出屈服扭矩 M_s 和屈服扭转角 φ_s,然后改用快速加载直至破坏。对于铸铁试件,由于其变形较小,必须缓慢均匀加载直至破坏。试件破坏后立即停机,读出最大扭矩 M_b 及转角 φ_b(φ_b 应为破坏瞬时的角度)。

(6) 取下试件,观察断口形状及塑性变形情况。

(7) 实验完毕,试验机复原,关闭电源。

6 实验结果的处理

(1) 计算低碳钢扭转屈服极限:

$$\tau_s = \frac{3M_s}{4W_p}$$

(2) 计算低碳钢扭转强度极限:

$$\tau_b = \frac{3M_b}{4W_p}$$

(3) 计算铸铁扭转强度极限:

$$\tau_b = \frac{M_b}{W_p}$$

式中:$W_p = \frac{\pi d^3}{16}$,为抗扭截面模量,单位为 mm^3;扭矩单位为 N·m,应力单位为 MPa。

(4) 绘出两种材料扭转破坏的断口形状图。说明其特征并分析破坏原因。

扭转实验报告

班级________ 姓名________ 学号________

同组实验人姓名________ 实验日期________

1 实验记录

测定低碳钢和灰铸铁扭转时的力学性能

材料	低碳钢	铸铁
试样尺寸	$d=$ mm， $W_t=\frac{\pi d^3}{16}=$ mm^3	$d=$ mm， $W_t=\frac{\pi d^3}{16}=$ mm^3
试样草图	实验前： 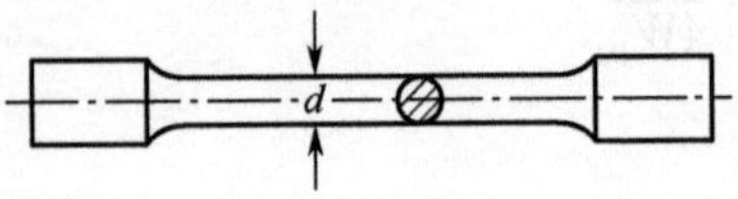 实验后：	实验前： 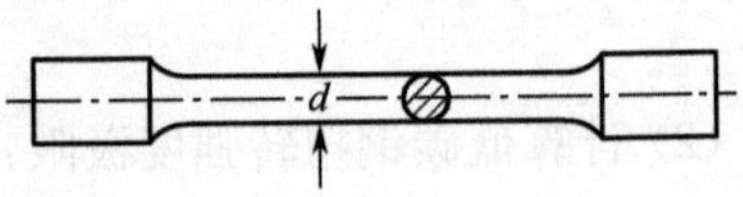 实验后：
实验数据	屈服扭矩 $T_s=$ N·m 最大扭矩 $T_b=$ N·m 屈服切应力 $\tau_s=\frac{3}{4}\frac{T_s}{W_p}=$ MPa 抗切强度 $\tau_b=\frac{3}{4}\frac{T_b}{W_p}=$ MPa	最大扭矩 $T_b=$ N·m 抗切强度 $\tau_b=\frac{T_b}{W_p}=$ MPa
扭矩图	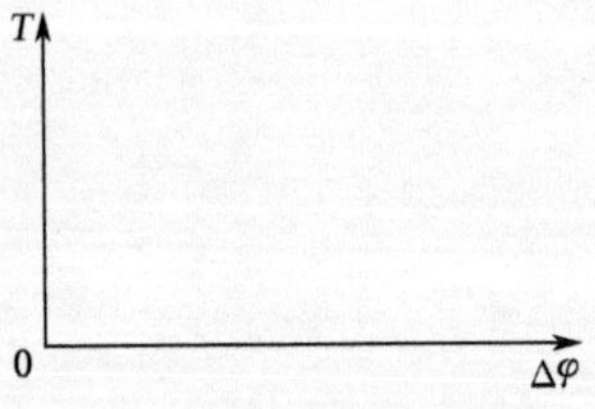 	

2 实验分析

3 思考题

（1）低碳钢与铸铁扭转时破坏情况有何不同？试根据不同的破坏现象分析其破坏原因。

（2）根据低碳钢和铸铁的拉伸、压缩和扭转3种实验结果，综合分析2种材料的力学性能。

（3）试件受扭时，表层的材料处于什么应力状态？

（4）低碳钢拉伸和扭转的断裂方式是否一样？破坏原因是否相同？

（5）铸铁在压缩和扭转时，断口外缘都与轴线成45°，破坏原因是否相同？

成绩评定＿＿＿＿＿＿＿＿　　指导老师＿＿＿＿＿＿＿＿

实验 3 纯弯曲梁的正应力实验

1 实验目的

(1) 测定梁在纯弯曲时横截面上的正应力大小及分布规律,并与理论值比较。

(2) 熟悉电测法基本原理和电阻应变仪的使用。

(3) 测量纯弯曲梁上应变随高度的分布规律,验证平面假设的正确性。

(4) 测定矩形截面梁在纯变曲时的最大应变值,比较并掌握运用不同组桥方式提高测量灵敏度的方法。

2 实验设备和工具

(1) 材料力学多功能实验台、纯弯曲梁实验装置一套,XL2118A 型应力、应变综合参数测试仪一台。

(2) 温度补偿块、螺丝刀等。

3 实验内容

在材料力学多功能实验台上测定梁的纯弯曲正应力实验。

4 实验原理

纯弯曲梁实验装置如图 2-7 所示,试件简支于 A、B 两点,在对称的 C、D 两点通过拉杆和横杆螺旋加载使梁产生弯曲变形,CD 梁受纯弯曲作用。采用转动手轮使螺旋下移加载,总荷载的大小由压力传感器来测量。试件的受力如图 2-8 所示。梁的材料为合金钢,弹性模量为 $E = 200$ GPa。

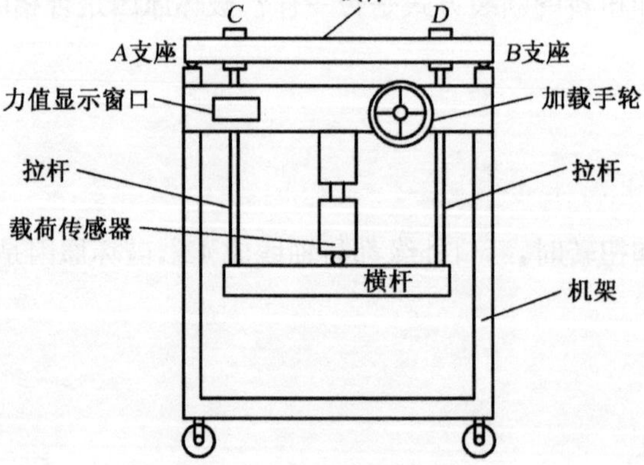

图 2-7 纯弯曲梁实验装置

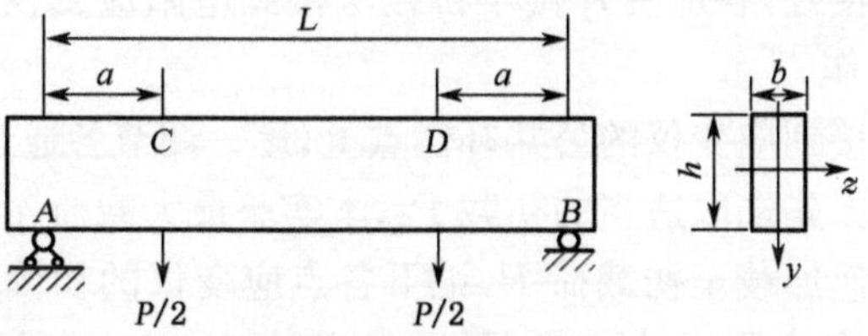

图 2-8　试件受力图

为了测量梁在纯弯曲时横截面上正应力的分布规律，应变片的粘贴位置如图 2-9 所示。在梁的纯弯曲段沿梁的侧面不同高度，平行于轴线贴上 5 片（或 7 片）应变片。其中 3 号片位于中性层处，2 号、4 号片分别位于中性层上、下 $h/4$ 处。1 号、5 号片分别位于上下表面。此外，在梁的上表面沿横向粘贴 0 号应变片。实验可采用半桥单臂、公共补偿、多点测量的方法。

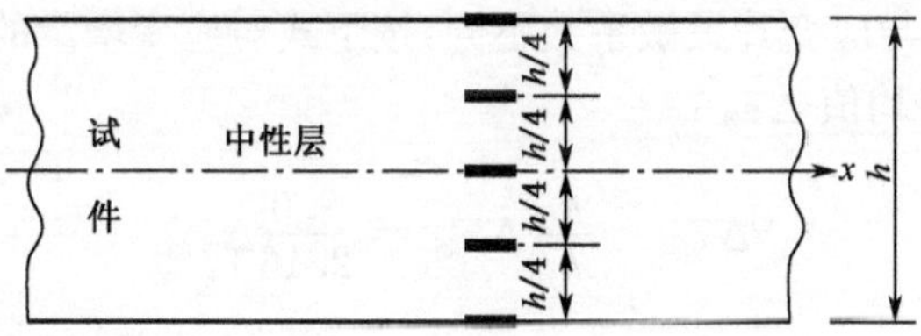

图 2-9　测点位置

由材料力学可知，矩形截面梁受纯弯曲时的正应力公式为：

$$\sigma_{理}=\frac{My}{I_z}$$

式中：M——弯矩；

y——中性轴至欲求应力点的距离；

$I_z=\frac{1}{12}bh^3$，横截面对 z 轴的惯性矩。

本实验采用逐级等量加载的方法加载，每次增加等量的载荷 ΔP，测定各点相应的应变增量一次，即：初载荷为 0.5 kN，最大载荷为 4 kN，等量增加的载荷 ΔP 为 0.5 kN。分别取应变增量的平均值（修正后的值）$\Delta\bar{\varepsilon}_{实}$，求出各点应力增量的平均值 $\Delta\bar{\sigma}_{实}$。

$$\Delta\bar{\sigma}_{实}=E\Delta\bar{\varepsilon}_{实}$$

$$\Delta\bar{\sigma}_{理}=\frac{\Delta My}{I_z}$$

把测量得到的应力增量 $\Delta\bar{\sigma}_{实}$ 与理论计算出的应力增量 $\Delta\bar{\sigma}_{理}$ 加以比较，从而可以验证公式的正确性。上述理论公式中的 ΔM 按下式求出：

$$\Delta M=\frac{1}{2}\Delta Pa$$

5　实验步骤

（1）测量矩形截面梁的各个尺寸，接通电源，预热电阻应变仪约 20 min。

(2) 将各种仪器连接好，各应变片按半桥接法接到电阻应变仪的所选通道上。检查整个测试系统是否正常工作。

(3) 将温度补偿片接到应变仪的公共补偿点上，逐一调节各通道为 0。

(4) 拟定加载方案。先选取适当的初载 P_0，本实验最大载荷 4.0 kN，分 4～6 级加载。

(5) 加载。均匀慢速加载至初载荷 P，记下各点应变仪的初读数，然后逐层加载，并依次记录各点应变片的应变读数(包括正负号，负号表示压应变，正号不显示)，直到最终载荷。实验至少 2 次。

(6) 注意：载荷最大加至 4.0 kN，不能超载；在测量过程中，尽量避免连接导线的晃动。

(7) 完成全部实验内容后，卸掉载荷，关闭电源，整理所用仪器、设备，并恢复原状。

6 实验结果的整理

(1) 求出各测量点在等量载荷作用下，应变增量的平均值 $\Delta\bar{\varepsilon}_{测}$。

(2) 考虑到应变仪与应变片灵敏系数不同，按下式对应变增量的平均值 $\Delta\bar{\varepsilon}_{测}$ 进行修正，得到实际的应变增量平均值 $\Delta\bar{\varepsilon}_{实}$：

$$\Delta\bar{\varepsilon}_{实} = \frac{k_{仪}}{k_{片}}\Delta\bar{\varepsilon}_{测} = \frac{2.0}{2.16}\Delta\bar{\varepsilon}_{测}$$

式中：$k_{仪}$、$k_{片}$——分别为电阻应变仪和电阻应变片的灵敏系数。

(3) 以各测点位置为纵坐标，以修正后的应变增量平均值 $\Delta\bar{\varepsilon}_{实}$ 为横坐标，画出应变随试件截面高度变化的曲线。

(4) 根据各测点应变增量的平均值 $\Delta\bar{\varepsilon}_{实}$，计算测量的应力值为 $\Delta\bar{\sigma}_{实} = E\Delta\bar{\varepsilon}_{实}$。

(5) 根据实验装置的受力图和截面尺寸，先计算横截面对 z 轴的惯性矩 I_z，再应用弯曲应力的理论公式，计算在等增量载荷作用下，各测点的理论应力增量值为：$\Delta\bar{\sigma}_{理} = \dfrac{\Delta My}{I_z}$。

(6) 比较各测点应力的理论值和实验值，并按下式计算相对误差：

$$e = \frac{\Delta\bar{\sigma}_{理} - \Delta\bar{\sigma}_{实}}{\Delta\bar{\sigma}_{理}} \times 100\%$$

在梁的中性层内，因 $\Delta\bar{\sigma}_{理} = 0$，故只需计算绝对误差。

(7) 比较梁中性层的应力。由于电阻应变片是测量一个区域内的平均应变，粘贴时又不可能正好贴在中性层上，所以只要实测的应变值是一很小的数值，就可认为测试是可靠的。

纯弯曲梁的正应力实验报告

班级____________ 姓名____________ 学号____________

同组实验人姓名________________ 实验日期__________

1 实验记录

(1) 实验简图及桥路图

(2) 试件尺寸及贴片位置

试 件 尺 寸		贴 片 位 置		
$b=$	mm	1号、5号应变片	$y_1=$	mm
$h=$	mm	2号、4号应变片	$y_2=$	mm
$a=$	mm	3号应变片	$y_3=$	mm
$I=\frac{bh^3}{12}=$	mm^4	$E=$	GPa	

(3) 应变读数记录

载荷(kN)		各应变片的应变读数和增量											
		1号		2号		3号		4号		5号		0号	
总值	增量	应变读数	增量	应变读数	增量	应变读数	增量	应变读数	增量	应变读数	增量	应变读数	增量
平均值													

(4) 计算结果及误差

参　　数	1号应变片	2号应变片	3号应变片	4号应变片	5号应变片
$\sigma_{实} = E\Delta\bar{\varepsilon}$ (MPa)					
$\sigma_{理} = \frac{\Delta \bar{M} y}{I_z}$ (MPa)					
误差 $e\left(= \frac{\Delta\bar{\sigma}_{理} - \Delta\bar{\sigma}_{实}}{\Delta\bar{\sigma}_{理}} \times 100\%\right)$					

(5) 绘出应力的实测值和理论值沿高度的分布曲线

(6) 计算泊松比

利用梁的上表面的1号、0号应变片测点所测应变值，取1号应变片的平均值，则材料的泊松比为________。

2　实验分析

3　思考题

(1) 应变片虽然是粘贴在钢梁表面上的，为什么可以把所测的应变看成为梁横截面上的应变？

(2) 梁的弯曲正应力计算公式并未涉及材料的弹性模量 E，而实测力的计算中却用上了它，为什么？

(3) 影响实验结果的主要因素是什么？

(4) 在中性层上理论计算应变值 $\varepsilon_{理} = 0$，而有时实际测量应变值 $\varepsilon_{实} \neq 0$，这是为什么？

成绩评定________________　　　　指导老师________________

实验4　弯扭组合变形实验

1　实验目的

(1) 用电测法测定薄壁圆筒弯、扭组合变形时的表面一点处的主应力大小和方向，并与理论值进行比较。

(2) 测定薄壁圆筒在弯扭组合变形下的弯矩和扭矩。

(3) 学习电阻应变花的应用。

(4) 学习各种组桥方式测量内力的方法，进一步熟悉电测法的基本原理和操作方法。

2　实验设备和工具

(1) 材料力学多功能实验台、弯扭组合实验装置一台，XL2118A型应力、应变综合参数测试仪。

(2) 游标卡尺、螺丝刀、电阻、电阻应变片等。

3　实验内容

在材料力学多功能实验台上测定薄壁圆筒弯、扭组合变形。

4　实验原理

弯扭组合薄臂圆筒实验梁是由薄壁圆筒、扇臂、手轮、旋转支座等组成。实验时，转动手轮，加载螺杆和载荷传感器都向下移动，载荷传感器就有压力电信号输出，此时电阻应变仪显示出作用在扇臂端的载荷值。扇臂端的作用力传递到薄壁圆筒上，使圆筒产生弯扭组合变形。薄壁圆筒材料为铝，其弹性模量 $E = 206\ \text{GPa}$，泊松比 $\mu = 0.3$，圆筒外径 $D_0 = 55\ \text{mm}$，内径 $d = 51\ \text{mm}$，根据设计要求初载 $\Delta P \geqslant 0.3\ \text{kN}$，终载 $P_{\max} \leqslant 1.2\ \text{kN}$。

1) 测定主应力的大小和方向

弯扭组合变形构件表面上一点处于平面应力状态，由应力-应变广义胡克定律可知，为了确定一点处的主应力，可在该点处粘贴一直角应变花，该直角应变花由3个应变片组成，即由$+45°$方向的应变片、$0°$方向的应变片和$-45°$方向的应变片组成。只要用静态电阻应变仪将这3个方向上的线应变测出，代入公式即可计算出主应变的大小和方向。

薄壁圆筒弯扭组合变形受力简图如图2-10所示，布片如图2-11所示。截面A、B为被测位置，由应力状态理论分析可知，A、B点处于平面应力状态。欲测其主应力的大小，因主应力的方向未知，应变片的粘贴方向无法确定，所以不能用2片应变片直接测得，但由一点的应变形态理论分析可知，如能测得一点处3个方向的线应变 $\varepsilon_{-45°}$、$\varepsilon_{0°}$、$\varepsilon_{45°}$，即可由下式算得该点的主应力的大小和方向分别为：

$$\frac{\sigma_1}{\sigma_3} = \frac{E}{1-\mu^2}\left[\frac{1\pm\mu}{2}(\varepsilon_{-45°}+\varepsilon_0) \pm \frac{1-\mu}{\sqrt{2}}\sqrt{(\varepsilon_{-45°}-\varepsilon_0)^2+(\varepsilon_0-\varepsilon_{45°})^2}\right]$$

$$\tan(2\alpha_0)=\frac{\varepsilon_{45^\circ}-\varepsilon_{-45^\circ}}{2\varepsilon_0-\varepsilon_{-45^\circ}-\varepsilon_{45^\circ}}$$

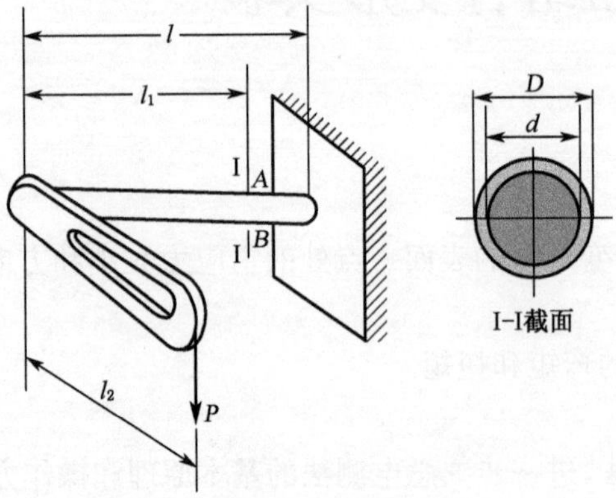

图 2-10　薄壁圆筒受力示意图

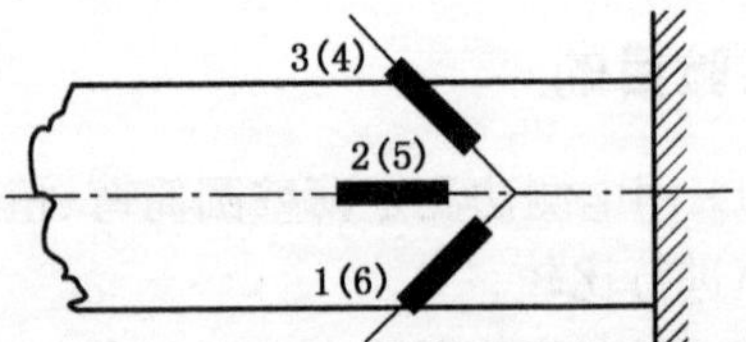

图 2-11　薄壁圆筒布片

2) 测定弯矩

薄壁圆筒虽为弯扭组合变形，但 A、B 两点沿 x 方向只有因弯曲而引起的拉伸或压缩应变，且两者数值相等符号相反。因此，采用不同的组桥方式测量，即可得到 A、B 两点弯曲引起的轴向应变 ε_M，由广义的胡克定律 $\sigma=E\varepsilon_M$ 和截面上最大弯曲正应力公式 $\sigma=M/W_Z$，可得截面 A-B 上弯矩的实际值为：

$$M=E\varepsilon_M W_Z=\frac{E\pi(D^4-d^4)}{32D}\varepsilon_M$$

3) 测定扭矩

当薄壁圆筒受纯扭转时，A、B 两点沿 45°方向和 −45°方向的应变片都是沿主应力方向，且主应力 σ_1 和 σ_3 数值相等符号相反。因此，采用不同的组桥方式测量，即可得到 A、B 两点由扭转引起的主应变 ε_n。由平面应力胡克定律得：

$$\sigma_1=\frac{E}{1-\mu^2}(\varepsilon_1+\mu\varepsilon_2)=\frac{E}{1-\mu^2}[\varepsilon_n+\mu(-\varepsilon_n)]=\frac{E\varepsilon_n}{1+\mu}$$

因扭转时主应力与剪应力相等，即 $\frac{E\varepsilon_n}{1+\mu}=\frac{T}{W_t}$。于是，可得截面 A-B 上转矩的实际值为：

$$T=\frac{E\varepsilon_n}{1+\mu}\cdot\frac{\pi(D^4-d^4)}{16D}$$

5　实验步骤

(1) 测量试件尺寸、加载力臂的长度和测力点至力臂的距离。

(2) 将薄壁圆筒上应变片按不同测试要求接入电阻应变仪，组成不同的测量电桥，并调整好所用仪器设备。

① 测定主应力：将 A、B 两点的应变片按半桥接线和公共温度补偿法组成测量线路，进

行半桥单臂测量。

② 测定弯矩 M 与扭矩 T：根据实验要求自行设计组桥方案。

提示：测定弯矩 M 时需消除扭转因素，将 A、B 两点的 2 个 0°方向的应变片组成半桥接线。测定扭矩 T 时需消除弯曲的因素，将 A、B 两点的 4 个 45°方向的应变片组成全桥接线。

(3) 实验加载。根据材料的许用应力，加载最大载荷为 1.2 kN，采用等量加载法，即每次加 0.1 kN，加 6 次。均匀慢速加载至初载荷 P，记录各点应变片的初读数，依次记录各点应变片的应变读数，直至最终载荷。每项实验至少重复 2 次。

(4) 完成一次实验内容后，重新组桥测试，重复步骤(3)、(4)。

(5) 完成全部实验内容后，卸除载荷，关闭电源，拆线，整理所用仪器设备，清理现场，将所用仪器设备复原。

注意：实验装置中，圆筒的管壁很薄，为避免损坏装置，切勿超载，不能用力扳动圆筒的自由臂和力臂。

6 实验结果的处理

1) 确定单一内力分量及其所引起的应变

(1) 测定弯矩

图 2-12(a)为从圆筒上表面看到的应变片分布图。将 A、B 两点 0°方向的应变片按图 2-12(b)接成半桥线路进行半桥测量，由应变仪读数应变 $\varepsilon_{\mathrm{Md}}$，即可得到 A、B 两点由弯矩引起的轴向应变 ε_{M}：

$$\varepsilon_{\mathrm{M}} = \frac{\varepsilon_{\mathrm{Md}}}{2}$$

将上式代入 $M = E\varepsilon_{\mathrm{M}}W_{\mathrm{Z}}$ 中，可得到图 2-10 中截面 I-I 的弯矩实验值为：

$$M = \frac{\varepsilon_{\mathrm{Md}}EW_{\mathrm{Z}}}{2}$$

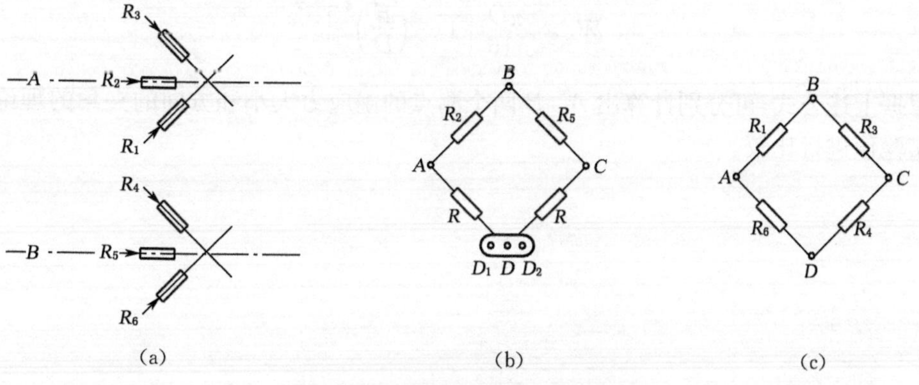

图 2-12　薄壁圆筒布片及接线

(2) 测定扭矩

A、B 两点 4 个 45°方向的应变片组成全桥接线，如图 2-12(c)，由 4 个应变片的组合可测定扭矩。此时应变仪的读数 $\varepsilon_d = 4\varepsilon_n$ 。由前述分析得到：

$$T = \frac{E\varepsilon_n}{1+\mu} \cdot \frac{\pi(D^4 - d^4)}{16D} = \frac{E\varepsilon_d}{4(1+\mu)} \cdot \frac{\pi(D^4 - d^4)}{16D}$$

2）计算 A、B 两点的主应力理论值并与实验值比较

图 2-13 为 A、B 两点的单元体应力状态图，则可计算 A、B 两点的主应力理论值。

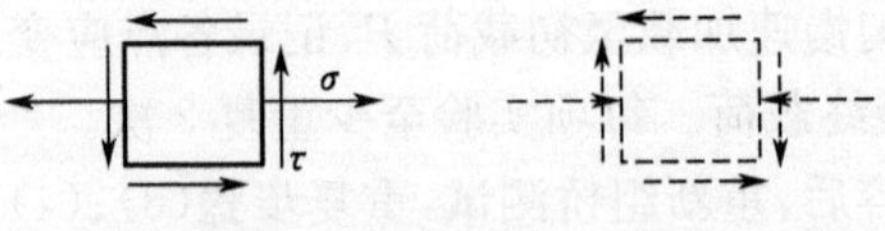

图 2-13　单元体应力状态

最大弯曲正应力理论值为：

$$\sigma = \frac{M}{W_Z}$$

最大扭转剪应力理论值为：

$$\tau = \frac{T}{W_t}$$

则 I-I 截面各测点主应力大小及方向的理论值为：

$$\sigma_{理} = \frac{\sigma}{2} \pm \sqrt{\left(\frac{\sigma}{2}\right)^2 + \tau^2}$$

$$\tan(2\alpha) = -\frac{2\tau}{\sigma}$$

上式中：M、T——分别为根据载荷计算的 I-I 截面的弯矩、扭矩；

W_Z、W_t、A——分别为横截面抗弯截面模量、抗扭截面模量和横截面面积。

$$W_Z = \frac{\pi D^3}{32}\left[1 - \left(\frac{d}{D}\right)^4\right]$$

$$W_t = \frac{\pi D^3}{16}\left[1 - \left(\frac{d}{D}\right)^4\right]$$

根据上述公式，可分别计算出 A、B 两个测点的主应力大小和方向的夹角的理论值，然后与实验值进行比较。

弯扭组合实验报告

班级________ 姓名________ 学号________

同组实验人姓名____________ 实验日期________

1 实验记录

(1) 试件尺寸

名称	外径(mm)	壁厚(mm)	力臂(mm)	弹性模量 E(GPa)	泊松比 μ
数值					

(2) 测试数据记录

① 测试主应力

载 荷	读 数 应 变($\mu\varepsilon$)											
	应 变 片 A						应 变 片 B					
P(kN)	$-45°$		$0°$		$+45°$		$-45°$		$0°$		$+45°$	
0.2												
0.4												
0.6												
0.8												
1.0												
平均应变												

	计 算 公 式	测点 A $\varepsilon_{0°}=$ $\mu\varepsilon$ $\varepsilon_{45°}=$ $\mu\varepsilon$ $\varepsilon_{-45°}=$ $\mu\varepsilon$	测点 B $\varepsilon_{0°}=$ $\mu\varepsilon$ $\varepsilon_{45°}=$ $\mu\varepsilon$ $\varepsilon_{-45°}=$ $\mu\varepsilon$
主应变值	$\varepsilon_1=\frac{\varepsilon_{-45°}+\varepsilon_{45°}}{2}+\frac{\sqrt{2}}{2}\cdot\sqrt{(\varepsilon_{-45°}-\varepsilon_{0°})^2+(\varepsilon_{0°}-\varepsilon_{45°})^2}$		
	$\varepsilon_3=\frac{\varepsilon_{-45°}+\varepsilon_{45°}}{2}-\frac{\sqrt{2}}{2}\cdot\sqrt{(\varepsilon_{-45°}-\varepsilon_{0°})^2+(\varepsilon_{0°}-\varepsilon_{45°})^2}$		
主应力值 (MPa)	$\sigma_1=\frac{E}{1-\mu^2}(\varepsilon_1+\mu\varepsilon_3)$		
	$\sigma_3=\frac{E}{1-\mu^2}(\varepsilon_3+\mu\varepsilon_1)$		
主 方 向	$\tan(2\alpha_0)=\frac{\varepsilon_{45°}-\varepsilon_{-45°}}{2\varepsilon_{0°}-\varepsilon_{45°}-\varepsilon_{-45°}}$		

计算结果及误差：

σ	测试值	理论值	误　差
σ_1 (MPa)			
σ_3 (MPa)			

② 测试弯矩和扭矩

载荷 P (kN)	读　数　应　变($\mu\varepsilon$)	
	测　弯　矩	测　扭　矩
0.2		
0.4		
0.6		
0.8		
1.0		
平均应变		

计算结果及误差：

	测试值	理论值	误　差
M(N·m)			
T(N·m)			

2　实验分析

3　思考题

(1) 测量单一内力分量引起的应变，可以采用哪几种桥路接线法？

(2) 在主应力测量中，45°直角应变花是否可沿任意方向粘贴？

(3) 弯扭组合变形所测 4 点的主应力大小及方向有什么关系？

(4) 主应力及方向测量值的误差由哪些因素引起？

(5) 校核实验结果的正确性，并计算误差，分析误差产生的原因。

成绩评定________________　　指导教师________________

实验5　压杆稳定实验

1　实验目的

(1) 观察两端铰支细长压杆丧失稳定的现象。

(2) 用电测法测定两端铰支压杆的临界载荷 $P_{cr实}$，增强学生对压杆承载及失稳的感性认识，加深对压杆承载特性的认识，理解压杆是实际压杆的一种抽象模型。

(3) 实测临界力 $P_{cr实}$ 与理论计算临界力 $P_{cr理}$ 进行比较，并计算其误差值：

$$\frac{P_{cr理}-P_{cr实}}{P_{cr理}}\times 100\%$$

$$P_{cr理}=\frac{\pi^2 EI}{(\mu l)^2}$$

2　实验设备和工具

(1) 材料力学多功能实验台中压杆稳定实验部件，XL2118A 型应力、应变综合参数测试仪。

(2) 千分表一套。

(3) 游标卡尺和钢尺各一把。

3　实验内容

在材料力学多功能实验台上测定各种约束情况下试件的临界力。

4　实验原理和方法

压杆稳定试验台主要由手轮、拉力传感器、千分表、蜗杆升降机构、上铰支座、下铰支座、框架、试件等组成。试件材料为弹簧钢，$E=200$ GPa。

对于两端铰支，中心受压的细长杆其临界力可按欧拉公式计算，即

$$P_{cr}=\frac{\pi^2 EI_{min}}{l^2}$$

式中：I_{min}——杠杆横截面的最小惯性矩，$I_{min}=\frac{bh^3}{12}$；

l——压杆的计算长度。

图 2-14(c)中 AB 垂线与 P 轴相交的 P 值，即为依据欧拉公式计算所得的临界力 P_{cr} 的值。在 A 点之前，当 $P<P_{cr}$ 时，压杆始终保持直线形式，处于稳定平衡状态。在 A 点，$P=P_{cr}$ 时，标志着压杆丧失稳定平衡的开始，压杆可在微弯的状态下维持平衡。在 A 点之后，当 $P>P_{cr}$ 时，压杆将丧失稳定而发生弯曲变形。因此，P_{cr} 是压杆由稳定平衡过渡到不稳定

平衡的临界力。

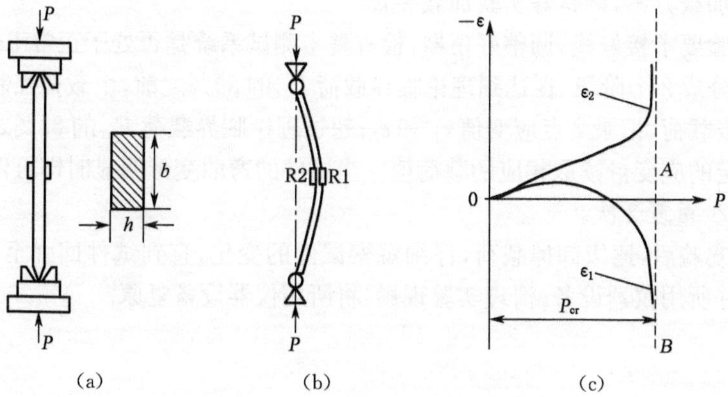

图 2-14　弯曲状态的压杆和 P-ε 曲线

实际实验中的压杆,由于不可避免地存在初曲率、材料不均匀和载荷偏心等因素影响,在 $P \ll P_{cr}$时,压杆也会发生微小的弯曲变形,只是当 P 接近 P_{cr}时,弯曲变形会突然增大,而丧失稳定。

实验测定 P_{cr}时,可采用本材料力学多功能实验装置中压杆稳定实验部件,该装置上、下支座为 V 型槽口,将带有圆弧尖端的压杆装入支座中,在外力的作用下,通过能上、下活动的上支座对压杆施加载荷,压杆变形时,两端能自由地绕 V 型槽口转动,即相当于两端铰支的情况。利用电测法在压杆中央两侧各贴一枚应变片 R1 和 R2,如图 2-14(b)所示。假设压杆受力后如图示向右弯曲情况下,以 e_1 和 e_2 分别表示应变片 R1 和 R2 左右两点的应变值,此时,e_1 是由轴向压应变与弯曲产生的拉应变之代数和,e_2 则是由轴向压应变与弯曲产生的压应变之代数和。当 $P \ll P_{cr}$ 时,压杆几乎不发生弯曲变形,e_1 和 e_2 均为轴向压缩引起的压应变,两者相等,当载荷 P 增大时,弯曲应变 e_1 则逐渐增大,e_1 和 e_2 的差值也越来越大;当载荷 P 接近临界力 P_{cr}时,二者相差更大,而 e_1 变成为拉应变。因此,无论是 e_1 还是 e_2,当载荷 P 接近临界力 P_{cr}时,均急剧增加。如用横坐标代表载荷 P,纵坐标代表压应变 ε,则压杆的 P-ε 关系曲线如图 2-14(c)所示。从图中可以看出,当 P 接近 P_{cr}时,P-e_1 和 P-e_2 曲线都接近同一垂直渐近线 AB,P 值即为实验临界压力值。

5　实验步骤

(1) 设计好本实验所需的各类数据表格。

(2) 测量试件的长度 l、宽度 b 和厚度 h。

(3) 若由挠度确定临界载荷,在试件中点安装千分表时,预先将表的顶杆压入表中一部分,保证顶杆与试件更紧密接触,并给测杆左右测量留有余地。

(4) 拟订加载方案。加载前用欧拉公式求出压杆临界压力 P_{cr}的理论值,在预估临界力值的 80%以内,可采取大等级加载,进行载荷控制。例如可以分成 4～5 级,载荷每增加一个 ΔP,记录相应的应变值一次,超过此范围后,当接近失稳时,变形量快速增加,此时载荷量应取小些,或者改为变形量控制加载,即变形每增加一定数量读取相应的载荷,直到 ΔP 的变化很小,出现 4 组相同的载荷或渐近线的趋势已经明显为止(此时可认为此载荷值为所需的临界载荷值)。

(5) 根据加载方案,调整好实验加载装置。

(6) 按实验要求接好线,调整好仪器,检查整个测试系统是否处于正常工作状态。

(7) 加载分成 2 个阶段,在达到理论临界载荷 P_{cr}的 80%之前,由载荷控制,均匀缓慢加载,每增加一级载荷,记录 2 点应变值 e_1 和 e_2;超过理论临界载荷 P_{cr}的 80%之后,由变形控制,每增加一定的应变量读取相应的载荷值。当试件的弯曲变形明显时即可停止加载,卸掉载荷。实验至少重复 2 次。

(8) 做完实验后,逐级卸掉载荷,仔细观察试件的变化,直到试件回弹至初始状态。关闭电源,整理好所用仪器设备,清理实验现场,将所用仪器设备复原。

压杆稳定实验报告

班级____________ 姓名____________ 学号____________

同组实验人姓名__________________ 实验日期__________

1 实验记录

(1) 试件尺寸

名 称	厚度	宽度	长度 L(mm)	弹性模量
数 值	h (mm)	b (mm)	L (mm)	$E=$ GPa

(2) 用方格纸绘出 P-e_1 和 P-e_2 曲线，以确定实测临界力 $P_{cr实}$

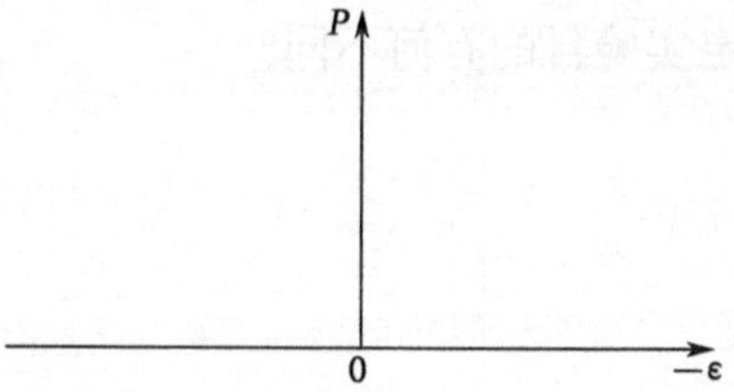

(3) 理论临界力 $P_{cr理}$ 计算

试件最小惯性矩 $I_{min}=\dfrac{bh^3}{12}\mathrm{m}^4$

理论临界力 $P_{cr理}=\dfrac{\pi^2 EI_{min}}{l^2}$

(4) 实验值与理论值比较

实验值 $P_{cr实}$	
理论值 $P_{cr理}$	
误差百分率(%) $\lvert P_{cr理}-P_{cr实}\rvert/P_{cr理}$	

2 实验分析

3 思考题

（1）为什么说试件的厚度对临界载荷影响极大？

（2）压缩实验与压杆稳定实验目的有何不同？

（3）失稳现象与屈服现象本质上有什么不同？

成绩评定__________ 指导教师__________

附录1 液压式万能材料试验机(WE-300 kN)

在材料力学实验中,用来获取材料的各种力学性质的机器称为材料试验机。所谓万能材料试验机,是指能够进行拉伸、压缩、弯曲、剪切等多种试验的机器。万能材料试验机的类型很多,但是基本构造原理是相似的,使用方法大致相同。下面介绍常用的液压式万能材料试验机。

1 构造和工作原理

试验机一般由加载和测力两大部分组成。多数试验机测力部分包括绘图装置,其试验机的原理示意图如图 2-15 所示。

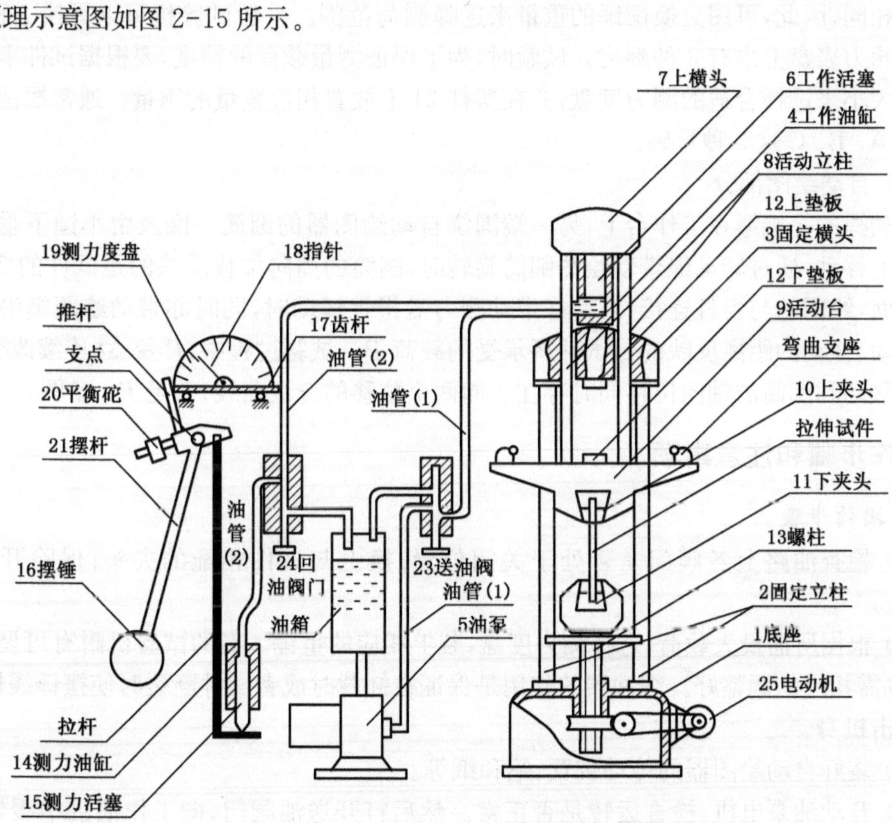

图 2-15 液压式万能材料试验机原理示意图

(1) 加载部分

在机器底座 1 上,装有两个固定立柱 2,它支撑着固定横头 3 和工作油缸 4。开动油泵电动机带动油泵 5 工作,将油液从油箱经油管(1)和送油阀送入工作油缸,从而推动工作活塞 6、上横头 7、活动立柱 8 和活动台 9 上升。若将试件两端装在上夹头 10 和下夹头 11 中,因下夹头固定不动，当活动台上升时试件就承受拉力。若把试件放在活动台上、下垫板 12 之间，当活动台上升到试件与上垫板接触时试件就承受压力。加载时回油阀置于关闭位置。回油阀打开时，则可将工作油缸里的油液送回油箱，活动台由于自重而下降，回到原始位置。

如果拉伸试件的长度不同，可用下夹头电动机 25(人力手摇)转动底座中蜗轮，使螺柱 13 上下移动，调节下夹头位置。注意：当试件已经夹紧或受力时，不能再动下夹头电动机或摇手柄，否则就要造成用下夹头对试件加载，导致损伤机件。活动台的行程对拉伸和压缩区间都有一定的限度，使用者必须严格遵守。

(2) 测力部分

加载时，工作油缸中的油压推动活塞 6 的力与试件所受的力成正比。如果用油管(2)将工作油缸和测力油缸 14 连通，此油压便推动测力活塞 15 向下移动，通过拉杆拉动摆锤 16，使之绕支点转动而抬起，同时摆上的推杆便推动齿杆 17，使齿轮和指针 18 旋转。指针旋转的角度与油压成正比，因此在测力度盘 19 上，便可读出试件受力的大小。

如果增加或减少摆锤的重量，指针虽然旋转同一角度，但所需的油压不同，则所示出的力亦不相同，因此，可用更换摆锤的重量来选择测荷范围。一般试验机可以更换 3 种锤量，相应的测力表盘上也有 3 种刻度。试验时，为了保证测量载荷的精度，要根据试件事先估算载荷的大小来选择合适的测力度盘，并在摆杆 21 上放置相应重量的锤量。通常摆锤由小到大编为 A、B、C 这 3 种号码。

(3) 自动绘图部分

传动绳的一端缚在工作台上，另一端围绕自动绘图器的圆筒一圈及由小锤下垂。当工作台向上移动，通过转动绳带动绘图圆筒旋转时，圆筒的周向位移反映的是试件的变形 Δl；另一方面，绘图笔与齿杆连接，当齿杆带动测力盘指针转动时，同时亦带动绘图笔沿圆筒的轴向移动，移动的距离反映的是试件所承受的载荷 P。试验过程中，P 及 Δl 连续改变，笔尖的轴向移动和圆筒的轴向位移同时存在。而两个位移的合成曲线，就是 P-Δl 图。

2 操作步骤和注意事项

1) 操作步骤

(1) 检查油路上各阀门是否处于关闭位置；换上与试件相配的夹头；保险开关应当有效。

(2) 根据所需最大载荷，选择测力度盘，装上相应的重锤。有的试验机附有可调整的缓冲器，也需相应的调整好。缓冲器的作用是保证在卸载时或者试件断裂时使摆锤缓慢回落，避免撞击机身。

(3) 装好自动绘图器的传动装置、笔和纸等。

(4) 开动油泵电机，检查运转是否正常。然后打开送油阀门，向工作油缸中缓慢输油。待活动台上升 20 mm 左右，将送油阀关到最小，调整平衡砣 20，使摆杆 21 处于铅垂位置，然后旋转水平齿杆，将测力指针和从动指针对准零点。这时工作油缸内的油压与活动立柱、工作台、上横头等部件的重量相平衡，因为在实验时这部分重量不应计入到试件所受的载荷上去。加载时，测力指针带动从动指针一起转动；当卸载或试件断裂时测力指针迅速退回，而从动指针则停留不动，示出卸载时或断裂时的最大载荷值。

(5) 安装试件。压缩试件必须放置在垫板上，试件必须对准中心。安装拉伸试件时，先在上夹头中夹好。用电动或手摇调整下夹头位置，使与试件长度相适应，再夹好试件下端。但试件夹好后，就不能再调整下夹头了。

(6) 试件装好后，调整自动绘图器的笔尖，开动油泵电动机，打开送油阀门，慢速加载。

(7) 实验完毕，关闭送油阀，并立即停车。然后取下试件(有时要在卸油后再取下试件，例如非断裂实验)。缓慢打开回油阀，将油液卸回油箱，使活动台回到原始位置，并使一切机构复原。清理实验机、工具和现场。

2) 注意事项

(1) 开车前和停车后，各阀门均置于关闭位置。加载，卸载和回油均须缓慢进行。

(2) 机器开动时，操纵者不得擅自离开。实验过程中不得触动摆锤。

(3) 调整下夹头的位置，应在实验前进行，试件受力后严禁开动下夹头电机，以免损坏机器。

(4) 使用时，听见异声或发生任何故障应立即停车。

附录 2　扭转试验机(NJ-50B)

扭转试验机是对试件施加扭矩的专用设备,用于金属和非金属的扭转试验。装上扭角仪还可测量材料的剪切弹性模量 G。下面介绍 NJ-50B 型扭转试验机,采用直流电机无级调速机械传动加载系统,可以正反两个方向施加扭矩,用电子自动平衡随动系统测量扭矩,利用自动绘图装置绘出材料扭转时的扭矩-转角曲线。允许直径 5 ~ 25 mm,长度为 100 ~ 650 mm,最大扭矩为 500 N·m。

1　构造和工作原理

NJ-50B 型扭转试验机的外形构造如图 2-16 所示。它由加载机构、测力机构、夹头和记录装置 4 部分组成。

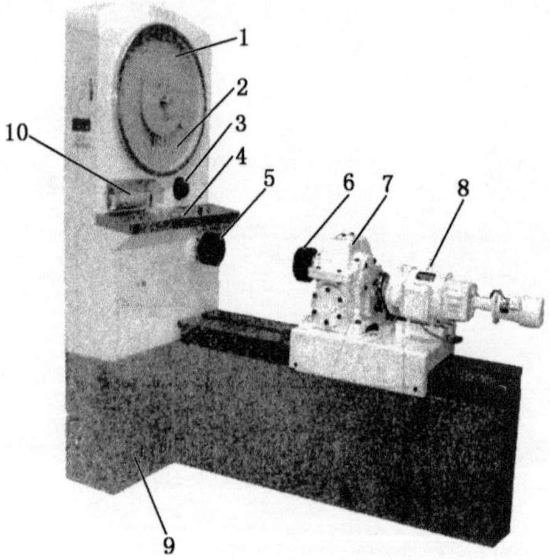

图 2-16　扭转试验机

1—度盘；2—指针；3—量程选择钮；4—操作面板；5、6—夹头
7—减速箱；8—直流电动机；9—机座；10—自动绘图器

(1) 加载机构

加载机构由直流电动机和两级蜗轮蜗杆减速箱组成。可以正反两个方向加载,加载过程中可以任意调节加载速度。当电动机通过减速箱带动其输出轴端部的夹头转动时,装在夹头间的试件就受到扭转作用。试验机的启动和停车可由操纵面板上的电动机按钮控制。

(2) 测力系统

测力系统采用电子自动平衡装置,当夹头间的试件受到扭转作用后,便推动差动变压器、伺服电动机及杠杆系统使示力度盘的指针转动,在度盘上指示试件受到扭矩的大小。示力度盘有 4 个,其量程分别为 0～50 N·m, 0～100 N·m, 0～200 N·m 和 0～500 N·m,在测力系统中,有一个改变测力杠杆支点位置的机构,不同的支点位置对应不同的量程范围。

记录装置的原理与万能试验机相同，不再赘述。

NJ-50B 型扭转试验机的操作旋钮及开关都集中于一块面板上，如图 2-17 所示。

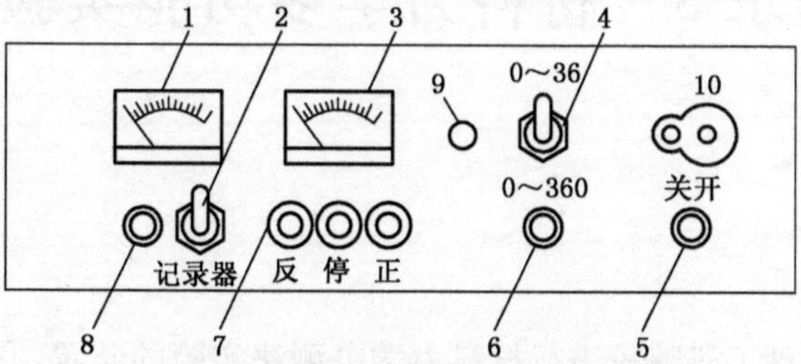

图 2-17　扭转试验机的操作面板

1—电流表；2—记录开关；3—加载速度表；4—转速选择开关
5、8—指示灯；6—电位器；7—按钮；9—复位；10—电源开关

电动机开关有正、停、反这 3 个旋钮，可以接通电动机正转、停止、反转。加载速度调节旋钮有 2 个挡次，在面板上用 0～36°、0～360°标注，表示转速范围为 0～151 r/min。复位开关起到一种闭锁的作用，当载荷作用于试件后，只有按下复位开关，才能卸载。

2　操作步骤

(1) 根据试件的尺寸，选择夹头和衬套，安装试件。

(2) 由试件有效部分的直径及材质，估算试件被扭断时的最大扭矩，选择合适的示力度盘。最好使用断裂时所需的最大扭矩处于量程的 70%～80%。

(3) 试验时若需绘制扭矩-扭转角曲线(M-$\Delta\varphi$)，则需打开记录器开关。

(4) 测量试件尺寸，调整活动夹头和固定夹头的相对位置，安装试件，并拧紧螺钉。

(5) 先用低速加载，待达到一定变形后，再调到所需速度进行加载。对于铸铁试件，可一直用慢速加载，直至断裂。而对于低碳钢试件，只有在材料达到屈服极限后，才改用高速加载，直至试件扭断。

(6) 试件断裂后，立即停机。记下最大扭矩和扭转角度(应为断裂时瞬时角度)。

(7) 试验完毕，取下扭断的试件，关闭总电源，将机器恢复原位。

3　注意事项

(1) 加载后，禁止拧动量程选择旋钮。

(2) 试验时，若发现电流表指针剧烈摆动，应立即停机，检查出原因并修复后方可再启动电机，进行试验。

(3) 机器运转时，操作者不得离开，发生任何故障，应立即停机，并告知辅导老师。

(4) 基座上的导轨台面，不得放置任何物品，并应保持台面清洁以防损伤导轨面。

附录3　材料力学多功能实验台

1　产品介绍

1）用途

本产品是用于各理工科院校进行材料力学电测法实验的装置，它是将多种材料力学实验集中在一个台上进行，使用时稍加准备，即可进行教学大纲规定内容的多项实验。

2）特点

实验台采用蜗杆机构以螺旋千斤方式进行加载，经传感器由数字测力仪测试出力的读数；各试件受力变形，通过应变片由电阻应变仪显示。整机结构紧凑，外形美观，加载稳定，操作省力，实验效果好，易于学生自己动手，有利于提高教学质量。外形如图2-18所示。本设备的潜力较大，还可根据需要，增设其他实验，实验数据也可由计算机处理。

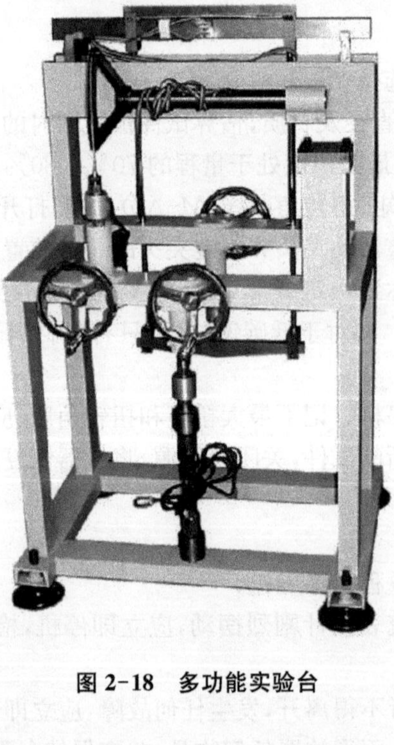

图2-18　多功能实验台

3）结构

本产品的架体设计采用封闭型钢及铸件配制而成，表面经喷漆处理，结构紧固耐用。蜗杆及螺旋机构为内藏式，从而使得机构紧凑。每项实验均配有精密镀铬试件和附件，每个实验台还配有工作柜，柜面可放置测试仪器，抽屉与中隔板放试件和附件。

4）功能

（1）纯弯曲梁横截面上正应力的分布规律实验；

(2) 电阻应变片灵敏系数的标定；

(3) 材料弹性模量 E、柏松比 μ 的测定；

(4) 偏心拉伸实验；

(5) 弯扭组合受力分析；

(6) 悬臂梁试验；

(7) 压杆稳定试验。

5) 技术参数

(1) 试件最大作用载荷为 8 kN；

(2) 加载机构作用行程为 55 mm；

(3) 手轮加载转矩为 0～2.6 N·m；

(4) 加载速度为 0.13 mm/r；

(5) 本机重量为 250 kg；

(6) 外形尺寸为 850 mm×700 mm×117 mm。

2 注意事项

实验台初次使用时，应调节最下面的 4 只底盘上的螺杆，将水平仪置于铸铁上支撑梁顶面调至水平，放上弯曲梁组件，使弯曲梁上 2 根加载杆处于自由状态，不碰到中间槽钢梁长槽两侧面。本设计蜗杆升降机构滑移移轴行程为 55 mm，手轮摇至快到行程末端时应缓速，以免撞坏有关零件。注意，所有实验进行完后应放松蜗杆，最好是拆下试件，以免闲人乱动机构而损坏传感器与试件。所有实验加载时拉压力应小于 8 kN。实验台连续使用 1 年，应松开轴承盖中心和上套筒下方螺丝，添加一次润滑油。

附录 4　电阻应变测量技术和应力应变综合参数测试仪

1　电阻应变测量技术(电测法)

1）测量原理

电测法的基本原理是用电阻应变片测定构件的表面线应变，再根据应力-应变关系(即电阻-应变效应)来确定构件表面应力状态的一种实验应力分析方法。这种方法是将粘贴在被测构件表面上的电阻应变片作为传感元件，当构件变形时，电阻应变片的电阻值将发生相应的变化，利用电阻应变仪将此电阻值的变化测定出来，并换算成应变值或输出与此应变值成正比的电压(或电流)信号，由记录仪记录下来，就可得到所测定的应变或应力。

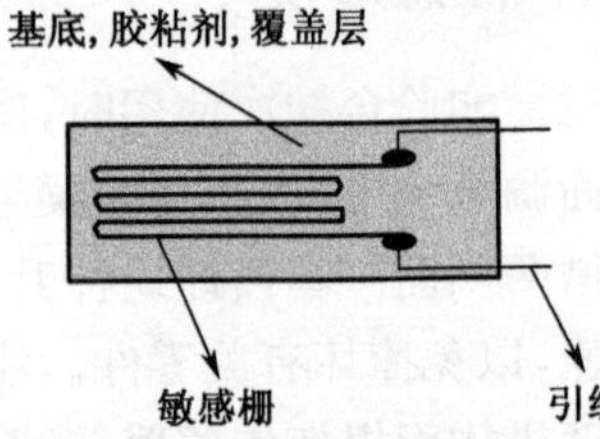

图 2-19　电阻应变片基本构造示意图

2）电阻应变片

电阻应变片一般由敏感栅、引线、基底、覆盖层和胶粘剂组成，图 2-19 所示为其构造简图。

3）测量电路原理

通过在试件上粘贴电阻应变片，可以将试件的应变转换为应变片的电阻变化，但是通常这种电阻变化是很小的。为了便于测量，需将应变片的电阻变化转换成电压(或电流)信号，再通过电子放大器将信号放大，然后由指示仪或记录仪指示出应变值。这一任务是由电阻应变仪完成的。电阻应变仪中电桥的作用是将应变片的电阻变化转换成电压(或电流)信号。电桥根据其供电电源的类型可分为直流电桥和交流电桥。下面以直流电桥为例来说明其电路原理。

(1) 电桥的平衡

直流电桥如图 2-20 所示，电桥各臂 R_1、R_2、R_3、R_4 可以全部是应变片(全桥式接法)，也可以部分是应变片，其余为固定电阻，如当 R_1、R_2 为应变片，R_3、R_4 接精密无感固定电阻时，称为半桥式接法。

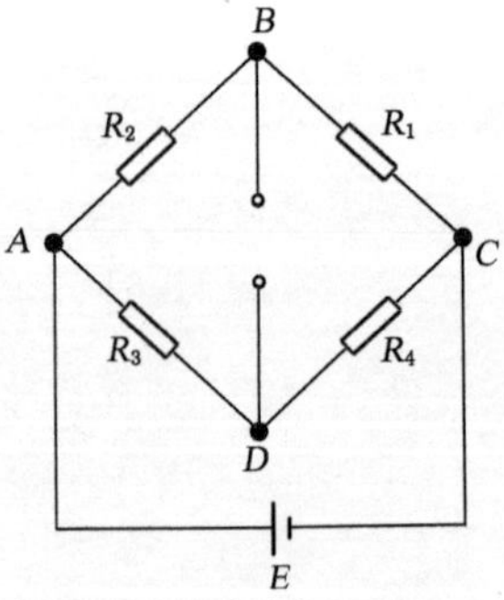

图 2-20　直流电桥

桥路 AC 端的供桥电压为 E，则在桥路 BD 端的输出电压为：

$$U=\left(\frac{R_1}{R_1+R_2}-\frac{R_4}{R_3+R_4}\right)E=\frac{R_1R_3-R_2R_4}{(R_1+R_2)(R_3+R_4)}E$$

由上式可知，当桥臂电阻满足：$R_1R_3=R_2R_4$ 时，电桥输出电压 $U=0$，称为电桥平衡。

(2) 电桥输出电压

设起始处于平衡状态的电桥各桥臂(应变片)的电阻值都发生了变化，即

$$R_1 \to R_1 + \Delta R_1,\quad R_2 \to R_2 + \Delta R_2$$
$$R_3 \to R_3 + \Delta R_3,\quad R_4 \to R_4 + \Delta R_4$$

此时电桥输出电压的变化量为：

$$\Delta U \approx \frac{\partial U}{\partial R_1}\Delta R_1 + \frac{\partial U}{\partial R_2}\Delta R_2 + \frac{\partial U}{\partial R_3}\Delta R_3 + \frac{\partial U}{\partial R_4}\Delta R_4$$

可进一步整理为：

$$\Delta U \approx \left[\frac{R_1R_2}{(R_1+R_2)^2}\left(\frac{\Delta R_1}{R_1}-\frac{\Delta R_2}{R_2}\right)+\frac{R_3R_4}{(R_3+R_4)^2}\left(\frac{\Delta R_3}{R_3}-\frac{\Delta R_4}{R_4}\right)\right]E$$

对以下两种常用的测量电路，该输出电压的变化可作进一步简化：

① 全等臂电桥

在上述电桥中，各桥臂上的应变片的起始电阻值全相等，灵敏系数 k 也相同，于是，

$$\Delta U \approx \frac{E}{4}\left(\frac{\Delta R_1}{R_1}-\frac{\Delta R_2}{R_2}+\frac{\Delta R_3}{R_3}-\frac{\Delta R_4}{R_4}\right)$$

以$\frac{\Delta R_n}{R_n}=K\varepsilon(n)$代入，得

$$\Delta U \approx \frac{KE}{4}(\varepsilon_1-\varepsilon_2+\varepsilon_3-\varepsilon_4)$$

② 半等臂电桥

当 R_1、R_2 为起始电阻值和灵敏系数 K 都相同的应变片，R_3、R_4 接精密无感固定电阻，此时有：

$$\Delta U \approx \frac{E}{4}\left(\frac{\Delta R_1}{R_1}-\frac{\Delta R_2}{R_2}\right)=\frac{KE}{4}(\varepsilon_1-\varepsilon_2)$$

(3) 电桥电路的基本特性

① 在一定的应变范围内，电桥的输出电压 ΔU 与各桥臂电阻的变化率$\frac{\Delta R}{R}$或相应的应变片所感受的(轴向)应变 $\varepsilon(n)$ 呈线性关系。

② 各桥臂电阻的变化率$\frac{\Delta R}{R}$或相应的应变片所感受的应变 $\varepsilon(n)$ 对电桥输出电压的变化 ΔU 的影响是线形叠加的，其叠加方式为：相邻桥臂异号，相对桥臂同号。

充分利用电桥的这一特性不仅可以提高应变测量的灵敏度及精度，而且可以解决温度补偿等问题。

2 XL2118A/B 应力应变综合参数测试仪

图 2-21 为 XL2118A/B 型应力应变综合参数测试仪，采用最新嵌入式 MUC 控制技术，通过精心设计将原来由两台仪器完成的工作由一台仪器有机结合到一起。可选配 RS-232C 串行接口与配套测试软件，可与绝大多数计算机相连接，可方便地实现显示、存储、参

数修正及生成测试报告的工作，组成一套静态应变测量虚拟仪器测试系统。该综合参数测试仪通过配接 CLDT-C 型材料力学多功能实验台，适合各类理工科大专院校开展电测法实验使用。该综合参数测试仪采用发光二极管(LED)同时显示，测力(称重)与普通应变测试同时并行工作且互不影响。测力部分通过对测量参数的正确设置，能适配绝大多数力(称重)传感器，测量精度高；应变测量部分采用现代应变测试中常用的预读数法自动桥路平衡的办法，增强学生对现代测试、尤其是虚拟仪器测试的基本概念和使用方法的了解。XL2118A 型的自动扫描速度为 3 点/s，XL2118B 型的自动扫描速度为 12 点/s，测量迅速准确。外形如图 2-21 所示。

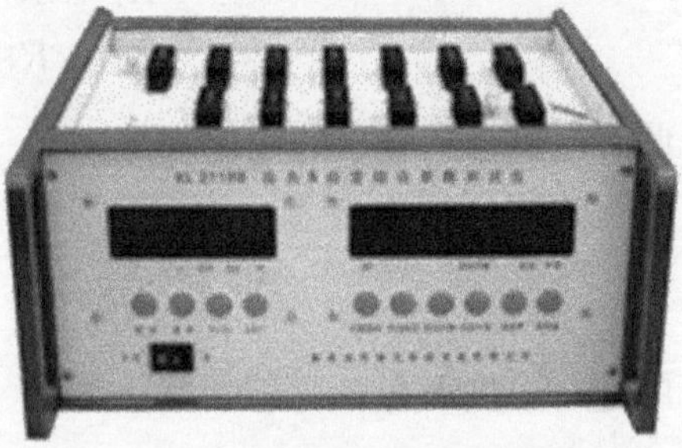

图 2-21　XL2118A/B 应力应变综合参数测试仪

1) 特点

(1) 全数字化智能设计，操作简单，使用方便。

(2) 组桥方式全面，可组全桥、半桥、1/4 桥，适合各种力学实验。

(3) 配接力传感器测量拉压力，传感器配接范围广。

(4) 测点切换采用进口优质器件程控完成，减少因开关氧化引起的接触电阻变化对测试结果的影响。

(5) 采用仪器上面板接线方式，接线简单方便；接线端子采用进口端子，接触可靠，不易磨损。

2) 技术指标

(1) 测量范围：应变 0～±19 999 $\mu\varepsilon$；

(2) 零点不平衡范围：±10 000 $\mu\varepsilon$；

(3) 拉压力测量适配满量程输出范围：1.000～3.000 mV/V 的拉压力应变传感器；

(4) 自动扫描速度：XL2118A 为 3 点/s，XL2118B 为 12 点/s；

(5) 零点漂移：±3 $\mu\varepsilon$/4 h；±1 $\mu\varepsilon$/℃；

(6) 分辨率：1 $\mu\varepsilon$；

(7) 显示：应变 8 位 LED——2 位测点序号、6 位测量值；4 个工作状态指示灯测力，6 位 LED 显示；4 个测量单位指示灯 N/kN/t/kg；

(8) 电源：220 V±10%，50 Hz±2%；

(9) 基本误差：±0.2%(满量程)±2 个字；

(10) 测量方法：全桥、半桥、1/4 桥；

(11) 桥压：DC 2V；

(12) 测点数：1 点测力，12 点应变；

(13) 功耗：约 15 W；

(14) 外形尺寸：300 mm × 305 mm × 135 mm (宽×深×高)，便携机箱(深度含仪器把手)。

3) 控制面板

如图 2-22 所示。

前面板说明

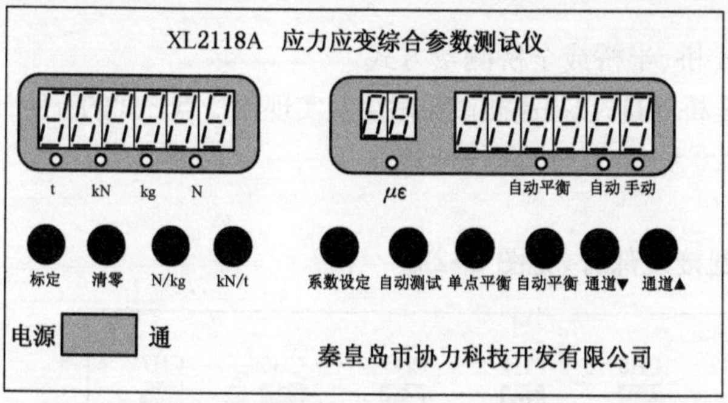

应力测量部分:
6位LED显示拉压力;
4个LED显示
测量单位: n/kN/kg/t
4个按键:
标定、清零、N/kg转换、kN/t单位转换

下部设整个仪器的电源开关一个

应变测量部分: 2位LED测点序号显示; 6位LED应变值显示, 4个工作指示灯, με 单位指示、自动平衡、自动、手动。6个功能按键: 系数设定、自动测试、单点平衡、自动平衡、通道减、通道增。

后面板说明

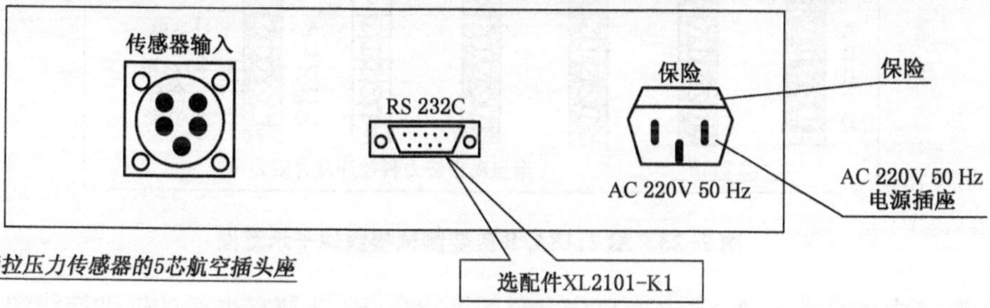

配接拉压力传感器的5芯航空插头座

组 成 及 结 构

系统原理示意图

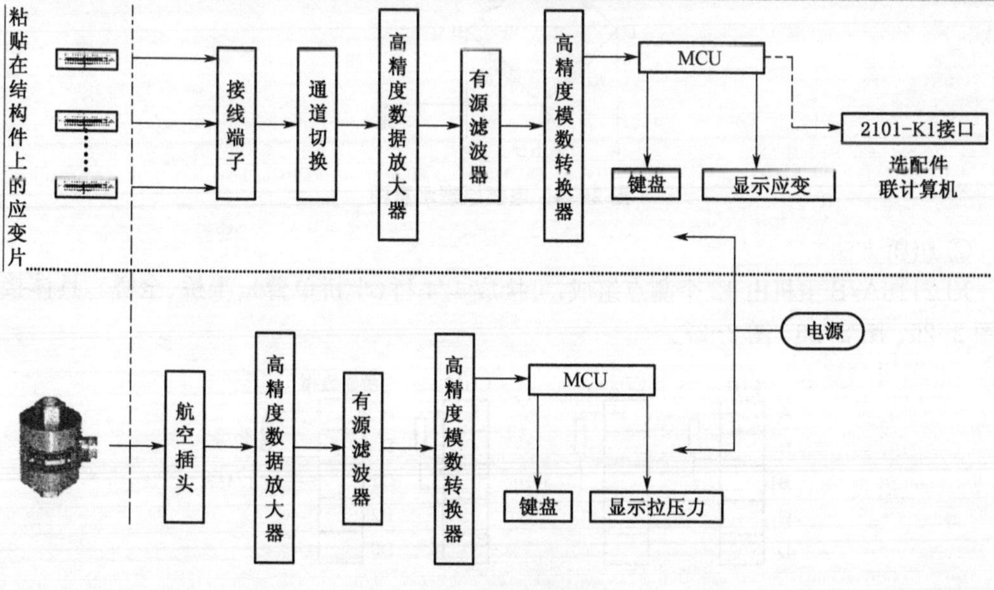

图 2-22 控制面板

4）应变测量功能模块的使用

（1）准备工作

① 根据测试要求，使用 1/4 桥、半桥或全桥测量方式。

② 建议尽可能采用半桥或全桥测量，以提高测试灵敏度及实现测量点之间的温度补偿。

③ 将 XL2118A/B 与 AC220 V 50 Hz 电源相连接。

（2）接线

① 打开仪器上面板，会看到接线部分，见图 2-23。

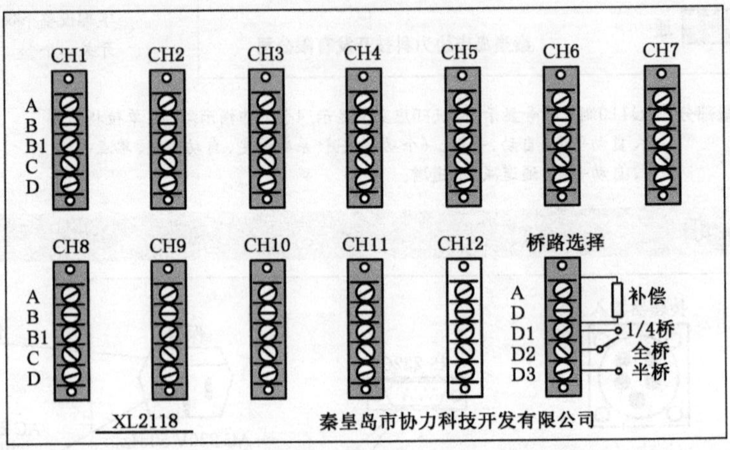

图 2-23　XL2118A/B 应变测试接线端子示意图

各测点中接线端子 A、B、C、D 定义见图 2-24。B1 为测量电桥的辅助接线端，以实现 1/4 桥测试时的稳定测量，半桥、全桥测试时不使用 B1 端。

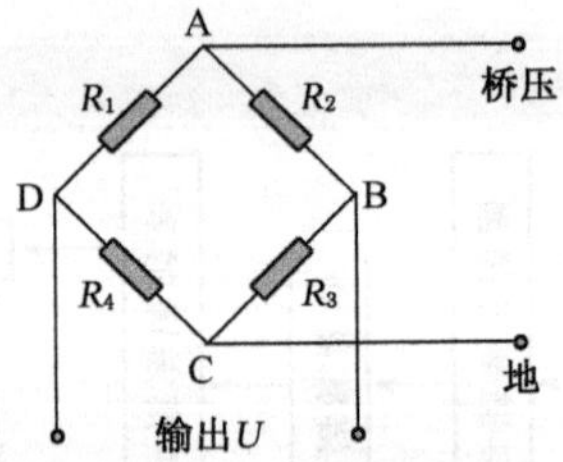

图 2-24　电桥原理示意图

② 组桥方法

XL2118A/B 主机由 12 个测点组成，可接成 1/4 桥（半桥单臂）、半桥、全桥。具体接法见图 2-25、图 2-26、图 2-27。

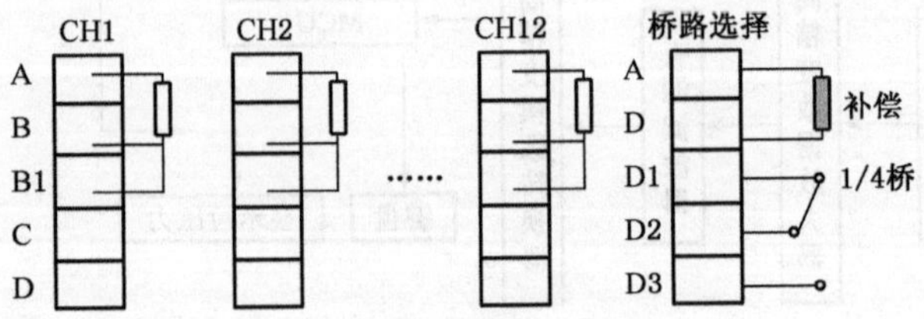

图 2-25　1/4 桥接线方法

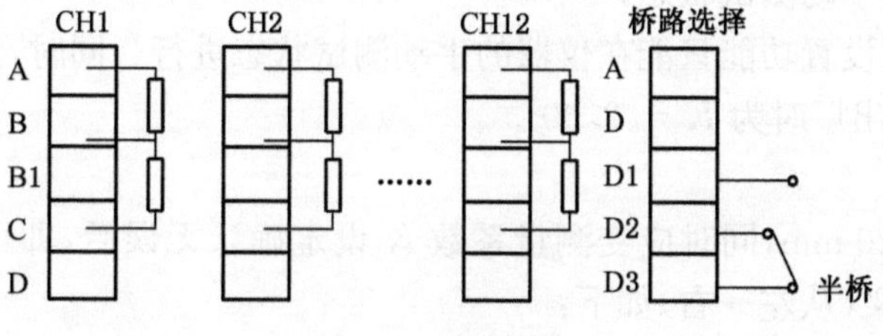

图 2-26　半桥接线方法

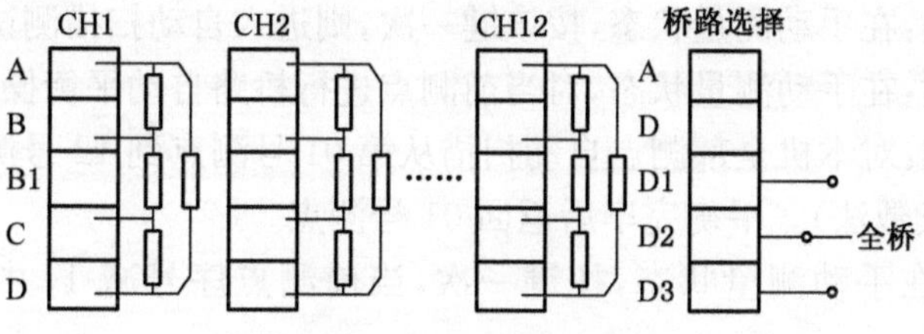

图 2-27　全桥接线方法

5）测量参数设定

根据实际测试需要接好桥路后，首先打开电源、预热 20 min 后，如果实验环境、被测对象及测试方法均没有变动，就可直接进行实验，无需进行测量系统数设定。因为上次实验设置的数据已被 XL2118A/B 存储到系统内部。

在仪器的手动状态、手动工作指示灯亮，此时按下系数设定键后 LED 显示“SEtUP”字样并闪烁 3 次后进入灵敏系数设定状态。

仪器前面板上设计了 6 个键，键被定义成测量状态常用的 5 个功能。因此，为完成灵敏系数的设定工作，其中 4 个键在设定状态被重新定义（面板中未印出）。见表 2-1。

表 2-1　灵敏系数设定状态

测量状态	灵敏系数设定状态
单点平衡	Esc 键，放弃灵敏系数的修改，并退出灵敏系数设定返回测量状态
系数设定	存储键，存储当前设定的灵敏系数（1.00～3.00），如该数未超出范围，则新灵敏系数生效并返回测量状态
通道▼“通道减”	从左到右循环移动闪烁位
通道▲“通道增”	循环递增闪烁位数值，从 0～9，到 9 后，再按则该位数值变为 0

修改灵敏系数时，使用“通道减”键可移动当前闪烁位，按“通道增”修改当前闪烁位的数值。修改完毕，按下“系数设定”键，新灵敏系数生效；按下“单点平衡”键则放弃修改数据。

设置完毕，仪器返回手动测试状态。

注意：灵敏系数设置功能只能在仪器的手动测试状态进行。同时，灵敏系数本机设置范围为 1.00～3.00。出厂时为 $K=2.00$ 。

6）测量

(1) 仪器预热 20 min，同时应变测量系数 K 设定确认无误后，即可进行测试。在测量状态下功能按键定义（从左→右）如下：

① 系数设定键：按该键 3 s 后进入应变片灵敏系数修正状态。灵敏系数设定完毕后自动保持，下次开机时仍生效。

② 自动测试键：在手动测量状态，按该键一次，则进入自动扫描测试状态。

③ 单点平衡键：在手动测量状态，对当前测点进行桥路自动平衡操作。

④ 自动平衡键：对本机全部测点自动扫描从第 01 号测点到 12 号测点进行全部测点的桥路自动平衡（预读数法）。平衡完毕后返回 01 号测点。

⑤ 通道减键：在手动测量状态，按键一次，当前测点序号减 1，并显示对应测点的应变值。

⑥ 通道增键：在手动测量状态，按键一次，当前测点序号增 1，并显示对应测点的应变值。

备注：考虑用户经费状况，XL2118A/B 综合参数测试仪出厂标准配置中没有安装有储存测试数据功能的存储器。如经费允许，可选配。

有/无存储器对应下述两种 XL2118A/B 自动扫描测试时的工作模式：

工作模式 1（无存储器）：因为自动扫描速度较慢（1 点/3 s），故可通过记录方式记录各测点应变值。退出自动扫描状态可按“灵敏系数”键。

工作模式 2（有存储器）：因为自动扫描速度为本机的最快速度，XL2118B 为 3 点/s，XL2118B 为 12 点/s，扫描完毕返回。然后由用户配备的相应软件读出并由计算机处理。

出厂标准配置为工作模式 1。

前面板应变测量工作状态指示灯定义（从左→右）如下：

① $\mu\varepsilon$ 指示灯：在测试状态一直被点亮，表示应变测量的单位为微应变（$\mu\varepsilon$）。

② 自动平衡指示灯：在所有测点进行桥路自动平衡时被点亮。

③ 自动指示灯：在进行自动扫描状态时被点亮。

④ 手动指示灯：在仪器手动测量状态时被点亮。

(2) 在手动状态下（手动指示灯亮），按“自动平衡”键，可进行 12 个测点桥路自动平衡。此时，测点显示从 01 递增切换到 12，“自动平衡”指示灯同时点亮。完成自动平衡后，仪器返回手动状态 01 测点。

在测量中，如某测点桥路存在零点漂移，可在手动状态下按“单点平衡”键对当前通道进行平衡。

注意：因“自动平衡”按键将对所有测点依次扫描进行平衡，为避免误操作，应按住该键 3 s 以上，系统才会进行自动平衡。

(3) 手动状态时，按“通道增”、“通道减”键进行单步测量，按键一次增或减当前测点序号，同时 LED 显示按键处理后的测点序号、测量值。

(4) 按下“自动测试”键，仪器“自动”指示灯亮，XL2118 进入自动巡检状态，从当前通道开始进行循环测量(1 点/3 s)。此时用户不用按键就可记录测量数据(自动扫描工作模式 1)。

退出“自动测试”状态可按“系数设定”键返回手动测量。

(5) 应变测量与应力测量在本仪器中属于相对独立的两个功能模块。关于拉压力传感器部分请参见应力测量模块使用说明。

(6) 当 LED 显示“——”时,表示该测点输入过载或平衡失败,请检查应变片线是否正常。

7) 使用注意事项

(1) 1/4 桥测量时,测量片与补偿片阻值、灵敏系数应相同;同时温度系数也应尽量相同(选用同一厂家同一批号的应变片)。

(2) 接线时如采用线叉请旋紧螺丝;同时测量过程中不得移动测量导线。

(3) 长距离多点测量时,应选择线径、线长一致的导线连接测量片和补偿片。同时导线应采用绞合方式,以减少导线的分布电容。

第3章　工程材料及机械制造基础

实验1　金属的力学性能实验

（一）硬度实验

1　实验目的

（1）了解布氏、洛氏硬度测定的基本原理及应用范围。

（2）了解布氏、洛氏硬度机的主要结构，初步掌握操作方法。

（3）根据不同金属材料的零件性能特点，选择测定硬度的方法。

2　实验设备和材料

（1）布氏硬度试验机

布氏硬度试验机结构简图如图3-1所示。

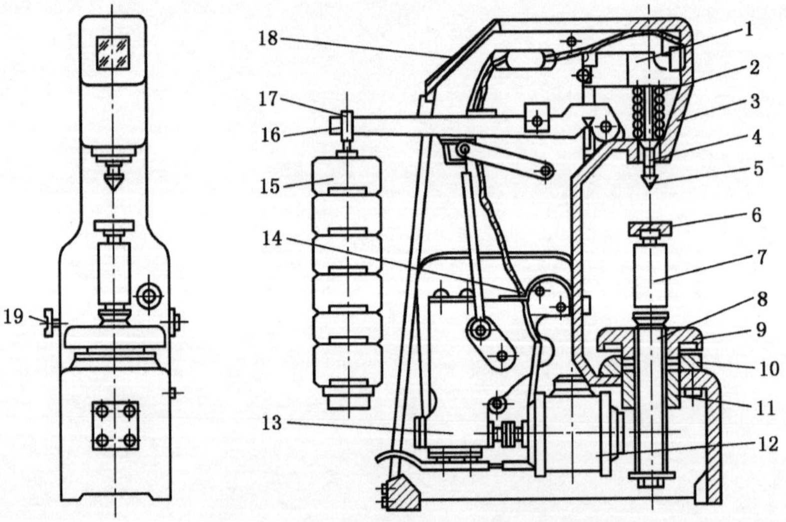

图3-1　HB-3000型布氏硬度机简图

1—小杠杆；2—弹簧；3—压轴；4—主轴衬套；5—压头；6—可更换工作台；7—工作台立柱；8—螺杆；9—升降手轮；10—螺母；11—套筒；12—电动机；13—减速器；14—换向开关；15—砝码；16—大杠杆；17—吊环；18—机体；19—电源开关

（2）洛氏硬度试验机

洛氏硬度试验机结构简图如图3-2所示。

（3）试样：ϕ20 mm×10 mm的45钢、T12钢正火及淬火状态、HT200。

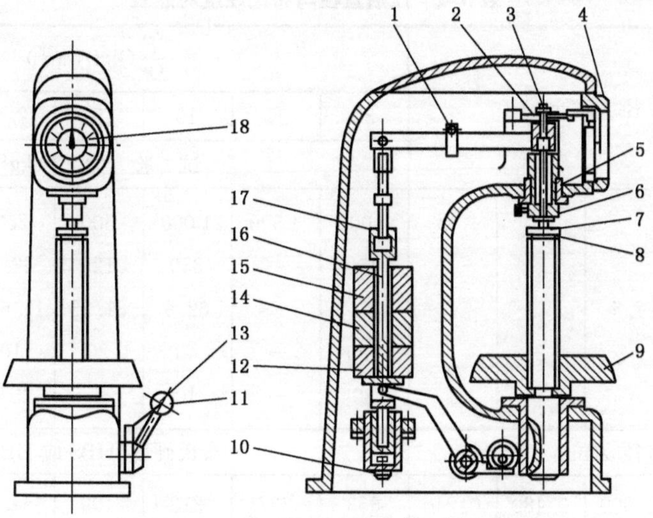

图 3-2　HR-150 型洛氏硬度机简图

1—调整块；2—顶杆；3—调整螺钉；4—调整盘；5—按钮；6—紧固螺母；7—试样；
8—工作台；9—手轮；10—放油螺钉；11—操纵手柄；12—砝码座；13—油针；
14、15—砝码；16—杆；17—吊套；18—指示器

3　实验内容和步骤

(1) 分成两大组，分别进行布氏和洛氏硬度实验，并相互对调实验。

(2) 在进行实验操作前必须搞清布氏和洛氏硬度试验机的结构及注意事项。

(3) 按照规定的操作顺序测定试样的硬度值(HBS 和 HRC)。

4　试样技术条件

(1) 试样表面应平整光洁，不得有氧化皮或油污以及明显的加工痕迹。

(2) 试样厚度不得太薄，不应小于压入深度的 10 倍。

(3) 在试样制备过程中，应尽量避免由于受热及冷加工对试样表面造成的影响。

(4) 实验一般应在 10～35 ℃温度下进行。

5　实验操作规程

1) 布氏硬度实验

(1) 根据材料和布氏硬度范围由表 3-1 确定 F/D^2 值，压头直径和载荷。

(2) 将试样放在工作台上，使试样表面与压头轴线垂直。选定好测试位置，顺时针转动手轮，上升工作台，使试样与压头接触，并继续平稳转动手轮至升降螺母产生滑动为止。

(3) 按动加载按钮，启动电动机，即开始加载荷。此时因紧压螺钉已拧松，圆盘并不转动，当红色指示灯闪亮时，迅速拧紧螺钉，使圆盘转动。达到所要求的持续时间后，转动即自行停止。

(4) 逆时针转动手轮降下工作台，取下试样。用读数显微镜测量压痕直径 d，用所得结果从对照表中查找相应的硬度值(要求会用公式进行计算，会用硬度的表示方法)。

表 3-1　压痕直径与布氏硬度对照表

球直径 D(mm)					$\frac{F}{D^2}$(kgf/mm²)						
					30	15	10	5	2.5	1.25	1
					试验力 F(kgf)						
10					3 000	1 500	1 000	500	250	125	100
	5				750	—	250	125	62.5	31.25	25
		2.5			187.5	—	62.9	31.25	15.625	7.813	6.25
			2		120	—	40	20	10	5	4
				1	30	—	10	5	2.5	1.25	1
压痕直径 d(mm)					布氏硬度(HBS 或 HBW)						
2.40	1.200	0.600	0.480	0.240	653	327	218	109	54.5	27.2	21.8
2.42	1.210	0.605	0.484	0.242	643	321	214	107	53.5	26.8	21.4
2.44	1.220	0.610	0.488	0.244	632	316	211	105	52.7	26.3	21.1
2.46	1.230	0.615	0.492	0.246	621	311	207	104	51.8	25.9	20.7
2.48	1.240	0.620	0.496	0.248	611	306	204	102	50.9	25.5	20.4
2.50	1.250	0.625	0.500	0.250	601	301	200	100	50.1	25.1	20.0
2.52	1.260	0.630	0.504	0.252	592	296	197	98.6	49.3	24.7	19.7
2.54	1.270	0.635	0.508	0.254	582	291	194	97.1	48.5	24.3	19.4
2.56	1.280	0.640	0.512	0.256	573	287	191	95.5	47.8	23.9	19.1
2.58	1.290	0.645	0.516	0.258	564	282	188	94.0	47.0	23.5	18.8
2.60	1.300	0.650	0.520	0.260	555	278	185	92.6	46.3	23.1	18.5
2.62	1.310	0.655	0.524	0.262	547	273	182	91.1	45.6	22.8	18.2
2.64	1.320	0.660	0.528	0.264	538	269	179	89.7	44.9	22.4	17.9
2.66	1.330	0.665	0.532	0.266	530	265	177	88.4	44.2	22.1	17.7
2.68	1.340	0.670	0.536	0.268	522	261	174	87.0	43.5	21.8	17.4
2.70	1.350	0.675	0.540	0.270	514	257	171	85.7	42.9	21.4	17.1
2.72	1.360	0.680	0.544	0.272	507	253	169	84.4	42.2	21.1	16.9
2.74	1.370	0.685	0.548	0.274	499	250	166	83.2	41.6	20.8	16.6
2.76	1.380	0.690	0.552	0.276	492	246	164	81.9	41.0	20.5	16.4
2.78	1.390	0.695	0.556	0.278	485	242	162	80.8	40.4	20.2	16.2
2.80	1.400	0.700	0.560	0.280	477	239	159	79.6	39.8	19.9	15.9
2.82	1.410	0.705	0.564	0.282	471	235	157	78.4	39.2	19.6	15.7
2.84	1.420	0.710	0.568	0.284	464	232	155	77.3	38.7	19.3	15.5
2.86	1.430	0.715	0.572	0.286	457	229	152	76.2	38.1	19.1	15.2
2.88	1.440	0.720	0.576	0.288	451	225	150	75.1	37.6	18.8	15.0
2.90	1.450	0.725	0.580	0.290	444	222	148	74.1	37.0	18.5	14.8
2.92	1.460	0.730	0.584	0.292	438	219	146	73.0	36.5	18.3	14.6
2.94	1.470	0.735	0.588	0.294	432	216	144	72.0	36.0	18.0	14.4
2.96	1.480	0.740	0.592	0.296	426	213	142	71.0	35.5	17.8	14.2
2.98	1.490	0.745	0.596	0.298	420	210	140	70.1	35.0	17.5	14.0

续表 3-1

球直径 D(mm)					$\frac{F}{D^2}$(kgf/mm²)						
					30	15	10	5	2.5	1.25	1
					试验力 F(kgf)						
10					3 000	1 500	1 000	500	250	125	100
	5				750	—	250	125	62.5	31.25	25
		2.5			187.5	—	62.9	31.25	15.625	7.813	6.25
			2		120	—	40	20	10	5	4
				1	30	—	10	5	2.5	1.25	1
压痕直径 d(mm)					布氏硬度(HBS或HBW)						
3.00	1.500	0.750	0.600	0.300	415	207	138	69.1	34.6	17.3	13.8
3.02	1.510	0.755	0.604	0.302	409	205	136	68.2	34.1	17.0	13.6
3.04	1.520	0.760	0.608	0.304	404	202	135	67.3	33.6	16.8	13.5
3.06	1.530	0.765	0.612	0.306	398	199	133	66.4	33.2	16.6	13.3
3.08	1.540	0.770	0.616	0.308	393	196	131	65.6	32.7	16.4	13.1
3.10	1.550	0.775	0.620	0.310	388	194	129	64.6	32.3	16.2	12.9
3.12	1.560	0.780	0.624	0.312	383	191	128	63.8	31.9	15.9	12.8
3.14	1.570	0.785	0.628	0.814	378	189	126	62.9	31.5	15.7	12.6
3.16	1.580	0.790	0.632	0.316	373	186	124	62.1	31.1	15.5	12.4
3.18	1.590	0.795	0.636	0.318	388	184	123	61.3	30.7	15.3	12.3
3.20	1.600	0.800	0.640	0.320	363	182	121	60.5	30.3	15.1	12.1
3.22	1.610	0.805	0.644	0.322	359	179	120	59.8	29.9	14.9	12.0
3.24	1.620	0.810	0.648	0.324	354	177	118	59.0	29.5	14.8	11.8
3.26	1.630	0.815	0.652	0.326	350	175	117	58.3	29.1	14.6	11.7
3.28	1.640	0.820	0.656	0.328	345	173	115	57.5	28.8	14.4	11.5
3.30	1.650	0.825	0.660	0.330	341	170	114	56.8	28.4	14.2	11.4
3.32	1.660	0.830	0.664	0.332	337	168	112	56.1	28.1	14.0	11.2
3.34	1.670	0.835	0.668	0.334	333	166	111	55.4	27.7	13.9	11.1
3.36	1.680	0.840	0.672	0.336	329	164	110	54.8	27.4	13.7	11.0
3.38	1.690	0.845	0.676	0.338	325	162	108	54.1	27.0	13.5	10.8
3.40	1.700	0.850	0.680	0.340	321	160	107	53.4	26.7	13.4	10.7
3.42	1.710	0.855	0.684	0.342	317	158	106	52.8	26.4	13.2	10.6
3.44	1.720	0.860	0.688	0.344	313	156	104	52.2	26.1	13.0	10.4
3.46	1.730	0.865	0.692	0.346	309	155	103	51.5	25.8	12.9	10.3
3.48	1.740	0.870	0.696	0.348	306	153	102	50.9	25.5	12.7	10.2
3.50	1.750	0.875	0.700	0.350	302	151	101	50.3	25.2	12.6	10.1
3.52	1.760	0.880	0.704	0.352	298	149	99.5	49.7	24.9	12.4	9.95
3.54	1.770	0.885	0.708	0.354	295	147	98.3	49.2	24.6	12.3	9.83
3.56	1.780	0.890	0.712	0.356	292	146	97.2	48.6	24.3	12.1	9.72
3.58	1.790	0.895	0.716	0.358	288	144	96.1	48.0	24.0	12.0	9.61

续表 3-1

球直径 D(mm)					$\frac{F}{D^2}$(kgf/mm²)						
					30	15	10	5	2.5	1.25	1
					试验力 F(kgf)						
10					3 000	1 500	1 000	500	250	125	100
	5				750	—	250	125	62.5	31.25	25
		2.5			187.5	—	62.9	31.25	15.625	7.813	6.25
			2		120	—	40	20	10	5	4
				1	30	—	10	5	2.5	1.25	1
压痕直径 d(mm)					布氏硬度(HBS或HBW)						
3.60	1.800	0.900	0.720	0.360	285	142	95.0	47.5	23.7	11.9	9.50
3.62	1.810	0.905	0.724	0.362	282	141	93.9	46.9	23.5	11.7	9.39
3.64	1.820	0.910	0.728	0.364	278	139	92.8	46.4	23.2	11.6	9.28
3.66	1.830	0.915	0.732	0.366	275	138	91.8	45.9	22.9	11.5	9.18
3.68	1.840	0.920	0.736	0.368	272	136	90.7	45.4	22.7	11.3	9.07
3.70	1.850	0.925	0.740	0.370	269	135	89.7	44.9	22.4	11.2	8.97
3.72	1.860	0.930	0.744	0.372	266	133	88.7	44.4	22.2	11.1	8.87
3.74	1.870	0.935	0.748	0.374	263	132	87.7	43.9	21.9	11.0	8.77
3.76	1.880	0.940	0.752	0.376	260	130	86.8	43.4	21.7	10.8	8.68
3.78	1.890	0.945	0.756	0.378	257	129	85.8	42.9	21.5	10.7	8.58
3.80	1.900	0.950	0.760	0.380	255	127	84.9	42.4	21.2	10.6	8.49
3.82	1.910	0.955	0.764	0.382	252	126	83.9	42.0	21.0	10.5	8.39
3.84	1.920	0.960	0.768	0.384	249	125	83.0	41.5	20.8	10.4	8.50
3.86	1.930	0.965	0.772	0.386	246	123	82.1	41.1	20.5	10.3	8.21
3.88	1.940	0.970	0.776	0.388	244	122	81.3	40.6	20.3	10.2	8.13
3.90	1.950	0.975	0.780	0.390	241	121	80.4	40.2	20.1	10.0	8.04
3.92	1.960	0.980	0.784	0.392	239	119	79.5	39.8	19.9	9.94	7.95
3.94	1.970	0.985	0.788	0.394	236	118	78.7	39.4	19.7	9.84	7.87
3.96	1.980	0.990	0.792	0.396	234	117	77.9	38.9	19.5	9.73	7.79
3.98	1.990	0.995	0.796	0.398	231	116	77.1	38.5	19.3	9.63	7.71
4.00	2.000	1.000	0.800	0.400	299	114	76.3	38.1	19.1	9.53	7.63
4.02	2.010	1.005	0.804	0.402	226	113	75.5	37.7	18.9	9.43	7.55
4.04	2.020	1.010	0.808	0.404	224	112	74.7	37.3	18.7	9.34	7.47
4.06	2.030	1.015	0.812	0.406	222	111	73.9	37.0	18.5	9.24	7.39
4.08	2.040	1.020	0.816	0.408	219	110	73.2	36.6	18.3	9.14	7.32
4.10	2.050	1.025	0.820	0.410	217	109	72.4	36.2	18.1	9.05	7.24
4.12	2.060	1.030	0.824	0.412	215	108	71.7	35.8	17.0	8.00	7.10
4.14	2.070	1.035	0.828	0.414	213	106	71.0	35.5	17.7	8.87	7.10
4.16	2.080	1.040	0.832	0.416	211	105	70.2	35.1	17.6	8.78	7.02
4.18	2.090	1.045	0.836	0.418	209	104	69.5	34.8	17.4	8.69	6.95

续表 3-1

球直径 D(mm)					$\frac{F}{D^2}$(kgf/mm²)						
					30	15	10	5	2.5	1.25	1
					试验力 F(kgf)						
10					3 000	1 500	1 000	500	250	125	100
	5				750	—	250	125	62.5	31.25	25
		2.5			187.5	—	62.9	31.25	15.625	7.813	6.25
			2		120	—	40	20	10	5	4
				1	30	—	10	5	2.5	1.25	1
压痕直径 d(mm)					布氏硬度(HBS 或 HBW)						
4.20	2.100	1.050	0.840	0.420	207	103	68.8	34.4	17.2	8.61	6.88
4.22	2.110	1.055	0.844	0.422	204	102	68.2	34.1	17.0	8.52	6.82
4.24	2.120	1.060	0.848	0.424	202	101	67.5	33.7	16.9	8.44	6.75
4.26	2.130	1.065	0.852	0.426	200	100	66.8	33.4	16.7	8.35	6.68
4.28	2.140	1.070	0.856	0.428	198	99.2	66.2	33.1	16.5	8.27	6.62
4.30	2.150	1.075	0.860	0.430	197	98.3	65.5	32.8	16.4	8.19	6.55
4.32	2.160	1.080	0.864	0.432	195	97.3	64.9	32.4	16.2	8.11	6.49
4.34	2.170	1.085	0.868	0.434	193	96.4	64.2	32.1	16.1	8.03	6.42
4.36	2.180	1.090	0.872	0.436	191	95.4	63.6	31.8	15.9	7.95	6.36
4.38	2.190	1.095	0.876	0.438	189	94.5	63.0	31.5	15.8	7.88	6.30
4.40	2.200	1.100	0.880	0.440	187	93.6	62.4	31.2	15.6	7.80	6.24
4.42	2.210	1.105	0.884	0.442	185	92.7	61.8	30.9	15.5	7.73	6.18
4.44	2.220	1.110	0.888	0.444	184	91.8	61.2	30.6	15.3	7.65	6.12
4.46	2.230	1.115	0.892	0.446	182	91.0	60.6	30.3	15.2	7.58	6.06
4.48	2.240	1.120	0.896	0.448	180	90.1	60.1	30.0	15.0	7.51	6.01
4.50	2.250	1.125	0.900	0.450	179	89.3	59.5	29.8	14.9	7.44	5.95
4.52	2.260	1.130	0.904	0.452	177	88.4	59.0	29.5	14.7	7.37	5.90
4.54	2.270	1.135	0.908	0.454	175	87.6	58.4	29.2	14.6	7.30	5.84
4.56	2.280	1.140	0.912	0.456	174	86.8	57.9	28.9	14.5	7.23	5.79
4.58	2.290	1.145	0.916	0.458	172	86.0	57.3	28.7	14.3	7.17	5.7
4.60	2.300	1.150	0.920	0.460	170	85.2	56.8	28.4	14.2	7.10	5.68
4.62	2.310	1.155	0.924	0.462	169	84.4	56.3	28.1	14.1	7.03	5.6
4.64	2.320	1.160	0.928	0.464	167	83.6	55.8	27.9	13.9	6.97	5.58
4.66	2.330	1.165	0.932	0.466	166	82.9	55.3	27.6	13.8	6.91	5.53
4.68	2.340	1.170	0.936	0.468	164	82.1	54.8	27.4	13.7	6.84	5.48
4.70	2.350	1.175	0.940	0.470	163	81.4	54.3	27.1	13.6	6.78	5.43
4.72	2.360	1.180	0.944	0.472	161	80.7	53.8	26.9	13.4	6.72	5.38
4.74	2.370	1.185	0.948	0.474	160	79.9	53.3	26.6	13.3	6.66	5.3
4.76	2.380	1.190	0.952	0.476	158	79.2	52.8	26.4	13.2	6.60	5.28
4.78	2.390	1.195	0.956	0.478	157	78.5	52.3	26.2	13.1	6.54	5.23

续表 3-1

球直径 D(mm)					$\frac{F}{D^2}$(kgf/mm²)						
					30	15	10	5	2.5	1.25	1
					试验力 F(kgf)						
10					3 000	1 500	1 000	500	250	125	100
	5				750	—	250	125	62.5	31.25	25
		2.5			187.5	—	62.9	31.25	15.625	7.813	6.25
			2		120	—	40	20	10	5	4
				1	30	—	10	5	2.5	1.25	1
压痕直径 d(mm)					布氏硬度(HBS或HBW)						
4.80	2.400	1.200	0.960	0.480	156	77.8	51.9	25.9	13.0	6.48	5.19
4.82	2.410	1.205	0.964	0.482	154	77.1	51.4	25.7	12.9	6.43	5.14
4.84	2.420	1.210	0.968	0.484	153	76.4	51.0	25.5	12.7	6.37	5.10
4.86	2.430	1.215	0.972	0.486	152	75.8	50.5	25.3	12.6	6.31	5.05
4.88	2.440	1.220	0.976	0.488	150	75.1	50.1	25.0	12.5	6.26	5.01
4.90	2.450	1.225	0.980	0.490	149	74.4	49.6	24.8	12.4	6.20	4.96
4.92	2.460	1.230	0.984	0.492	148	73.8	49.2	24.6	12.3	6.15	4.92
4.94	2.470	1.235	0.988	0.494	146	73.2	48.8	24.4	12.2	6.10	4.88
4.96	2.480	1.240	0.992	0.496	145	72.5	48.3	24.2	12.1	6.04	4.83
4.98	2.490	1.245	0.996	0.498	144	71.9	47.9	24.0	12.0	5.99	4.79
5.00	2.500	1.250	1.000	0.500	143	71.3	47.5	23.8	11.9	5.94	4.75
5.02	2.510	1.255	1.004	0.502	141	70.7	47.1	23.6	11.8	5.89	4.71
5.04	2.520	1.260	1.008	0.504	140	70.1	46.7	23.4	11.7	5.84	4.67
5.06	2.530	1.265	1.012	0.506	130	60.5	46.2	22.8	11.6	5.50	4.00
5.08	2.540	1.270	1.016	0.503	138	68.9	45.9	23.0	11.5	5.74	4.59
5.10	2.550	1.275	1.020	0.510	137	68.3	45.5	22.8	11.4	5.69	4.55
5.12	2.560	1.280	1.024	0.512	135	67.7	45.1	22.6	11.3	5.64	4.51
5.14	2.570	1.285	1.028	0.514	134	67.1	44.8	22.4	11.2	5.60	4.48
5.16	2.580	1.290	1.032	0.516	133	66.6	44.4	22.2	11.1	5.55	4.44
5.18	2.590	1.295	1.036	0.518	132	66.0	44.0	22.0	11.0	5.50	4.40
5.20	2.600	1.300	1.040	0.520	131	65.5	43.7	21.8	10.9	5.40	4.37
5.22	2.610	1.305	1.044	0.522	130	64.9	43.3	21.6	10.8	5.41	4.33
5.24	2.620	1.310	1.048	0.524	129	64.4	42.9	21.5	10.7	5.37	4.29
5.26	2.630	1.315	1.052	0.526	128	63.9	42.6	21.3	10.6	5.32	4.26
5.28	2.640	1.320	1.056	0.528	127	63.3	42.2	21.1	10.6	5.28	4.22
5.30	2.650	1.325	1.060	0.530	126	62.8	41.9	20.9	10.5	5.24	4.19
5.32	2.660	1.330	1.064	0.532	125	62.3	41.5	20.8	10.4	5.19	4.15
5.34	2.670	1.335	1.068	0.534	124	61.8	41.2	20.6	10.3	5.15	4.12
5.36	2.680	1.340	1.072	0.536	123	61.3	40.9	20.4	10.2	5.11	4.09
5.38	2.690	1.345	1.076	0.538	122	60.8	40.5	20.3	10.1	5.07	4.05

续表 3-1

球直径 D(mm)					$\frac{F}{D^2}$(kgf/mm²)						
					30	15	10	5	2.5	1.25	1
					试验力 F(kgf)						
10					3 000	1 500	1 000	500	250	125	100
	5				750	—	250	125	62.5	31.25	25
		2.5			187.5	—	62.9	31.25	15.625	7.813	6.25
			2		120	—	40	20	10	5	4
				1	30	—	10	5	2.5	1.25	1
压痕直径 d(mm)					布氏硬度(HBS或HBW)						
5.40	2.700	1.350	1.080	0.540	121	60.3	40.2	20.1	10.1	5.03	4.02
5.42	2.710	1.355	1.084	0.542	120	59.8	39.9	19.9	9.97	4.99	3.99
5.44	2.720	1.360	1.088	0.544	119	59.3	39.6	19.8	9.89	4.95	3.96
5.46	2.730	1.365	1.092	0.546	118	58.9	39.2	19.6	9.81	4.91	3.92
5.48	2.740	1.370	1.096	0.548	117	58.4	38.9	19.5	9.73	4.87	3.89
5.50	2.750	1.375	1.100	0.550	116	57.9	38.6	19.3	9.66	4.83	3.86
5.52	2.760	1.380	1.104	0.552	115	57.5	38.3	19.2	9.58	4.79	3.83
5.54	2.770	1.385	1.108	0.554	114	57.0	38.0	19.0	9.50	4.75	3.80
5.56	2.780	1.390	1.112	0.556	113	56.6	37.7	18.9	9.43	4.71	3.77
5.58	2.790	1.395	1.116	0.558	112	56.1	37.4	18.7	9.35	4.68	3.74
5.60	2.800	1.400	1.120	0.560	111	55.7	37.1	18.6	9.28	4.64	3.71
5.62	2.810	1.405	1.124	0.562	110	55.2	36.8	18.4	9.21	4.60	3.68
5.64	2.820	1.410	1.128	0.564	110	54.8	36.5	18.3	9.14	4.57	3.65
5.66	2.830	1.415	1.532	0.566	109	54.4	26.3	18.1	9.06	4.53	3.63
5.68	2.840	1.420	1.136	0.588	108	54.0	36.0	18.0	8.99	4.50	3.60
5.70	2.850	1.425	1.140	0.570	107	53.5	35.7	17.8	8.92	4.46	3.57
5.72	2.860	1.430	1.144	0.572	106	53.1	35.4	17.7	8.85	4.43	3.54
5.74	2.870	1.435	1.148	0.574	105	52.7	35.1	17.6	8.79	4.39	3.51
5.76	2.880	1.440	1.152	0.576	105	52.3	34.9	17.4	8.72	4.36	3.49
5.78	2.890	1.445	1.156	0.578	104	51.9	34.6	17.3	8.65	4.33	3.46
5.80	2.900	1.450	1.160	0.580	103	51.5	34.3	17.2	8.59	4.29	3.43
5.82	2.910	1.455	1.164	0.582	102	51.1	34.1	17.0	8.52	4.26	3.41
5.84	2.920	1.460	1.168	0.584	101	50.7	33.8	16.9	8.45	4.23	3.38
5.86	2.930	1.465	1.172	0.586	101	50.3	33.6	16.8	8.39	4.20	3.36
5.88	2.940	1.470	1.176	0.588	99.9	50.0	33.3	16.7	8.33	4.16	3.33
5.90	2.950	1.475	1.180	0.590	99.2	49.6	33.1	16.5	8.26	4.13	3.31
5.92	2.960	1.480	1.184	0.592	98.4	49.2	32.8	16.4	8.20	4.10	3.28
5.94	2.970	1.485	1.188	0.594	97.7	48.8	32.6	16.3	8.14	4.07	3.26
5.96	2.980	1.490	1.192	0.596	96.9	48.5	32.3	16.2	8.08	4.04	3.23
5.98	2.990	1.495	1.196	0.598	96.2	48.1	32.1	16.0	8.02	4.01	3.21
6.00	3.000	1.500	1.200	0.600	95.5	47.7	31.8	15.9	7.96	3.98	3.18

2）洛氏硬度实验

（1）根据试样材料及热处理状态，选用压头及载荷。

（2）根据试样形状与大小，选择适宜的工作台，将试样平稳地放在工作台上。

（3）顺时针转动手轮，使试样与压头缓慢接触，直至表盘的小指针指到“0”为止，此时即施加了 10 kgf 的预载荷，然后将表盘的大指针调整至零点（HRC、HRA 零点为 0，HRB 零点为 30）。

（4）加主载荷，将加载手柄推向加载位置，主载荷将会通过杠杆加于压头上，而使压头压入试样，保持一定时间。

（5）卸除主载荷，使手柄转动至原来位置即可。

（6）读出硬度值，长指针在卸除主载荷后停留位置所对应的数字即为硬度值。注意 HRB 读红色数字，HRC、HRA 读黑色数字。

（7）逆时针旋转手轮，取出试样。

硬度实验报告

班级＿＿＿＿＿＿ 姓名＿＿＿＿＿＿ 学号＿＿＿＿＿＿

同组实验人姓名＿＿＿＿＿＿＿＿＿ 实验日期＿＿＿＿＿＿

1 实验目的

2 布氏、洛氏硬度的实验原理、优缺点及应用范围

3 实验记录

布氏硬度试验结果：

编号	试样材料	热处理状态	压头		所加载荷(kgf)	载荷保持时间(s)	压痕直径 d(mm)			HBS或HBW
			直径 D(mm)	材料			d_1	d_2	$d_{平均}$	

洛氏硬度试验结果：

编号	试样材料	热处理状态	标尺名称	压头材料	所加载荷(kgf)		硬度值			
					初载荷	主载荷	1次	2次	3次	平均值

4 实验分析

5 思考题

（1）有 8 块金属材料，用布氏硬度、洛氏硬度试验机分别测量的硬度值是：500 HBS、10 HRC、60 HRC、90 HRA、35 HRB、70 HRB、95 HRB、110 HRB，试分析哪几块测定方法是正确的？为什么？应如何处理？

（2）解释布氏硬度的实验条件 120 HBS10/1 000 的含义。

成绩评定＿＿＿＿＿＿＿＿＿　　　　指导教师＿＿＿＿＿＿＿＿＿

（二）一次冲击韧度实验

1 实验目的

（1）了解摆锤式冲击试验机的原理及结构。
（2）了解金属材料在常温下冲击韧度的测定方法。

2 实验设备和材料

（1）摆锤式冲击试验机。
（2）冲击试样(一般用中碳钢)。

3 实验步骤

（1）实验前应复习教材中的冲击韧度的概念。
（2）实验前应了解冲击试验机的原理及操作方法。
（3）测量试样尺寸。
（4）安装试样并进行冲击。
（5）记录指针在刻度盘上指出的冲击功 α_K 值。

一次冲击韧度实验报告

班级____________ 姓名____________ 学号____________

同组实验人姓名__________________ 实验日期__________

1 实验目的

2 实验记录

(1) 试样的草图(包括形状和尺寸)

(2) $\alpha_K =$

3 实验分析

4 思考题

(1) 为何载荷速度增加,材料易发生突然破断?

(2) 冲击韧度除了表征材料的韧性大小外,还有什么其他用途?

成绩评定________________ 指导教师________________

实验 2　铁碳合金平衡组织的观察实验

1　实验目的

(1) 观察和分析铁碳合金在平衡状态时的组织形态。

(2) 熟悉金相显微镜的使用方法和了解金相试样的制备过程。

2　铁碳合金在平衡状态下的组织特征

在金相显微镜下观察到的金属内部结构称为显微(或金相)组织。用金相显微镜(100～2 000 倍)研究金属或合金的组织、缺陷的方法称为显微分析。平衡状态的显微组织是指合金在极为缓慢的冷却条件下(如退火状态即接近平衡状态)所得到的组织。

铁碳合金的平衡组织主要指碳钢和白口铸铁。从 $Fe-Fe_3C$ 状态图上可以看出，所有碳钢和白口铸铁的室温均由铁素体(F)和渗碳体(Fe_3C)这 2 个基本相所组成，但由于碳的质量分数不同，铁素体和渗碳体的相对数量、析出条件以及分布情况均有所不同，因而呈现出各种不同的组织状态。

碳钢和白口铸铁在室温下的显微组织如表 3-2 所示。

表 3-2　各种铁碳合金在室温下的显微组织

合金分类		碳的质量分数 $\omega_C \times 10$	显微组机
碳钢	亚共析钢	0.021 8～0.77	铁素体+珠光体
	共析钢	0.77	珠光体
	过共析钢	0.77～2.11	珠光体+二次渗碳体
白口铸铁	亚共晶白口铸铁	2.11～4.30	珠光体+二次渗碳体+莱氏体
	共晶白口铸铁	4.3	莱氏体
	过共晶白口铸铁	4.3～6.69	莱氏体+一次渗碳体

用浸蚀剂显露的碳钢和白口铸铁，在金相显微镜下具有下面几种基本组织：

(1) 铁素体(F)

它是碳溶于 α-Fe 中间隙固溶体，铁素体为体心立方晶格，具有磁性及良好的塑性，硬度较低，磨光后经 3%～5%(3%～5%指硝酸酒精的体积分数，下同)硝酸酒精溶液浸蚀后，在显微镜下观察为白色晶粒。亚共析钢中的铁素体呈块状分布，当碳的质量分数接近共析成分时，铁素体往往呈断续网状，分布于珠光体的周围。

(2) 渗碳体(Fe_3C)

它是铁和碳形成的化合物，其碳的质量分数为 6.69%，抗浸蚀能力较强，经 3%～6%硝酸酒精溶液浸蚀后呈亮白色，若用苦味酸钠溶液浸蚀，则被染成暗黑色(而铁素体仍为白色)。由此可以区别铁素体与渗碳体。

一次渗碳体是直接由液态合金析出的，呈粗大的长白条状，分布在莱氏体之间，二次渗碳体是由奥氏体中析出的，呈网络状沿奥氏体晶界分布。另外，经不同热处理后，渗碳体可以呈片状、粒状或断续网状。

(3) 珠光体(P)

它是铁素体和渗碳体的机械混合物，在一般退火处理下，是由铁素体和渗碳体相互混合交替排列形成的层片状组织，经 3%～5%硝酸酒精溶液浸蚀后，在高倍放大时能清楚地看到珠光体中平行相间的宽条铁素体和条状渗碳体，当放大倍数较低时，所观察到的珠光体中的渗碳体呈一条黑色。当组织较细而放大倍数较低时，珠光体的片层就不能分辨，而呈黑色。

过共析钢经球化退火后，可获得球状珠光体，即在白色的铁素体基体上，均匀分布着白亮的渗碳体小颗粒，其边界为黑色。

(4) 莱氏体(L_d')

它是在室温时由珠光体、共晶渗碳体及二次渗碳体所组成的机械混合物。经 3%～5%硝酸酒精溶液浸蚀后，莱氏体的组织特征是，在白亮色的渗碳体基体上分布着许多黑色点(块)状或条状的珠光体。二次渗碳体和共晶渗碳体连在一起，没有边界线无法分辨开。

在亚共晶白口铸铁中，莱氏体被黑色块状或呈树枝状的珠光体所分割，而且可看到珠光体周围有一圈白亮的二次渗碳体。图 3-3 为亚共晶白口铸铁的显微组织。在过共晶白口铸铁中，莱氏体被粗大的白色长条状的一次渗碳体所分割。图 3-4 为过共晶白口铸铁的显微组织。

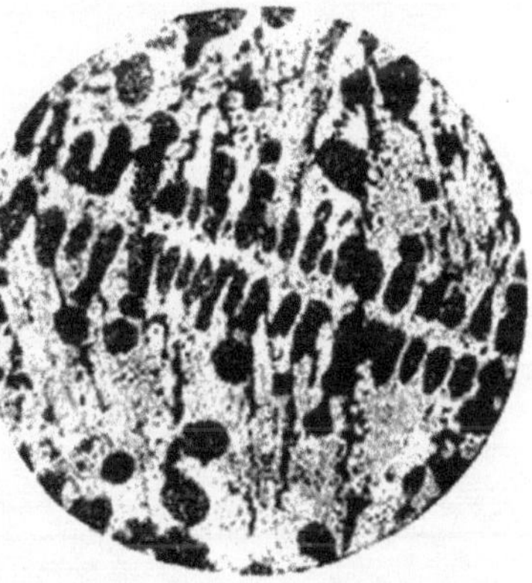

图 3-3　亚共晶白口铸铁的显微组织(200×)

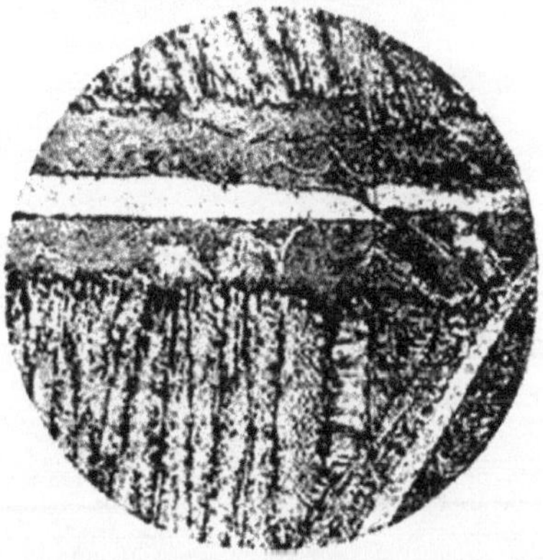

图 3-4　过共晶白口铸铁的显微组织(200×)

3　实验设备和材料

(1) 金相显微镜。

(2) 金相试样：20 号钢，45 号钢，T8 钢，T12 钢，共晶白口铸铁，亚共晶白口铸铁、过共晶白口铸铁等 7 块试样。

(3) 金相图谱。

4　实验步骤

(1) 根据设备条件，1～2 人为一组，每组备有显微镜 1 台、试样 7 块、金相图谱 1 本。

(2) 按观察要求,选择物镜和目镜,并装在显微镜上。

(3) 按照金相显微镜的操作程序,将其调节到所看见的组织最为清晰为止(详见附录1“金相显微镜的使用”)。

(4) 分析比较试样内部组织,并画出示意图。

铁碳合金平衡组织的观察实验报告

班级__________ 姓名__________ 学号__________

同组实验人姓名______________ 实验日期__________

1 实验目的

2 画出所观察过的组织，并注明材料名称、浸蚀剂和放大倍数。显微组织图画在直径为 30 mm 的圆内，并将组织组成物用箭头引出标明。

3 实验记录

4 实验分析

5 **思考题**

（1）根据所观察的组织说明碳的质量分数对铁碳合金的组织和性能影响的大致规律。

（2）写出实验后的心得体会。

成绩评定________________ 指导教师________________

实验 3 钢的热处理实验

1 实验目的

(1) 熟悉钢的淬火、回火、正火和退火等热处理基本操作。

(2) 通过对碳钢试样的热处理,了解冷却速度及碳的质量分数对热处理效果的影响。

(3) 分析淬火后回火对钢的性能的影响。

2 热处理工艺的确定

进行淬火,回火,正火和退火操作时,最重要的因素是加热温度、保温时间及冷却方法。正确选择三者的规范,是热处理质量的基本保证。

1) 加热温度的选择

(1) 退火加热温度:亚共析钢加热至 A_{c3} 以上 30～50 ℃(完全退火),共析钢和过共析钢加热至上 A_{c1} 以上 20～30 ℃(球化退火)。

(2) 正火加热温度:亚共析钢加热至 A_{c3} 以上 30～50 ℃,过共析钢加热至上 A_{ccm} 以上 30～50 ℃,即加热到奥氏体单相区。

(3) 淬火加热温度:亚共析钢加热至上 A_{c3} 以上 30～50 ℃,共析钢和过共析钢加热至 A_{c1} 以上 30～50 ℃。

需要指出,不论在退火、正火及淬火时,均不能任意提高加热温度。温度过高时,晶粒容易长大,工件容易氧化、脱碳和变形。各种不同成分碳钢的临界温度列于表 3-3 中。

表 3-3 碳钢的临界点

钢号	临界点温度(℃)			临界淬火温度(℃)
	A_{c1}	A_{c3}	A_{ccm}	
20	727	835		860～880
40	727	780		840～860
60	727	750		770～790
T8	727	727		780～800
T9	727		735	760～800
T10	727		800	760～800
T12	727		895	760～800
T13	727		930	760～800

(4) 回火温度的选择:钢淬火后都要回火,回火温度决定于最终所要求的组织和性能(工厂中常常根据硬度要求而定)。按加热温度的高低,回火可分为 3 类:

① 低温回火,回火温度为 150～250 ℃,所得组织为回火马氏体,硬度约为 60 HRC。其

目的是降低淬火应力,减少钢的脆性并保持钢的高硬度。低温回火常用于高碳钢的切削刀具、量具、滚动轴承件和渗碳件。

② 中温回火,回火温度为 350～500 ℃,所得组织为回火屈氏体,硬度为 40～48 HRC。其目的是获得高弹性极限和高韧性。主要用于碳的质量分数为 0.5%～0.8%的弹簧钢热处理。

③ 高温回火,回火温度为 500～650 ℃,所得组织为回火索氏体,硬度约为 25～35 HRC,其目的是获得既有一定强度、硬度,又有良好冲击韧度的综合力学性能,常用于中碳结构钢。

2) 保温时间的确定

为了使工件内外各部分温度均达到指定温度,并完成组织转变,使碳化物溶解和奥氏体成分均匀化,必须在淬火加热温度下保温一定的时间。通常将工件升温和保温所需时间算在一起,统称为加热时间。

热处理加热时间必须考虑许多因素,例如工件的尺寸和形状、使用的加热设备及装炉量、装炉时的炉子温度、钢的成分和原始组织、热处理要求和目的等。具体加热时间可参考热处理手册中的有关数据。

实际工作中,大多根据经验大致估算加热时间。一般规定,在空气介质中升到规定温度后的保温时间,对碳钢来说,按工件厚度需 1 min/mm 至 1.5 min/mm 估算,合金钢按 2 min/mm 估算。在盐浴炉中,保温时间则可缩短一半至三分之二。

3) 冷却方法

热处理时的冷却方式要适当,才能获得所要求的组织和性能。

退火一般采用随炉冷却。

正火采用空气冷却,大件可采用吹风冷却。

淬火冷却方法非常重要,它直接影响到钢淬火后的组织和性能。冷却时应使冷却速度大于淬火临界冷却速度,以保证获得马氏体组织,在这一前提下又应尽量缓慢冷却,以减少内应力,避免变形和开裂。为此,可根据 C 曲线图(见教材),使淬火工件在过冷奥氏体最不稳定的温度范围(650～550 ℃)内进行快冷,而在较低温度(300～100 ℃)时的冷却速度则尽可能小些。

为了保证淬火效果,应选用适当的冷却介质(如水、油等)和冷却方法(如双液淬火、分级淬火等)。不同的冷却介质在不同的温度范围内的冷却能力有所差别。常用淬火介质能力见表 3-4。

表 3-4　几种常用淬火剂的冷却能力

冷却介质	冷却速度(℃/s)		冷却介质	冷却速度(℃/s)	
	650～550 ℃区间	300～200 ℃区间		650～550 ℃区间	300～200 ℃区间
水(18 ℃)	600	270	10%NaCl 水溶液	1 100	300
水(26 ℃)	500	270	10%NaOH 水溶液	1 200	300
水(50 ℃)	100	270	10%Na_2CO_3 水溶液	800	270
水(74 ℃)	30	200	10%Na_2SO_4 水溶液	750	300
肥皂水	30	200	矿物油	150	30
10%油水乳化液	70	200	变压器油	120	25

3 实验设备和材料

(1) 箱式电阻炉及控温仪表;

(2) 淬火水槽和油槽;

(3) 洛氏硬度计,布氏硬度计;

(4) 20 号钢、45 号钢,T8(T10)钢试样。

4 实验步骤

(1) 分成 2 个小组,每组领取下述试样,第一小组领取 20 号钢、45 号钢的试样各 3 只,第二小组领取 45 号钢、T10 钢的试样各 3 只。

(2) 加热前先测定全部试样的原始硬度,并记录于表 3-3 中。

(3) 根据试样钢号,按照 $Fe-Fe_3C$ 状态图确定加热温度及保温时间[可按 1 min/mm (直径)计算]。冷却方式:第一小组对每种材料试样均采取 3 种冷却方式,即水冷、油冷和空冷;第二小组对 T8(T10)钢试样亦采用 3 种冷却方式,而 45 号钢试样全部采用水淬方式。

(4) 各组将淬火及正火后的试样表面用砂纸磨平,并测出硬度值(HRC)填入表 3-5 中。

表 3-5 实验数据表

试样材料	原始硬度 HBS	加热温度 t(℃)	保温时间 τ(s)	冷却方式	冷却后硬度 HRC	回火温度 t(℃)	保温时间 τ(s)	回火后硬度 HRC

(5) 回火:将第二小组的 3 只水淬 45 号钢试样分别进行 250 ℃、450 ℃、650 ℃回火,保温 30~60 min,然后取出试样,将表面用砂纸磨平,并测出硬度值(HRC)填入表 3-3 中。

钢的热处理实验报告

班级____________ 姓名____________ 学号____________

同组实验人姓名__________________ 实验日期____________

1 实验目的

2 实验记录

实验数据表

试样材料	原始硬度 HBS	加热温度 t(℃)	保温时间 τ(s)	冷却方式	冷却后硬度 HRC	回火温度 t(℃)	保温时间 τ(s)	回火后硬度 HRC

3 实验分析

4 思考题

(1) 分析碳的质量分数、淬火温度、淬火介质对碳钢性能(硬度)的影响。

(2) 作出45号钢回火温度与硬度的关系曲线,分析回火时钢的组织转变。

(3) 实验的收获和建议。

成绩评定＿＿＿＿＿＿＿＿＿＿　　指导教师＿＿＿＿＿＿＿＿＿＿

实验4　刀具几何角度的测量实验

1　实验目的

(1) 学习车刀几何角度的刃磨与测量方法。

(2) 加深对车刀切削部分的基本概念和定义的理解，包括刀具切削部分的构造要素、刀具切削角度的参考平面、刀具标注角度的参考系、刀具的标注角度等。

2　实验设备和材料

(1) 万能工具磨床；

(2) 万能虎钳；

(3) 万能车刀量角台；

(4) 外圆车刀模型。

3　实验方法和步骤

1) 车刀几何角度的刃磨

图3-5是车刀刃磨时常用的万能虎钳的构造原理图。它一般包含有两个铅垂面内的两个旋转自由度(绕O_2和O_3轴线的旋转)和水平面内的一个旋转自由度(绕O_1轴的旋转)。通过3个旋转自由度可以构成空间任一平面的位置，车刀的几何角度正是利用这个原理在万能工具磨上实现刃磨的。使用时先将各自由度方向上的锁紧螺钉松开，将各自由度调整至原始位置；然后按照一定的调整顺序和车刀的标注角度进行调整；最后将各个方向上的锁紧螺钉拧紧即可进行刃磨。

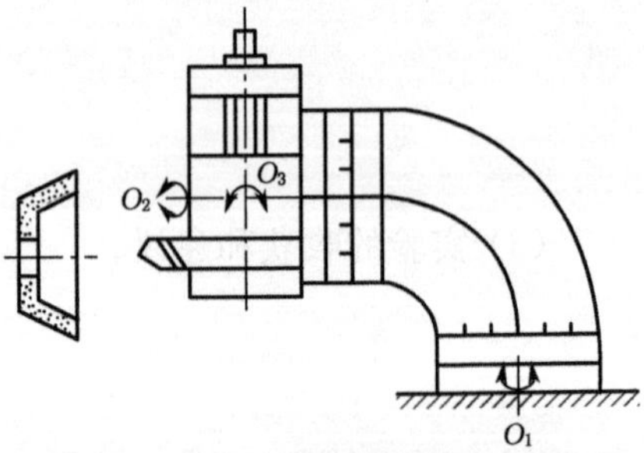

图3-5　万能虎钳的构造原理

刃磨时按法向坐标系刃磨车刀的主偏角κ_r、法向前角γ_n、法向后角α_n、刃倾角λ_s。

(1) 刃磨后刀面

① 原始位置调整

调整万向虎钳，使转轴O_1位于铅垂位置、转轴O_2位于水平位置且与砂轮工作端面相垂直、转轴O_3位于水平位置且与砂轮工作端面相平行。

② 安装车刀

将车刀夹持在虎钳中，这时，基面与O_3轴垂直，车刀纵向轴线与磨床主轴轴线平行。

③ 刃磨位置调整

按以下次序调整虎钳各轴：

a) 顺时针转动轴O_3，转角值等于主偏角κ_r，此时主刀刃位于砂轮工作平面，切削平面与砂轮端面重合。

b）转动轴 O_2，转角值等于刃倾角 λ_s，转向则根据 λ_s 值的正或负决定。操作者面向砂轮，λ_s 值为正时顺时针转动，λ_s 值为负时逆时针转动。此时主刀刃与 O_1 轴平行。

c）逆时针转动轴 O_1，转角值等于法向后角 α_n。此时车刀后刀面位于砂轮工作平面。

图 3-6 是刃磨后刀面调整示意图。

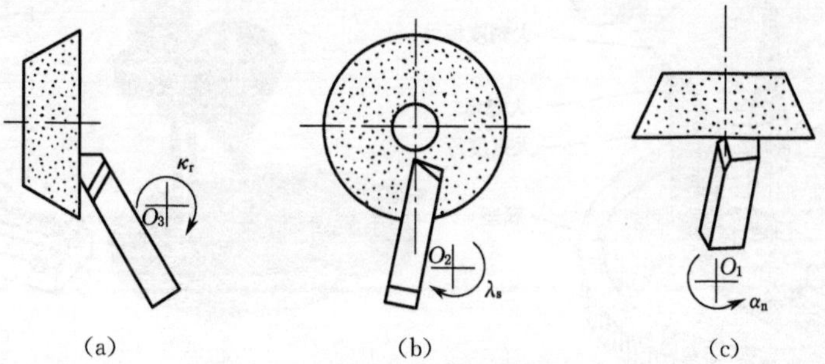

图 3-6　刃磨后刀面调整示意图

（2）刃磨前刀面

① 原始位置调整

在刃磨后刀面的原始位置基础上，将虎钳绕轴 O_1 顺时针旋转 90°，使轴线 O_3 与磨床主轴中心平行。

② 安装车刀

将车刀夹持在虎钳中，这时基面平行于砂轮端面。

③ 刃磨位置调整

按以下次序调整虎钳各轴：

a）操作者面向砂轮，逆时针转动轴 O_3，转角值等于主偏角 κ_r。此时主刀刃位于铅垂平面内，切削平面与砂轮端面垂直。

b）转动轴 O_2，转角值等于刃倾角 λ_s，转向则根据 λ_s 值的正或负决定。操作者面向虎钳，λ_s 值为正时逆时针转动，λ_s 值为负时顺时针转动。此时主刀刃与 O_1 轴平行。

c）顺时针转动轴 O_1，转角值等于法向前角 γ_n。此时车刀前刀面位于砂轮工作平面。

图 3-7 是刃磨前刀面调整示意图。

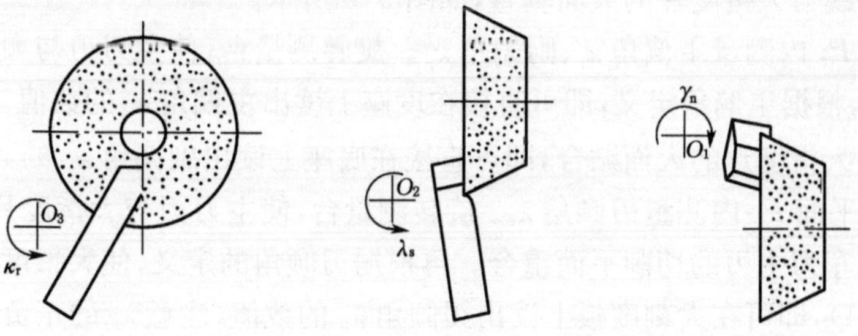

图 3-7　刃磨前刀面调整示意图

2）车刀几何角度的测量

（1）万能量角台的结构及使用方法

图 3-8 所示的车刀量角台不仅能测量主剖面参考系的基本角度，而且也能很容易地测

量主法剖面参考系的角度。

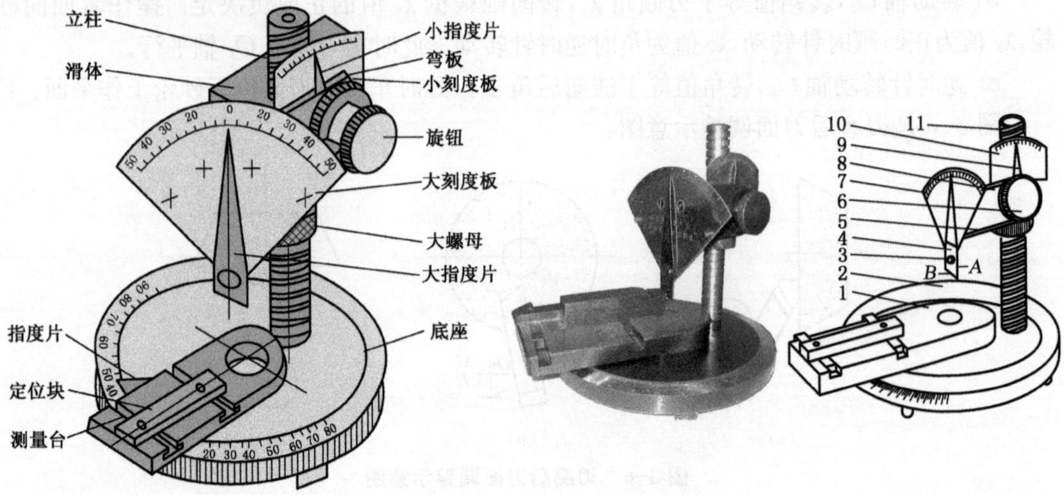

(a) 量角台立体图　　(b) 量角台实物　　(c) 量角台示意图

图 3-8　万能车刀量角台

1—定位板；2—台面；3—螺钉；4—指针；5—螺帽；6—旋钮；7—刻度盘；8—弯板；9—小指针；10—小刻度盘；11—立柱

它主要由底座、立柱、测量台、定位块、大小刻度盘、大小指度片、螺母等组成。其中底座和立柱是支承整个结构的主体。刀具放在测量台上，靠紧定位块，可随测量台一起顺时针或逆时针方向旋转，并能在测量台上沿定位块前后移动和随定位块左右移动。旋转大螺母可使滑体上下移动，从而使两刻度盘及指度片达到需要的高度。使用时，可通过旋转测量台或大指度片，使大指度片的前面或底面或侧面与刀具被测要素紧密贴合，即可从底座或刻度盘上读出被测角度数值。

(2) 测量外圆车刀的几何角度

① 调整原始位置。将量角台的大小指度片及测量台指度片全部调到零位，并把刀具放在测量台上，使车刀贴紧定位块、刀尖贴紧大指度片的大面。此时，大指度片的底面与基面平行，刀杆的轴线与大指度片的大面垂直，如图 3-9 所示。

② 在基面 P_r 内测量主偏角 κ_r、副偏角 κ_r'。旋转测量台，使主刀刃与大指度片的大面贴合(见图 3-10)，根据主偏角定义，即可直接在度座上读出主偏角 κ_r 的数值。同理，旋转测量台，使副刀刃与大指度片的大面贴合，即可直接在底座上读出副偏角 κ_r' 的数值。

③ 在切削平面 P_s 内测量刃倾角 λ_s。旋转测量台，使主刀刃与大指度片的大面贴合，此时，大指度片与车刀主刃的切削平面重合。再根据刃倾角的定义，使大指度片底面与主刀刃贴合(见图 3-11)，即可在大刻度板上读出刃倾角 λ_s 的数值(注意 λ_s 的正负)。

④ 在主剖面 P_0 内测量前角 γ_0、后角 α_0。将测量台从原始位置逆时针旋转($90°-\kappa_r$)，此时大指度片所在的平面即为车刀主切削刃上的主剖面。根据前角的定义，调节大螺母，使大指度片底面与前刀面贴合(见图 3-12)，即可在大刻度盘上读出前角 γ_0 的数值。测量后角 α_0 时，量角台处于上述同一位置，根据后角的定义，调节大螺母，使大指度片侧面与后刀面贴合(见图 3-13)，即可在大刻度盘上读出后角 α_0 的数值。

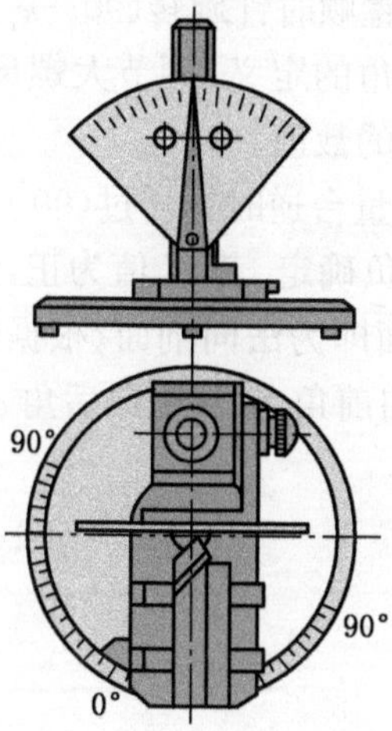

图 3-9　调整原始位置

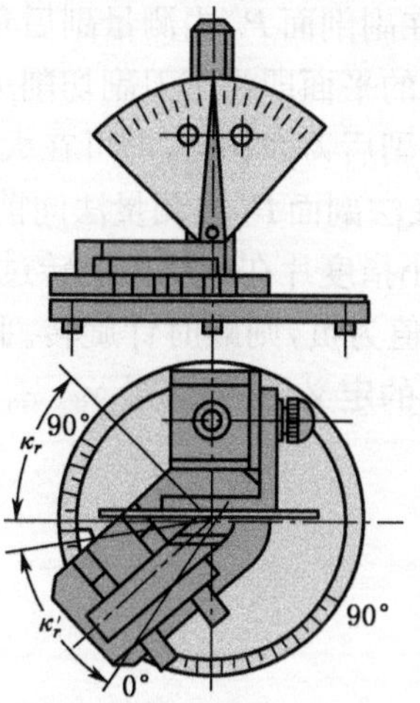

图 3-10　在基面 P_r 内测量主偏角 κ_r、副偏角 κ_r'

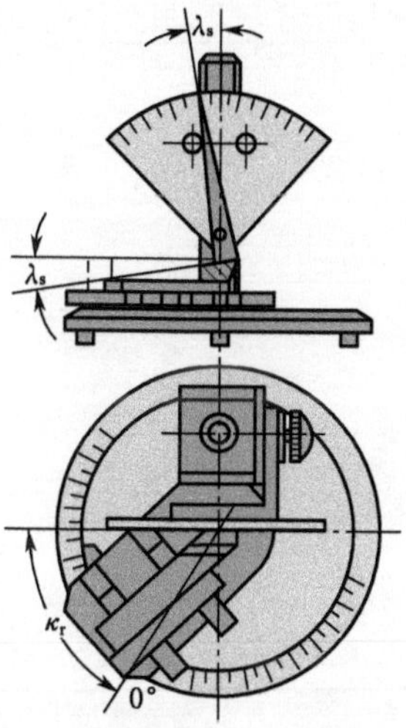

图 3-11　在切削平面 P_s 内测量刃倾角 λ_s

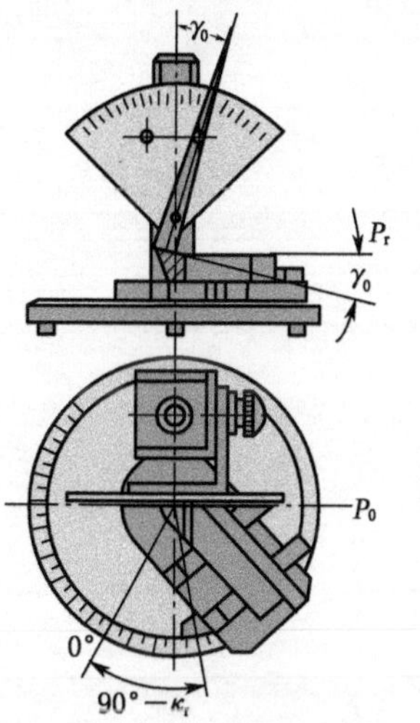

图 3-12　在主剖面 P_0 内测量前角 γ_0

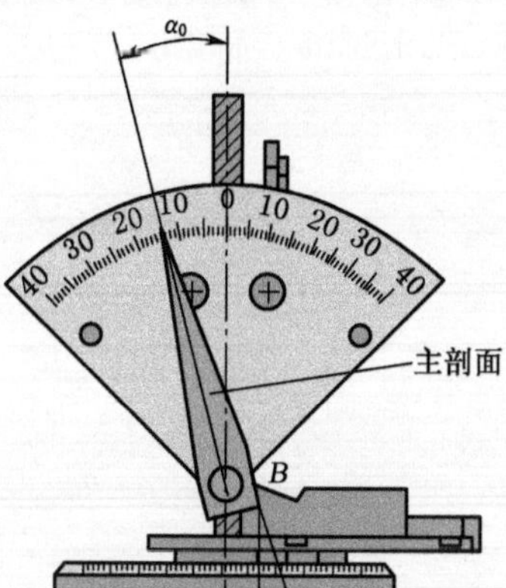

图 3-13　在主剖面 P_0 内测量后角 α_0

⑤ 在副剖面 P_0' 内测量副后角 α_0'。将测量台从原始位置顺时针旋转$(90-\kappa_r')$，此时大指度片所在的平面即为车刀副切削刃上的副剖面。根据副后角的定义，调节大螺母，使大指度片侧面与副后刀面贴合，即可在大刻度盘上读出副后角 α_0' 的数值。

⑥ 在法剖面 P_n 内测量法向前角 γ_n、法向后角 α_n。将测量台逆时针转过$(90-\kappa_r)$，松开小螺母，使小指度片在刻度盘上转过 λ_s，旋向根据 λ_s 值的正负确定。若 λ_s 值为正，则逆时针旋转；若 λ_s 值为负，则顺时针旋转。此时大指度片所在的平面即为法向剖面。根据法向前角和法向后角的定义，按照测量 γ_0、α_0 相同方法，即可测出法向前角 γ_n 和法向后角 α_n 的数值。

刀具几何角度的测量实验报告

班级____________ 姓名____________ 学号____________

同组实验人姓名__________________ 实验日期__________

1 实验记录

（1）刃磨车刀的标注角度

κ_r	γ_n	α_n	λ_s

（2）被测车刀的几何角度

刀具名称	刀杆尺寸 $B\times H$	进给方向	前角 γ_0	后角 α_0	副后角 α_0'	主偏角 κ_r	副偏角 κ_0'	刃倾角 λ_s

2 实验分析

3 思考题

（1）按照所测角度画出外圆车刀的工作图。

（2）按照主剖面与法剖面刀具角度的关系式验证所测结果的正确性。

成绩评定________________　　　　指导教师________________

实验5　切削因素对加工表面粗糙度的影响实验

1　实验目的

(1) 了解加工表面粗糙度的影响因素。

(2) 了解降低加工表面粗糙度的工艺措施。

2　实验原理

1) 表面粗糙度及其影响因素

金属切削加工的工件表面微观上表现为间距较小(小于1 mm)、高低起伏的微小峰谷。这些峰谷的一些特征参数即为表面粗糙度，其值反映了零件表面加工痕迹的高低不平程度和峰谷间的某些特征。它与工件的尺寸精度、几何形状精度、相互位置精度以及零件表层的物理力学性能一样，是度量工件加工质量的重要指标。

影响工件表面粗糙度的因素很多，也很复杂，主要有以下几个方面：

(1) 切削时刀刃在已加工表面上遗留下来的刀痕。这是形成工件表面微观不平的主要原因。

(2) 切削塑性材料时刀具前刀面的挤压和摩擦作用，而在已加工表面形成积屑瘤或鳞刺。

(3) 刀具后刀面与已加工表面的摩擦及挤压，导致已加工表面的弹性恢复、硬化甚至龟裂。

(4) 切削脆性材料时由于切屑崩碎形成的麻点状痕迹。

(5) 加工系统的高频振动所形成的振纹。

2) 降低加工表面粗糙度的工艺措施

(1) 选择合适的切削条件

① 切削速度：加工塑性金属时，常用低速或高速切削以避免积屑瘤的产生，可以降低表面粗糙度。

② 进给量：在其他条件不变时，根据公式 $H = f/(\cot\kappa_r + \cot\kappa_r')$ 可知，减小进给量 f 可有效地减小残留面积高度 H，故可降低加工表面粗糙度。

③ 背吃刀量：虽然对残留面积高度没有直接影响，但过小的背吃刀量会出现刀尖圆弧过渡刃口切不下切削层，在加工表面引起附加塑性变形而影响表面粗糙度。

④ 切削液：冷却和润滑能减小切屑、工件与刀具之间的摩擦，降低切削区的温度，从而减小切削过程的塑性变形，并抑制鳞刺和积屑瘤的生成，降低表面粗糙度。若在切削液中加入硫、磷和氯等添加剂，则降低表面粗糙度的效果更加显著。

(2) 采用合理的刀具几何参数和刀具材料

刀具几何参数对加工表面粗糙度均有影响，只是程度不同而已。其中刀具前角 γ_0、副

偏角 κ_r' 和刀尖圆弧过渡刃的半径 r_ε 影响较大。

① 前角 γ_0：对加工表面粗糙度没有直接影响，但适当增加 γ_0 可抑制积屑瘤产生，从而使表面粗糙度减小。

② 副偏角 κ_r'：在其他切削条件不变的情况下，减小副偏角 κ_r' 可以有效地减小残留面积高度 H 从而使表面粗糙度减小。图 3-14(a)是副偏角 κ_r' 为 0 的情况，图 3-14(c)是副偏角 κ_r' 不等于 0 的情况。

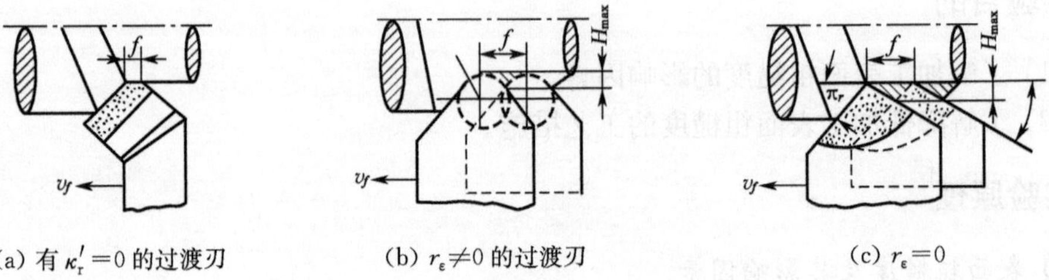

图 3-14　切削层残留面积及其高率 H_{max}

③ 刀尖圆弧过渡刃半径 r_ε：增大 r_ε 同样可减小残留面积高度 H，如图3-14(b)。

④ 刀具材料：选用与工件材料分子亲和力小的刀具材料，使切屑不易在前刀面上形成积屑瘤，可降低表面粗糙度。

(3) 改善工件材料的力学性能和金相组织

在相同的切削条件下，工件材料力学性能不同，其加工表面粗糙度也不同。一般，工件材料硬度越高，切削抗力越大，切削温度越高，导致刀具磨损亦越快，越不容易得到稳定的加工表面质量；工件材料越软或塑性越好，切削变形越大，切削温度也越高，不仅使刀具容易产生黏结和剥蚀，造成刀具磨损加剧，而且容易出现积屑瘤，使加工表面粗糙度增大。所以，在采用低、中等切削速度加工时，对塑性大的低碳钢应进行正火处理以提高硬度；对硬度高的高碳钢应进行球化退火处理以提高塑性；对中碳钢进行调质处理以提高力学性能。这样均可大大改善材料的切削加工性，降低加工表面粗糙度，提高加工表面质量。

3　实验设备和材料

(1) 设备

① 普通车床；

② 粗糙度标准样板。

(2) 车刀

刀　号	κ_r	κ_r'	γ_0	α_0
1	45°	45°	15°	5°～10°
2	45°	15°～30°	15°	5°～10°
3	45°	45°	5°	5°～10°

(3) 试件

试 件 号	材 料	尺寸 $d \times l$(mm)
1	低碳钢(20 号)	($\phi50 \sim \phi70$)×200
2	中碳钢(45 号)	($\phi50 \sim \phi70$)×200
3	高碳钢(60 号)	($\phi50 \sim \phi70$)×200

4 实验方法和步骤

1) 观察切削条件对表面粗糙度的影响

(1) 切削速度 v_c

用选定刀具,以高、中、低速分别车削 45 号钢外圆,试件长度取 50~60 mm。然后用粗糙度样板、电动轮廓仪测定试件表面粗糙度值,将数据填入实验结果表中,并观察加工表面。

实验条件如下:切削用量为 $a_p = 0.5\,\mathrm{mm}$, $f = 0.2\,\mathrm{mm/r}$, $n_1 = 45\,\mathrm{r/min}$, $n_2 = 350\,\mathrm{r/min}$, $n_3 = 700\,\mathrm{r/min}$;刀具为 1 号。

(2) 进给量 f

用选定刀具分别以大、小两处进给量车削 45 号钢外圆,切削长度取 50~60 mm。再用粗糙度样板、电动轮廓仪测定试件表面粗糙度值,将数据填入实验结果表中,并观察加工表面。

实验条件如下:切削用量为 $a_p = 0.5\,\mathrm{mm}$, $n = (400 \sim 500)\,\mathrm{r/min}$, $f_1 = 0.1\,\mathrm{mm/r}$, $f_2 = 0.3\,\mathrm{mm/r}$;刀具为 1 号。

2) 观察刀具角度对表面粗糙度的影响

用选定的 1 号、2 号、3 号刀具分别车削 45 号钢外圆。试件长度取 50~60 mm。再用粗糙度样板、电动轮廓仪测定试件表面粗糙度值,将数据填入实验结果表中,并观察加工表面。

实验条件如下:切削用量为 $n = (400 \sim 500)\,\mathrm{r/min}$, $a_p = 0.5\,\mathrm{mm}$, $f = 0.2\,\mathrm{mm/r}$;其中用 1 号刀具与 2 号刀具加工结果比较前角 γ_0 的影响;用 1 号刀具与 3 号刀具加工结果比较副偏角 κ_r' 的影响。

3) 观察材料性能对表面粗糙度的影响

在相同的切削条件下分别切削 1 号、2 号、3 号试件。试件长度均为 50~60 mm,再用粗糙度样板、电动轮廓仪测定各试件表面粗糙度值,将数据填入实验结果表中,并观察加工表面。

实验条件如下:切削用量为 $a_p = 0.5\,\mathrm{mm}$, $f = 0.2\mathrm{mm/r}$, $n = (40 \sim 500)\mathrm{r/min}$;刀具为 1 号。

切削因素对加工表面粗糙度的影响实验报告

班级＿＿＿＿＿＿ 姓名＿＿＿＿＿＿ 学号＿＿＿＿＿＿

同组实验人姓名＿＿＿＿＿＿＿＿ 实验日期＿＿＿＿＿＿

1 实验记录

影响因素	切削用量					刀具角度				材料性能		
	车床转速 (r/min)			进给量 (r/min)		前角		副偏角		低碳钢	中碳钢	高碳钢
	n_1	n_2	n_3	f_1	f_2	γ_{01}	γ_{02}	κ'_{r_1}	κ'_{r_2}	1号	2号	3号
	45	350	700	0.1	0.3	15°	5°	45°	15°	20号	45号	60号
粗糙度 R_a (μm)												

2 实验分析

3 思考题

根据实验中观察到的加工表面现象及测量结果，进行切削因素对加工表面粗糙度影响的对比分析。

成绩评定＿＿＿＿＿＿＿＿ 指导教师＿＿＿＿＿＿＿＿

附录1　金相显微镜的使用

1　显微镜的基本原理

最简单的显微镜的成像光学图如图 3-15 所示，在被观察物体右面的透镜称为物镜，对着人眼的透镜称为目镜，AB 为被观察的物体，放在物镜前较焦距 F_1 略远的位置。这时形成放大的倒实像 A_1B_1；处于目镜焦距内时，人眼通过目镜观察到实像 A_1B_1，得到最后的倒放大虚像，虚像成像在人眼明视距离处约 250 mm。

物镜放大倍数 $M_1 = A_1B_1/AB$，目镜放大倍数 $M_2 = A_1'B_1'/A_1B_1$，显微镜总的放大倍数 $M = M_1M_2 = A_1'B_1'/AB$。

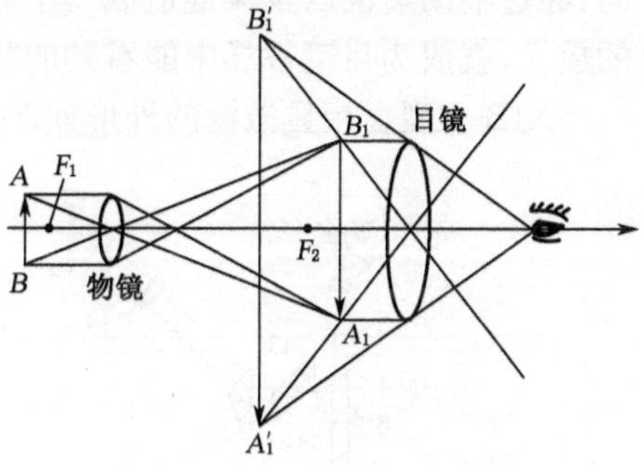

图 3-15　显微镜成像光学图

由此可见，显微镜的总放大倍数等于物镜和目镜各自放大倍数的乘积。有的显微镜为避免镜筒过长而操作不便，缩短了物镜与目镜间的距离，因此这种显微镜的放大倍数 $M=KM_1M_2$。其中 K 称为镜筒系数。

M 为长度的放大倍数，也可用面积放大倍数，以符号 M^2 表示。

除了放大倍数外，显微镜的好坏还表现在几何成像的完整性及鉴别两个方面。

普通透镜所成的物像，由于有球面像差及色像差的影响，显得很不完整。产生球面像差的原因，是由于透镜的中心部分和边缘部分折射的光线不交于一点，结果物像不清晰。产生色像差的原因，是因为组成白光的各色光波长不同，因而折射率也不同，结果各色光所组成的像不重合。

为了消除球面像差，可在起放大作用的目透镜后面，放置一个具有相反性质的凹透镜(称为消色差物镜)。为了更好地消除球面像差，应同时使用补偿式目镜(标有“K”的即为补偿式目镜)。

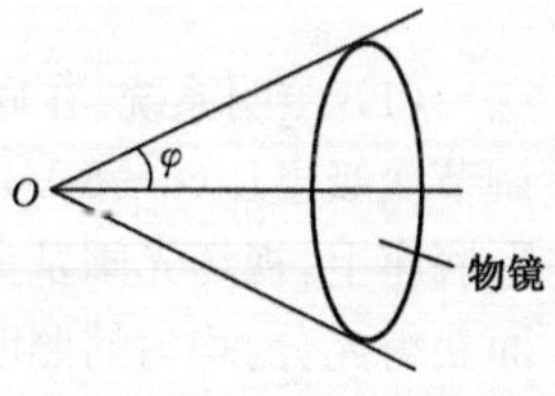

图 3-16　物镜的孔径角

显微镜的鉴别率 α 是指由显微镜观察物体上相近两点产生清晰像的能力。金相显微镜的鉴别率为 $\alpha = \lambda/A$，其中 λ 为所用光线的波长，A 为物镜的孔径数值，$A = n\sin\varphi$，此处 n 为物镜与物体间介质的折射率，φ 为物镜的孔径角的一半，如图 3-16 所示。

鉴别率 α 的数值越小，则显微镜所能看到的微粒越小。λ 越小，A 越大，则 α 越小。

A 决定于 n 及 $\sin\varphi$。当物镜与物体之间的介质为空气时，$n=1$，介质为油时，$n=1.51$。用油作为介质时 φ 角实际上最大等于 72°，$\sin\varphi=0.95$，故物镜孔径数值可能到达的最大值为 $A_{max}=1.51\times0.95=1.43$。若用白光照明，其 $\lambda=0.6\ \mu m$，故鉴别率 $\alpha=0.6\ \mu m/1.43=0.4\ \mu m$，即显微镜所能分辨的最小距离为 0.4 μm。

2 金相显微镜的构造

金相显微镜最常见的有台式、立式和卧式三大类。金相显微镜通常由光学系统、照明系统和机械系统三大部分组成。有的显微镜还附有摄影装置。现以 XJB-I 型台式金相显微镜为例加以说明。

XJB-I 型金相显微镜的光学系统如图 3-17 所示。由灯泡 1 发出的光先经聚光透镜组 2 及反光镜 8 聚集到孔径光阑 9，再经过聚光镜组 3 聚集到物镜的后焦面，最后通过物镜平行照射到试样 7 表面，从试样反射回来的光线复经物镜组 6 和辅助透镜 5，由半反射镜 4 转向，经过辅助透镜以及棱镜造成一个被观察物体的倒立的放大实像。该像再经过接目镜 15 的放大，就成为目镜视场中能看到的放大映像。

XJB-I 型金相显微镜的外形如图 3-18 所示。

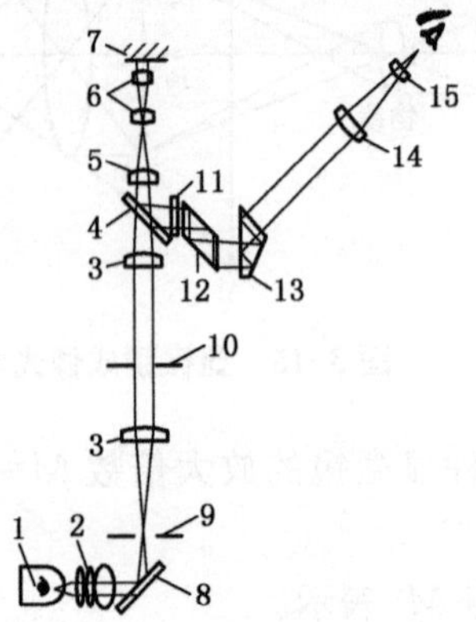

图 3-17 XJB-1 型金相显微镜的光学系统

1—灯泡；2、3—聚光镜组；4—半反射镜；5—辅助透镜；6—物镜组；7—试样；8—反光镜；9—孔径光阑；10—视场光阑；11—辅助透镜；12、13—棱镜；14—场镜；15—接目镜

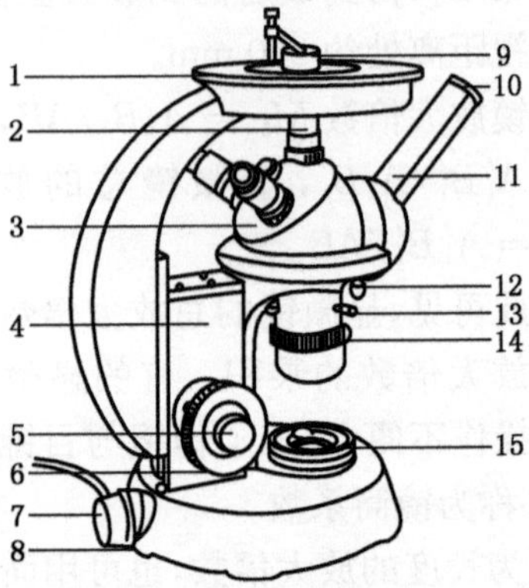

图 3-18 XJB-1 型金相显微镜外形结构

1— 载物台；2—物镜；3—转换器；4—传动箱；5—微动调焦手轮；6—粗动调焦手轮；7—光源；8—偏心圈；9—试样；10—目镜；11—目镜管；12—固定螺钉；13—调节螺钉；14—视场光阑；15—孔径光阑

(1) 照明系统：在底座内有一低压(6～8 V，15 V)灯泡作光源，由变压器降压供电，靠调节次级电压(6～8 V)来改变灯光的亮度，聚光镜、孔径光阑及反光镜等装置均安装在圆形底座上，视场光阑及另一聚光镜则安装在支架上，它们组成显微镜的照明系统，使试样表面获得充分、均匀的照明。

(2) 调焦装置：在显微镜体的两侧有粗动和微动调焦手轮，两者在同一部位，随粗调手轮 6 的转动，支承载物台的弯臂作上下运动。在粗调手轮的一侧有制动装置，用以固定调焦正确后载物台的位置。微动手轮可使显微镜本体沿着滑轨缓慢移动。在右侧手轮上刻有分度格，每一格表示物镜座上、上下微动 0.002 mm，与刻度盘同侧的齿轮箱上刻有两条白线，用以指示升降范围，当旋到极限位置时，微动手轮就自动被限制住，此时，不能再继续旋转而应倒转回来使用。

(3) 载物台：用于放置金相试样，载物台和下面托盘之间有导架，用手推动，可使载物台在水平面上作一定范围的十字定向移动，以改变试样的观察部位。

(4) 物镜转换器：转换器呈球面形，上有 3 个螺孔，可以安装不同放大倍数的物镜，旋转转换器可使各物镜镜头进入光路，与不同的目镜搭配使用，可获得各种放大倍数。

(5) 孔径光阑和视场光阑：孔径光阑装在照明反射座上面，调整孔径光阑能够控制入射光束的粗细，以保证物像达到清晰的程度。视场光阑设在物镜支架下面，其作用是控制视场范围，使目镜中的视场明亮而无阴影。在刻有直纹的套圈上还有 2 个调整螺钉，用来调整光阑中心。

(6) 目镜筒：目镜筒呈 45°倾斜安装在附有棱镜的半球形座上，还可将目镜转向 90°呈水平状，以配合照明装置进行金相摄影。

3　金相显微镜的使用方法

金相显微镜是一种精密仪器，使用时要求细心谨慎。在使用显微镜工作前，应先熟悉其构造特点及各主要部件的相互位置和作用，然后按照显微镜的使用规程进行操作，其步骤如下：

(1) 按观察要求，选择适当的物镜和目镜，旋转粗调节手轮，将载物台升高，取下物镜座盖，装上物镜，取下目镜套盖，装上目镜。

(2) 将试样的磨面对着物镜，装在载物台上。

(3) 接通低压电源，一般情况下将灯泡电源插头插入低压变压器的 6 V 插孔，接通电源前，请仔细检查一下线路，切不可将低压灯泡插头插入 220 V 电源，以免烧坏低压灯泡。

(4) 用双手缓慢旋动粗调节手轮，使物镜与试样渐渐靠近。同时在目镜上观察，视场由暗到亮，调至看到组织，然后再旋动细调节手轮，直至看到最清晰的图像为止。调节时双手要缓慢动作，切勿使物镜与试样相碰。

(5) 根据观察的组织，按需要调节孔径光阑和视场光阑，但根据实验要求，实验室工作人员已事先将光阑调到适当的位置，学生不必调整。

(6) 一般组织观察时，先低倍然后再高倍，并移动载物台，对试样各部位进行观察。使用结束后，把镜头等附件放回附件盒，并把金相显微镜恢复到使用前的状态。

附录2　金相试样的制备

为了便于用金相显微镜观察金属的组织，必须先做成金相试样。金相试样的制备是金相研究中极为重要的工序，包括取样、镶嵌、磨光、抛光、浸蚀等。

1　取样

取样部位的选择，必须根据被检验材料或零件的失效特点、加工工艺的性质及研究的目的等因素来确定。试样应在具有代表性的区域截取。例如经过压力加工的零件，取样应在加工的不同方向上，而检查产品废品原因的零件，应在接近缺陷处取样。

硬度不高的材料，可用手锯、切割机、锤击等切下试样，硬度较高（如淬火）的材料，则要用砂轮片或电火花切割，取样时应注意不要使金属温度过于升高，以免引起金属组织的变化。

试样尺寸通常采用直径为 12～15 mm、高为 12～15 mm 的圆柱形或边长为 12～15 mm 的方形试样，如图 3-19 所示。

2　镶嵌

当试样尺寸太小（如钢丝、薄片等），直接用手来磨制很困难时，需要试样夹或利用样品镶嵌机，把试样镶嵌在低熔点合金或塑料（如胶木粉、聚乙烯或聚合树脂等）中，如图 3-20 所示。

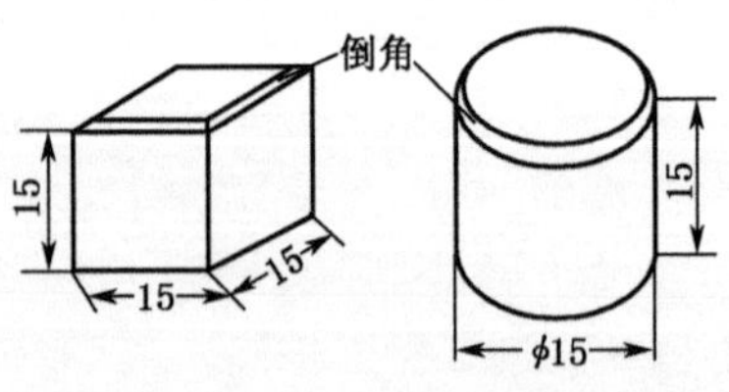

图 3-19　金相试样尺寸

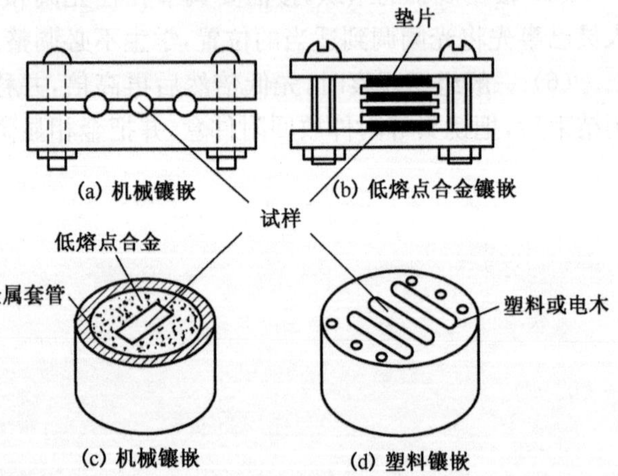

图 3-20　金相试样的镶嵌方法

3　磨光

磨光是为了得到一个水平光滑的磨面。磨光分为粗磨和细磨。

1）粗磨

软材料用锉刀锉平，钢材则在砂轮机上磨平，磨时应随时用水冷却，以免因温度升高而引起试样组织变化。粗磨后，试样应倒角，以免在细磨、抛光过程中将砂纸或抛光布撕裂。

2）细磨

细磨有手工磨和机械磨两种方法。手工磨是手持试样，以均匀的压力，在金相砂纸上磨削。砂纸由粗到细，依次从01号磨至05号。应注意，磨试样时，不要来回磨，要沿一个方向磨，手的压力要均匀。每更换细一号砂纸时，要把试样转过90°后再磨。即与上一道磨痕方向垂直，直到将一号砂纸所产生的磨痕全部消除为止。

为了加快磨削速度，可将不同粗细的砂纸贴在预磨机上，实现机械磨削。

4 抛光

抛光是去除试样磨面上在细磨时遗留下来的磨痕，以获得光亮无磨痕的镜面。

抛光所用磨料极细，只能除去表面层极薄的一层金属。若磨面上留有较深的磨痕，抛光是不能去除的，若延长抛光时间或加大抛光时所用压力，将使磨面上的金属变形层增厚、夹杂物脱落以及形成麻点等缺陷，故需重磨。

试样抛光可分为机械抛光、电解抛光和化学抛光3种。这里只介绍机械抛光。机械抛光在专门的抛光机上进行，抛光圆盘由电动机带动，抛光圆盘上蒙以细呢绒、细帆布、金丝绒、丝绸等，抛光用的磨料有氧化铬和氧化铝抛光软膏、碳化硅及氧化铝粉等。抛光粉使用时加水混合，摇匀呈悬浊液。抛光时，将试样磨面均匀地压在旋转的抛光盘上，压力不宜过大，并沿盘的边缘到中心不断作径向往复运动，抛光时间为2～5 min，试样呈镜面后抛光即停止，然后用水冲洗干净，准备浸蚀。

5 浸蚀

抛光后的磨片，除了具有特殊颜色的非金属夹杂物（如石墨和MnS等）可辨别外，其他各种组成物及其形状特征均无法辨别。为了显现金属和合金的显微组织，必须把磨片腐蚀。由于合金中不同相或不同位向晶粒的耐腐蚀性不同，因此腐蚀后出现凹凸的情况及光线反射也不一样，在显微镜下会出现明暗不同的区域或线条，从而呈现各种显微组织，如图3-21所示。

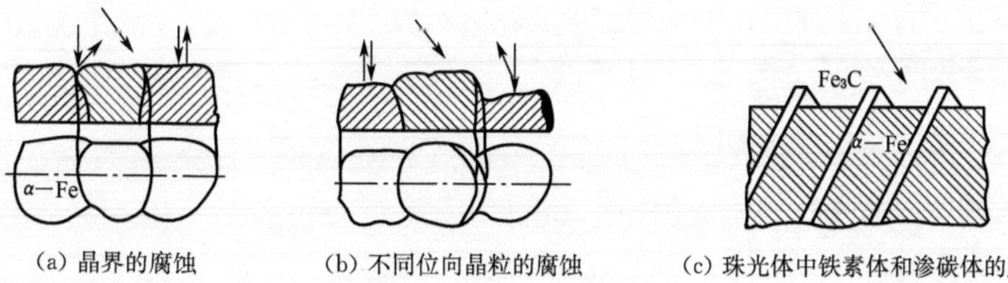

(a) 晶界的腐蚀 (b) 不同位向晶粒的腐蚀 (c) 珠光体中铁素体和渗碳体的腐蚀

图3-21 腐蚀后显微组织的出现

浸蚀步骤是用水冲洗掉磨片上的抛光粉，再用酒精去残渣，然后放在腐蚀剂中腐蚀一定时间后取出，再用水冲洗掉残留在试样上的腐蚀剂并用酒精彻底洗净，用干净毛巾轻轻沾干表面酒精或吹干后即可放在显微镜下观察。观察完毕，把试样放在干燥器内保存。为了长时间保存腐蚀的表面质量，可在试样表面涂一层保护漆，常用的是硝酸纤维漆加香蕉水。

碳钢及铸铁最常用的腐蚀剂是4%硝酸酒精溶液或4%苦味酸酒精溶液。在大多数情况下，这两种腐蚀剂可以互换使用，只是前者腐蚀较快，但有时不够均匀，不易显示出显微组织中的细节，后者浸蚀比较均匀，能清楚地显示和区分一些形态相近似的细微组织，但腐蚀较慢，也容易污染手指。

第 4 章　互换性与技术测量

实验 1　内尺寸的测量实验

1　实验目的

(1) 熟悉测量内径常用的计量器具和方法。

(2) 了解内径百分表和内径千分尺的结构。

(3) 学会用内径百分表测量内径并了解对内尺寸测量的特点。

2　实验设备和工具

内径百分表、内径千分尺、游标卡尺、($\phi35$、$\phi45$)轴套、标准环。

3　实验内容

用内径百分表测量孔径。

4　实验原理和计量器具

1) 内径百分表

内径百分表是用相对法测量孔径的通用量具，适用于测量一般精度的深孔零件，其原理如图 4-1 所示。

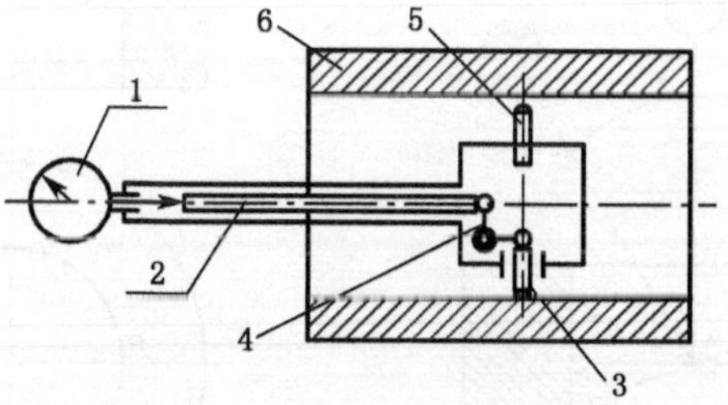

图 4-1　内径百分表工作原理

内径百分表主要由百分表 1、接长杆 2、活动测头 3、等臂杠杆 4、可换测量头 5、定心及锁紧装置等组成。工件 6 的尺寸变化通过活动测头 3，传递给等臂转向杠杆 4 及接长杆 2，然后由分度值为 0.01 mm 的百分表指示出来。为使内径百分表的测量轴线通过被测孔的圆心，内径百分表一般均设有定心装置，以保证测量的快捷与准确。

内径百分表的分度值为 0.01 mm，测量范围有 6～10 mm、10～18 mm、18～35 mm、35～50 mm、50～160 mm、100～250 mm、250～450 mm 等多种规格。根据不同的被测孔直径可选择相应测量范围的内径百分表及适当的可换测量头，通过比其精度高的量具调整零位后进行测量。

2) 内径千分尺

内径千分尺是用绝对法测量孔径的计量器具。它主要由测微头、接长杆、零位校对卡规等组成。测微头的工作原理、读数方法与外径千分尺基本相同，但因无测力装置，测量误差相应增大。测量时先根据被测件的基本尺寸按照其所附的接长杆连接顺序表进行连接组合，再将其放入被测孔内找到测量点，通过测微头读取其偏差值。由于测量时是双手拿着仪器在孔内操作，故一般只适合于测量较大孔径。

5 测量步骤

1) 用内径百分表测量孔径

(1) 根据被测工件的尺寸，选用相应的可换测头。

(2) 将内径百分表装入表架中并使其压缩一圈，拧紧表架上的锁紧螺钉。

(3) 对零位。根据被测孔径选择相应的标准环规来调整内径百分表零位。用手拿着隔热手柄，将活动测头靠在环内，使活动测头内缩，就可在垂直和水平两个方向上摆动内径百分表(如图 4-2 所示)，从而找出最小值。反复摆动几次，并相应的旋转表盘，使百分表的零刻度正好对准示值变化的最小值。零位对好后，用手指轻轻压住定位板，使活动测头内缩。当可换测头脱离接触时，缓慢地将内径百分表从标准环内取出。

(4) 进行测量。将内径百分表插入被测孔中，沿被测孔的轴线方向测量 3 个截面(如图 4-3 所示)，每个截面要在相互垂直的两个部位上各测一次。测量时轻轻摆动百分表，记下示值变化的最小值，然后再次校对零位，根据计算结果和被测孔的公差要求，判断被测孔是否合格。

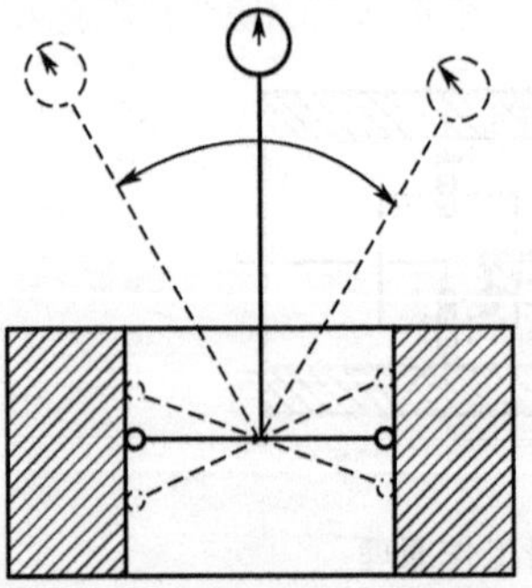

图 4-2

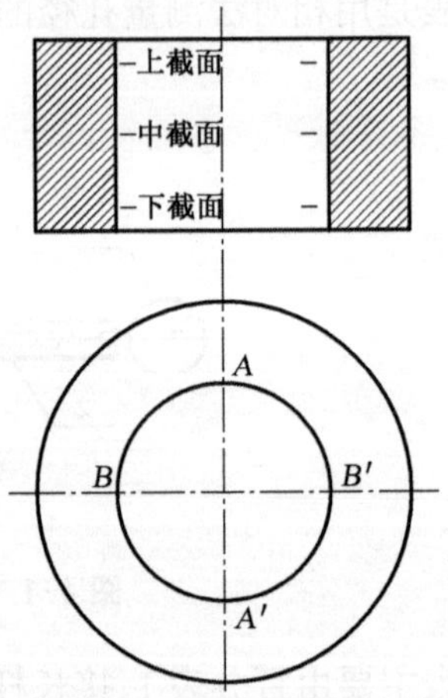

图 4-3

测量时要特别注意该实际偏差的正、负符号。当表针按顺时针方向未达到零点的读数是正值，当表针按顺时针方向超过零点的读数是负值。

2) 用内径千分尺测量孔径

(1) 根据被测零件的基本尺寸，按内径千分尺接长杆连接顺序表选择相应的接长杆，并按顺序要求连接可靠。

(2) 因内径千分尺没有定心装置，为保证能测到真正的实际孔径，要在径向左右摆动找到最大值，在轴向前后摆动找到最小值，然后从测微头上读出该测量点孔径的实际偏差，如图 4-4 所示。

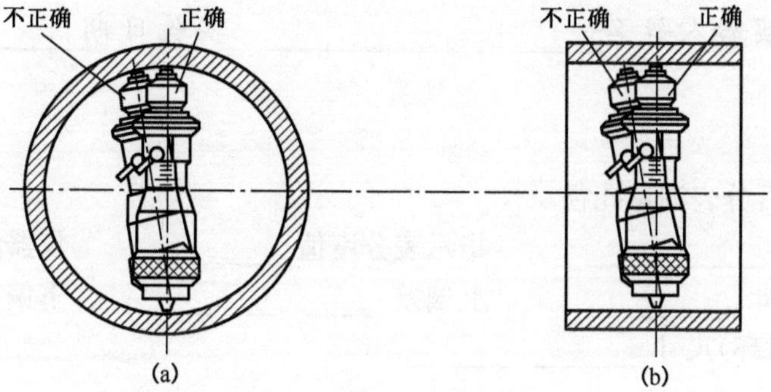

图 4-4　内径千分尺测量位置

(3) 在孔轴向的 3 个截面及每个截面相互垂直的两个方向上，共测 6 个点，将数据记入测量报告内，按孔的验收极限判断其合格与否。

6　零件合格性的评定

考虑到测量误差的存在，为保证不误收废品，应先根据被测孔径的公差大小，查表得到相应的安全裕度 A，然后确定其验收极限，若全部实际尺寸都在验收极限范围内，则可判此孔径合格。即

$$E_s - A \geqslant E_a \geqslant E_i + A$$

式中：E_s—— 零件的上偏差；

E_i—— 零件的下偏差；

E_a—— 局部实际尺寸；

A—— 安全裕度。

内尺寸的测量实验报告

班级______ 姓名______ 学号______

同组实验人姓名______ 实验日期______

1 实验记录

(1) 用内径百分表测量孔径

仪器名称______ 指示表分度值______ 仪器测量范围______

孔径基本尺寸______ 上偏差______ 下偏差______

量块组(校对环)尺寸______

测量结果(mm)

测量部位		读数(偏差值)(μm)	实际尺寸(mm)
上剖面	A-A′		
	B-B′		
中剖面	A-A′		
	B-B′		
下剖面	A-A′		
	B-B′		

(2) 用内径千分尺测量孔径

仪器名称______ 分度值______ 仪器测量范围______

孔的基本尺寸______ 选用长杆______

测量结果(mm)

测量部位		读数(偏差值)(μm)	实际尺寸(mm)
上剖面	A-A′		
	B-B′		
中剖面	A-A′		
	B-B′		
下剖面	A-A′		
	B-B′		

2 实验分析

（1）画出其公差带图和截面图。

（2）判断零件的合格性。

3 思考题

（1）在测量中为什么要找最大值和最小值？如何寻找？

（2）正确选用计量器具的原则是什么？

（3）判断

① 内径千分尺使用前必须用精度与其相适应的其他量具校对零位。（ ）

② 为防止人体温度对测量的影响，使用内径百分表时，手应握在隔热垫上。（ ）

③ 孔径测量时被测直径应在径向的最小值处、轴向的最大值处。（ ）

④ 内径百分表因其有定心护桥，所以在被测孔的径向不需要找最大值。（ ）

成绩评定________________　　指导教师________________

实验 2　直线度误差的测量实验

1　实验目的

(1) 加深对直线度公差与误差的定义及特征的理解。

(2) 掌握直线度误差的测量及数据处理方法。

(3) 了解框式水平仪的结构原理及操作方法。

2　实验设备和工具

框式水平仪(300 mm)、导轨、卷尺。

3　实验内容

用框式水平仪测量直线度误差。

4　测量原理器具

机床、仪器导轨或其他窄而长的平面,为了控制其直线度误差,常在给定平面(垂直平面、水平平面)内进行检测。常用的计量器具有框式水平仪、合像水平仪、电子水平仪和自准直仪等。使用这类器具的共同特点是测定微小角度的变化。由于被测表面存在着直线度误差,计量器具置于不同被测部位上,其倾斜角度就要发生相应的变化。如果节距(相邻两测点的距离)一经确定,这个变化的微小倾角与被测相邻两点的高低差就有确定的对应关系。通过对逐个节距的测量,得出变化的角度,用作图或计算方法,即可求出被测表面的直线度误差值。

框式水平仪主要用于检验其他类型设备导轨的平直性和设备安装的水平性、垂直性。

水平仪主要由铸铁框架、水准器、调节螺母等部件组成。

其结构为:铸铁框架下部钻有大孔,将固定在调正板内的主水准器装入孔内,并在孔两端安上调节螺母;在框架下面钻一螺孔,用圆柱端紧定螺钉紧固主水准器的调整板,来防止调整时调整板的转动;当水平仪调整好后,用框架侧面的锥端紧定螺钉将调节螺母固紧,进一步保证水平仪零位的稳定性;为了便于观察水平仪垂直方向的倾斜程度,在框架上安有横水准器;为了便于使用,还安有捏手等。

其工作原理为:因主水准器的内壁在轴向磨成一定曲率半径的圆弧,当水平仪倾斜时,主水准器中的气泡就沿着圆弧发生移动。根据两个角的两边相互垂直,并且两对边的方向相同,则两个角相等的原理,水平的倾斜角等于气泡移动的弧度。因圆弧的曲率半径较大,所以主水准器上的刻线距离近似地等于圆弧的弧度,即气泡沿圆弧移动的距离。由此即可通过气泡移动的刻线距离算出水平仪的倾斜程度。

例如:刻度值为 0.02 mm/m, $L = 300$ mm,偏移格数为 2 格,则

$$\text{实际倾斜值} = 0.02/1\,000 \times 300 \times 2 = 0.012\ (\text{mm}) = 12\ (\mu\text{m})$$

5　实验步骤

(1) 量出零件被测表面总长,将总长分为若干等分段(一般为 6～12 段),确定每一段的

长度(跨距)L。将被测导轨面和水平仪的测量面擦洗干净。

(2) 将框式水平仪放于导轨上,在导轨每 300 mm 处测一个点,然后将仪器返测记下各段读数,取正测和反测之读数的平均值作为测量结果。如两次读数相差较大,则必须重新检查仪器,调整后重测。

(3) 水平仪放在被测面上,必须使气泡静止后方可读数。读数时应垂直观察以免产生误差。

(4) 进行数据处理。用最小包容区域判别法来评定直线度误差,即用两条平行直线包容误差折线,其中一条直线与误差折线两个最高(或最低)点相切,在两切点之间,应有一个最低(或最高)点与另一条直线相切。这两条平行直线之间的区域才是最小包容区域。从平行于纵坐标的方向画出这两条平行直线间的距离,此距离就是被测表面的直线度误差 f(格)。

(5) 把测得的值依次填入实验报告中,并用计算法按最小条件进行数据处理,求出被测表面的直线度误差,并将误差值 f(格)折算成线性值 f(μm)。

(6) 使用完毕后,应进行防锈处理,处理时注意防震。最后评定合格性。

例:用框式水平仪测量导轨的直线度误差,仪器的分度值为 0.01 mm,选用的跨距 $L=200$ mm,测量直线度的记录数据见表 4-1。若被测面的直线度公差为 5 级,试用作图法评定该的直线度误差是否合格。

表 4-1 测量数据

测点序号 i		0	1	2	3	4	5
仪器读数 a_i	顺测	—	273	278	285	283	270
	回测	—	275	280	287	285	272
	平均	—	274	279	286	284	271
相对差 Δa_i		0	0	+5	+12	+10	−3
坐标值 y_i		0	0	+5	+7	+17	+14

解:数据处理的步骤如下:

(1) 先将各点的顺测值与回测值取平均。

(2) 简化测量数据:a 值可取任意数值,但要有利于相对差数字的简化,本例取 $a=274$ 格。

(3) 将相对差中的各点读数格值在直角坐标系中逐一累加描点(如图 4-5 所示)。

(4) 求最小包容区:先过 0 点和第 4 点作一直线,再过第 3 点作一平行线,则两条平行线在纵坐标上的载距 7 格,即为该被测件的直线度误差值(格值)。

(5) 求直线度误差的线值:$\Delta f=0.01\times200\times7=14$ (μm)。

(6) 按 GB 1184—1996,直线度 5 级公差值为 25 μm。其测量出的误差值小于公差值,所以被测零件直线度误差合格。

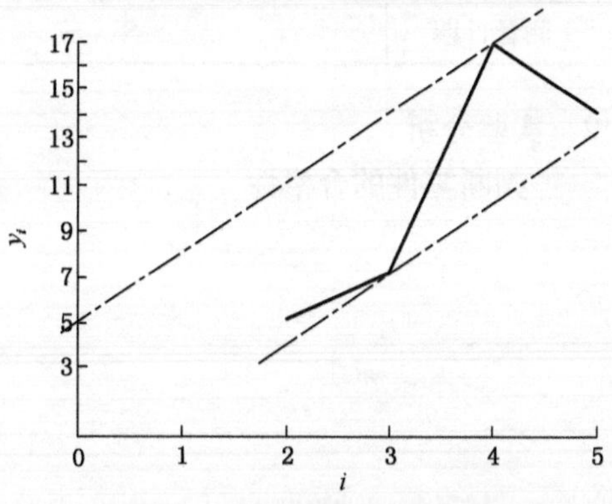

图 4-5 被测件直线度误差折线图

直线度误差的测量实验报告

班级______________　姓名______________　学号____________

同组实验人姓名______________________　实验日期____________

1　实验记录

用内径百分表测量孔径

仪器名称__________　水平仪分度值__________　仪器测量范围________

被测导轨长度__________　跨距____________

测　量　数　据

测点序号 i		1	2	3	4	5	6	7	8
仪器读数 a_i	顺测								
	回测								
	平均								
相对差 Δa_i									
坐标值 y_i									

误　差　曲　线　图

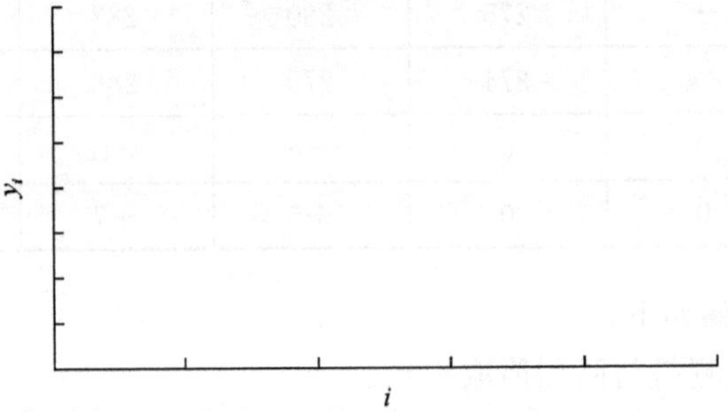

测量结果	$\Delta f = iL\Delta a =$		
测量日期	年　　月　　日	测量者	

2　实验分析

判断零件的合格性

3 思考题

（1）用本实验测量导轨直线度误差要注意哪些事项？

（2）以测量数据为例，试以首尾两端点连线法评定误差值，并比较两种评定方法哪种合理？为什么？假如误差折线只偏向两端点连线的一侧（单凸或单凹），上述两种评定误差值的方法的结果如何？

（3）在误差图上确定直线度误差 f 时，为何要平行于纵坐标轴？

成绩评定________________　　　　指导教师________________

实验 3　表面粗糙度的测量实验

1　实验目的

(1) 熟悉用光切法显微镜测量表面粗糙度的原理和方法。

(2) 加深对表面粗糙度评定参数 R_z、R_a 的理解。

2　实验设备和工具

光切法显微镜、表面粗糙度样板、试样等。

3　实验内容

用光切法显微镜测量零件表面粗糙度的 R_z、R_a 值。

4　测量原理和仪器说明

1) 工作原理

表面粗糙度的测量方法常用的有光切法、光波干涉法及针描法等各种测量原理的光学仪器和电学仪器。工厂常用的还有用以表面粗糙度标准样板直接与被测工件对照的比较法。对大型及内尺寸的零件，常采用塑性和可铸性材料将被测工件表面的加工痕迹复印下来，然后再测量复印下来的印模，从而确定被测工件表面粗糙度的印模法。

光切法显微镜以比较法测量和观察零件表面的微观几何形状，在不破坏表面的条件下，测出截面轮廓的微观几何形状和沟槽宽度的实际尺寸。此外，还可测量表面上个别位置的加工痕迹和破损。

光切显微镜外形如图 4-6 所示，其工作原理如图 4-7 所示。

图 4-6　光切显微镜的外形

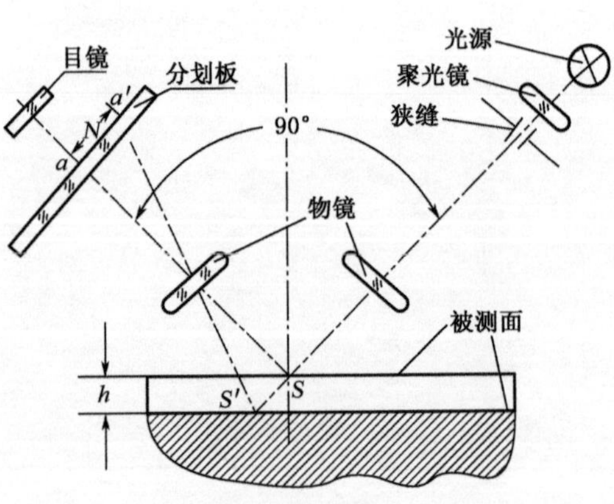

图 4-7　光切显微镜工作原理

光切显微镜是利用光切原理来测量表面粗糙度的，狭缝被光源发出的光线照射后，通过物镜发出一束光带以倾斜45°方向照射在被测量的表面上。被测表面的微观形状，被光亮的具有平直缘狭缝像亮的带照射后，表面的波峰在S点产生反射，波谷在S'点产生反射，通过观测显微镜的物镜，它们各自成像在分划板的a和a'。在目镜中观察到的即为具有与被测表面一样的齿状亮带，通过目镜的分划板与测微器测出a点至a'点之间的距离N，被测表面的微观不平度h即为：

$$h = h_1 \cos 45^\circ = \frac{h_1'}{N\cos 45^\circ}$$

式中：N——物镜放大倍率。

为了测量和计算方便，测微目镜图中十字线的移动方向与被测光带边缘高度h_1'成45°斜角，测微目镜刻度套筒上的读数值为：

$$H = \frac{h_1'}{\cos 45^\circ} = \frac{Nh}{\cos^2 45^\circ}$$

所以：

$$h = \frac{H\cos^2 45^\circ}{N} = \frac{N}{2N}$$

式中：$\frac{1}{2N} = C$，C为刻度套筒分度标定值，它与仪器物镜放大倍数有关，也称换算系数。

2）仪器结构

仪器结构如图4-8所示，基座6上装有立柱5，显微镜的主体通过横臂2和立柱联结，转动手轮4将横臂沿立柱上下移动，此时显微镜进行粗调焦，并用旋手1将横臂固定在立柱上。显微镜的光学系统压缩在封闭的横臂内。横臂上装有可替换的物镜组8、测微目镜13等。微调手轮3用于显微镜的精细调焦。仪器的坐标工作台7利用其螺旋测微器对工件进行坐标测量与调整。对平的工件可直接放在工作台上进行测量，对圆柱形的工件可放在仪器工作台上的V形块上进行测量。

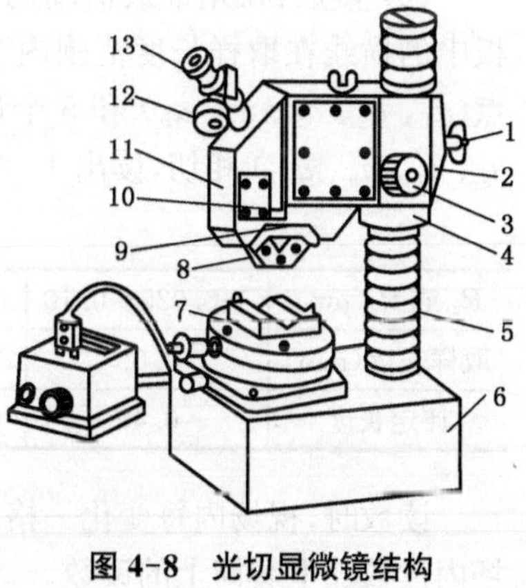

图4-8 光切显微镜结构

3）维护与保养

(1) 要注意防止灰尘、潮湿及其他有害物质的侵蚀。

(2) 仪器光源采用的是低压电源照明，必须使用专用的变压器，防止事故发生。

(3) 所有的透镜和未作防锈处理的表面不得用手直接接触。

(4) 使用完毕应将仪器擦拭干净，立柱及工作台表面要涂防锈油并盖上仪器罩。

4）主要技术指标

$$h = h_1 \cos 45^\circ = \frac{h_1'}{N\cos 45^\circ}$$

式中：N——物镜放大倍率。

5 实验步骤

1）仪器调整

（1）选择物镜：目测初步估计被测表面的 R_z 值范围，选择相应放大倍数的物镜安装在仪器上。

（2）安放被件：将零件擦净后放在仪器工作台上，其零件表面加工纹路应与目镜视场上狭缝影像垂直。若被测表面为圆柱形表面，其表面素线还应与狭缝平行，且表面最高点要位于物镜下端中央。

（3）调整目镜焦距：松开目镜锁紧旋钮，取下目镜，对着亮处观察分划板上的刻线是否清晰，否则转动最上端的目镜视度调节环至清晰为止。

（4）调整物镜焦距：松开旋钮，转动调节环使横臂下降到最低的安全位置（比零件表面略高，物镜切不可接触零件），然后观察目镜视场，若未见被测表面轮廓影像（一绿色光带），则缓慢向上调整横臂至光带基本清晰。然后转动微调旋钮，使被测量表面轮廓影像清晰。

2）读取数据

如图 4-9 所示。

（1）调目镜分划板十字线：将读数目镜偏转 45°，使分划板上的十字刻线中的一条与光带大多数的峰或谷基本相切，拧紧目镜紧固螺钉。

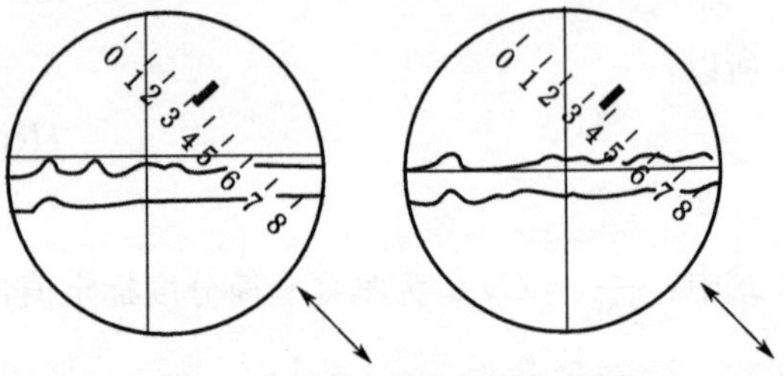

图 4-9 压线读数

（2）读数：在光带最清晰的一边，用分划板中的横线在取样长度范围内与 5 个最高峰点（a_1、a_2、a_3、a_4、a_5）和 5 个最低谷点（a_6、a_7、a_8、a_9、a_{10}）相切，读出 10 个读数格值。取样长度与评定长度应根据表 4-2 选择。

表 4-2

R_z 或 R_y（μm）	>0.025～0.10	>0.1～0.5	>0.5～10.0	>10.0～50.0	>50.0～320
取样长度（mm）	0.08	0.25	0.8	2.5	5.0
评定长度	0.40	1.25	10.0	12.5	41.0

读数时，视场内每变化一格，目镜百分尺套筒即转过一周（100 格）所以每次读数要将视场内读数加上套筒上的读数。

3）数据处理

（1）一次测量值：根据 10 个读数计算 R_z：

$$R_z = \frac{E[(a_1 + a_2 + a_3 + a_4 + a_5) - (a_6 + a_7 + a_8 + a_9 + a_{10})]}{5}$$

式中：E——目镜套筒分度值。

（2）根据加工表面的均匀性，在评定长度范围内，测 5 个取样长度的 R_z 值，取其平均值作为测量结果，即

$$R_z = \frac{R_{z1} + R_{z2} + R_{z3} + R_{z4} + R_{z5}}{5}$$

表面粗糙度的测量实验报告

班级____________ 姓名____________ 学号____________

同组实验人姓名__________________ 实验日期__________

1 实验记录

仪器名称____________ 仪器测量范围_______

被测工件要求的表面粗糙度 R_z=_______ μm

所选物镜放大倍数______ 换算系数 C=_____ μm/格

测量结果：

读数(格)				读数(格)			
5 个峰点		5 个谷点		5 个峰点		5 个谷点	
h_1		h_2		h_1		h_2	
h_3		h_4		h_3		h_4	
h_5		h_6		h_5		h_6	
h_7		h_8		h_7		h_8	
h_9		h_{10}		h_9		h_{10}	
$\sum h_{峰}$		$\sum h_{谷}$		$\sum h_{峰}$		$\sum h_{谷}$	
$R_{z1}=\frac{\sum h_{峰}-\sum h_{谷}}{5}=$ μm				$R_{z2}=\frac{\sum h_{峰}-\sum h_{谷}}{5}=$ μm			

实测：
$$R_z=\frac{\sum_{i=1}^{n} R_{zi}}{n}= \quad \mu m$$

2 实验分析

(1) 判断零件的合格性。

3　思考题

（1）为什么测量时只测量带一个边缘的诸峰、谷点？

（2）在光切显微镜上能测出其他评定表面粗糙度的参数吗？

成绩评定＿＿＿＿＿＿＿＿＿＿　　　　指导教师＿＿＿＿＿＿＿＿＿＿

实验4　齿轮综合测量实验

齿轮测量分为综合测量和单项测量。综合测量能连续地反映整个齿轮啮合点上的误差，较全面地评定齿轮的使用质量。为了进行工艺分析，提高齿轮加工的质量，一般采用单项测量。

（一）齿轮公法线平均长度偏差与齿轮公法线长度变动的测量

1　实验目的

（1）熟悉齿轮公法线长度的测量方法。

（2）加深理解公法线平均长度偏差 ΔE_w 与公法线长度变动 ΔF_w 的定义及测量目的。

2　实验设备和工具

公法线千分尺、游标卡尺、齿轮。

3　实验内容

用公法线千分尺测量齿轮公法线平均长度偏差及公法线长度变动。

4　测量原理和仪器说明

公法线长度 W 是指与异名齿廓相切的两平行平面间的距离。可使用公法线千分尺或公法线杠杆千分尺测量。公法线千分尺的分度值为 0.01 mm，可测模数 1～10 mm、直径 450 mm 以内的中等精度齿轮。

公法线平均长度偏差 ΔE_w 是指在齿轮一周范围内，公法线实际长度的平均值与公称值之差，它与齿厚偏差有关，因此可用来评定齿侧间隙。

公法线长度变动 ΔF_w 是指在齿轮一周范围内测得的实际公法线最大长度 W_{max} 与最小长度 W_{min} 之差。因为它能部分地说明齿轮传动时啮合线长度的变动，故可用 ΔF_w 来评定齿轮运动精度。

公法线长度可用公法线千分尺（如图 4-10 所示）、公法线指示卡规（如图 4-11 所示）或万能测齿仪等测量。本实验采用公法线千分尺测量。

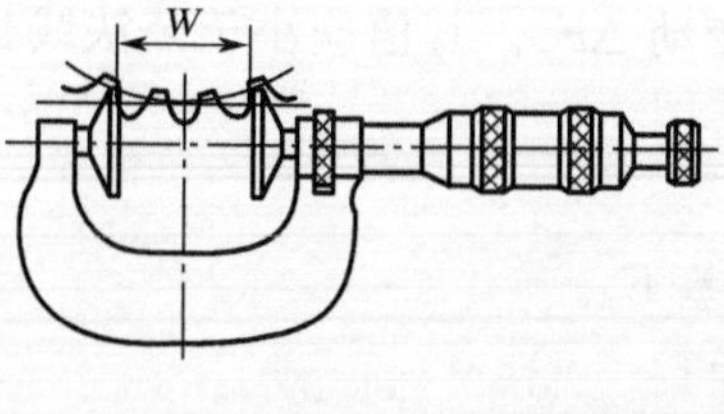

图 4-10　用公法线千分尺测量公法线长度

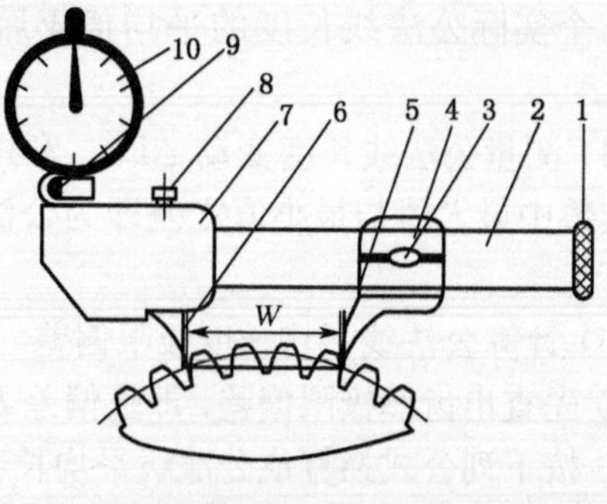

图 4-11　用公法线指示卡规测量公法线长度

公法线千分尺是在普通千分尺上安装两个大平面测头，其读数方法与普通千分尺相同，如图 4-12 所示。

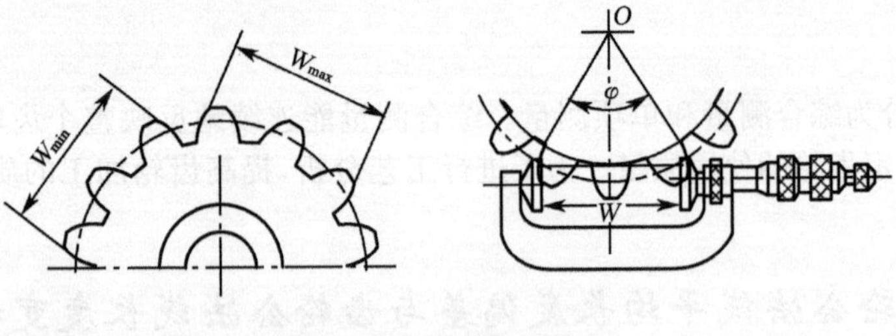

图 4-12　公法线千分尺

5　测量步骤

(1) 确定被测齿轮的跨齿数 K，计算公法线公称长度 W。

$$W = m\cos\alpha[\pi(n-0.5)+2\xi\tan\alpha+z\,\mathrm{inv}\,\alpha]$$

式中：m—— 模数；

α—— 齿形角；

ξ—— 修正系数；

n—— 跨齿数($n = 0.111z + 0.5$)；

$\mathrm{inv}\,\alpha = \tan\alpha - \alpha$。

当 $\alpha = 20°$，$\xi = 0$ 时，有

$$W = m\cos\alpha[\pi(n-0.5)+z\,\mathrm{inv}\,\alpha] = m[2.952(n-0.5)+z\times0.014]$$

令 $K = 2.952(n-0.5)+z\times0.014$，$K$ 值可按齿数由表 4-3 查出，故对非修正齿轮，有

$$W = mK$$

(2) 根据公法线公称长度 W 选取适当规格的分法线千分尺并校对零位。

(3) 测量公法线平均长度偏差 ΔE_w。使公法线千分尺的两量爪与齿轮的非同名齿廓接触，沿齿圈的不同方位测量 5 个以上的值(最好测量全齿圈值)。取测量结果的平均值作为公法线平均长度偏差，其值应在公法线平均长度的上偏差 E_{ws} 和下偏差 E_{wi} 的范围内。取所测 5 个实际公法线长度的平均值 $\overline{W}$ 后减去公称公法线长度，即为公法线平均长度偏差 ΔE_w。

(4) 测量公法线长度变动 ΔF_w。利用前面已调好的仪器，依次沿整个齿圈进行测量。所有读数中最大值与最小值之差即为公法线长度变动 ΔF_w。其值应小于公法线长度变动公差 F_w。

(5) 计算公法线平均长度极限偏差

① 先查出齿厚极限偏差，即上偏差 E_{ss} 和下偏差 E_{si}。

② 按下列公式换算成公法线平均长度极限偏差：

$$E_{ws} = E_{ss}\cos\alpha - 0.72Fr\sin\alpha$$

$$E_{wi} = E_{si}\cos\alpha + 0.72Fr\sin\alpha$$

表 4-3　$m=1$、$\alpha_f=20^\circ$的标准直齿圆柱齿轮的公法线公称长度表

齿轮齿数 z	跨齿数 n	K	齿轮齿数 z	跨齿数 n	K	齿轮齿数 z	跨齿数 n	K
15	2	4.638 3	29	4	10.738 6	43	5	13.886 8
16	2	4.652 3	30	4	10.752 6	44	5	13.900 8
17	2	4.666 3	31	4	10.766 6	45	5	16.867 0
18	3	7.632 4	32	4	10.780 6	46	6	16.888 1
19	3	7.646 4	33	4	10.794 6	47	6	16.895 0
20	3	7.660 4	34	4	10.808 6	48	6	16.909 0
21	3	7.674 4	35	4	10.822 6	49	6	16.923 0
22	3	7.688 4	36	5	13.788 8	50	6	16.937 0
23	3	7.702 4	37	5	13.802 8	51	6	16.951 0
24	3	7.716 5	38	5	13.816 8	52	6	16.965 0
25	3	7.730 5	39	5	13.830 8	53	6	16.979 0
26	3	7.744 5	40	5	13.844 8	54	7	16.993 0
27	4	10.710 6	41	5	13.858 8	55	7	19.959 1
28	4	10.724 6	42	5	13.872 8	56	7	19.973 1

注：对于其他模数的齿轮，则用模数乘以表中数值。

齿轮公法线平均长度偏差与公法线长度变动的测量实验报告

班级____________ 姓名____________ 学号____________

同组实验人姓名__________________ 实验日期____________

1 实验记录

(1) 公法线平均长度偏差 ΔE_w 测量结果

仪 器	名 称		分度值(mm)		测量范围(mm)
被测齿轮参数	模数 m	齿数 z	压力角 α	精度等级	
	跨齿数 $=\frac{z}{9}+\frac{1}{2}=$		公法线公称长度 $W=$ (mm)		
	齿厚上偏差 $E_{ss}=$ (mm) 齿厚下偏差 $E_{si}=$ (mm)				
	公法线平均长度的上偏差 $E_{bns}=E_{sns}\cos\alpha_n-0.72Fr\sin\alpha_n=$ (mm) 公法线平均长度的下偏差 $E_{bni}=E_{sni}\cos\alpha_n+0.72Fr\sin\alpha_n=$ (mm)				
测量记录	序号(均匀测量)	1	2	3	4	5
	公法线长度(mm)					
测量结果	公法线平均长度 $\overline{W}=$ (mm)				
	公法线长度偏差 $E_w=\overline{W}-W=$ (mm)				
合格性结论					

(2) 公法线长度变动 ΔF_w 的测量结果

齿 序	偏 差(μm)	齿 序	偏 差(μm)
1		5	
2		6	
3		7	
4		8	
测量结果	公法线长度变动公差 $F_w=$		
	实测公法线长度变动 $\Delta F_w=$		

2　实验分析

3　思考题

（1）测量 ΔF_w 和 ΔE_w 的目的有何不同？

（2）为什么 ΔF_w 只能反映齿轮的运动偏心？

成绩评定＿＿＿＿＿＿＿＿　　　　指导教师＿＿＿＿＿＿＿＿

（二）齿轮齿厚的测量

1 实验目的

(1) 熟悉测量齿轮齿厚的方法及有关参数的计算。

(2) 加深理解齿厚偏差的定义及其对齿轮传动的影响。

2 实验设备和工具

齿轮游标卡尺、齿轮、游标卡尺。

3 实验内容

用齿轮游标卡尺测量齿轮的齿厚偏差。

4 测量原理和仪器说明

齿厚偏差 ΔE_s 是指在分度圆柱面上，齿厚的实际值与公称值之差。分度圆上的弧齿厚不好测量，故一般用分度圆上的弦齿厚来评定齿厚偏差。

理论上应以齿轮旋转中心确定分度圆位置，而实际测量时由于受齿轮游标卡尺结构的限制，只能根据实际齿顶圆来确定分度圆，即测量弦齿高处的弦齿厚偏差。因此，齿顶圆与分度圆不同心将产生一定的测量误差。

测量齿厚所用的齿轮游标卡尺的结构如图 4-13 所示，它是由两套相互垂直的游标卡尺组成。垂直游标卡尺用于控制测量部件（分度圆至齿顶圆）的弦齿高 h_f，水平游标卡尺则用于测量所测部件（分度圆）的弦齿厚 s_f（实际）。齿轮游标卡尺的分度值为 0.02 mm。测量范围为模数 $m=1\sim16$ mm。用齿轮游标卡尺测量齿厚偏差，是以齿顶圆为基准。对于非修正齿轮、直齿圆柱齿轮分度圆处的弦齿高 h_f 和弦齿厚 s_f 由图 4-13 可得：

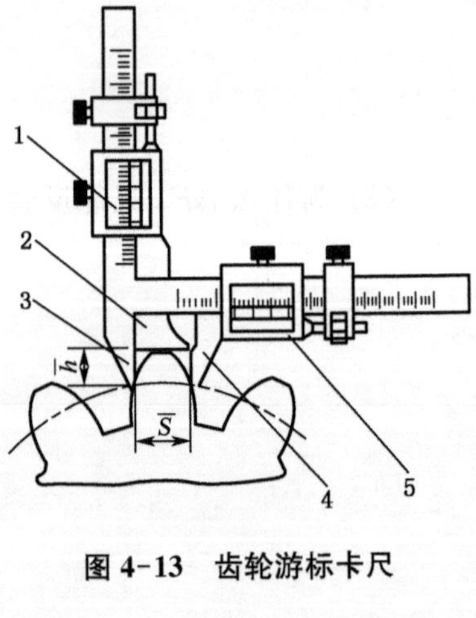

图 4-13　齿轮游标卡尺

$$h_f = h' + X = m + \frac{zm}{2}\left(1 - \cos\frac{90^\circ}{z}\right)$$

$$s_f = zm\sin\frac{90^\circ}{z}$$

式中：m——模数；

z——齿数。

5 测量步骤

(1) 测出被测齿轮齿顶圆实际直径，并计算理论的齿顶圆直径。

(2) 计算 h_f 和 s_f，可查表 4-4。

(3) 按 h_f 值调整齿轮游标卡尺的垂直游标尺。

(4) 将卡尺置于齿轮上,使垂直游标尺的高度尺与齿顶接触,然后移动水平游标卡尺,使卡爪与轮廓接触。利用卡尺的微动螺丝轻轻调节,借透光来判断接触是否良好。从水平游标卡尺上读出分度圆齿厚的实际尺寸。(测量时一定要使量爪测量面与被测齿面保持良好接触,否则将产生较大的测量误差。接触良好与否可以用透光法加以判断。)

(5) 分别在圆周上找几个等距进行测量。

(6) 判断齿轮是否合格,其测得的每一个偏差值均应在齿厚的极限偏差 E_{ss}、E_{si} 范围内。

表 4-4 $m=1$ 时分度圆弦齿高和弦齿厚的数值

z	$z\sin\frac{90^\circ}{z}$	$1+\frac{z}{2}\left(1-\cos\frac{90^\circ}{z}\right)$	z	$z\sin\frac{90^\circ}{z}$	$1+\frac{z}{2}\left(1-\cos\frac{90^\circ}{z}\right)$	z	$z\sin\frac{90^\circ}{z}$	$1+\frac{z}{2}\left(1-\cos\frac{90^\circ}{z}\right)$
11	1.565 5	1.056 0	26	1.569 8	1.023 7	41	1.570 4	1.015 0
12	1.566 3	1.051 3	27	1.569 8	1.022 8	42	1.570 4	1.014 6
13	1.566 9	1.047 4	28	1.569 9	1.022 0	43	1.570 5	1.014 3
14	1.567 3	1.044 0	29	1.570 0	1.021 3	44	1.570 5	1.014 0
15	1.567 9	1.041 1	30	1.570 1	1.020 5	45	1.570 5	1.013 7
16	1.568 3	1.038 5	31	1.570 1	1.019 9	46	1.570 5	1.013 4
17	1.568 6	1.036 3	32	1.570 2	1.019 3	47	1.570 5	1.013 1
18	1.568 8	1.034 2	33	1.570 2	1.019 7	48	1.570 5	1.012 8
19	1.569 0	1.032 4	34	1.570 2	1.018 1	49	1.570 5	1.012 6
20	1.569 2	1.030 8	35	1.570 3	1.017 6	50	1.570 5	1.012 4
21	1.569 3	1.029 4	36	1.570 3	1.017 1	51	1.570 5	1.012 1
22	1.569 4	1.028 0	37	1.570 3	1.016 7	52	1.570 6	1.011 9
23	1.569 5	1.026 8	38	1.570 3	1.016 2	53	1.570 6	1.011 6
24	1.569 6	1.025 7	39	1.570 4	1.015 8	54	1.570 6	1.011 4
25	1.569 7	1.024 7	40	1.570 4	1.015 4	55	1.570 6	1.011 2

注:对于其他模数的齿轮,则用模数乘以表中数值。

齿轮齿厚的测量实验报告

班级____________ 姓名______________ 学号____________

同组实验人姓名________________ 实验日期____________

1 实验记录

<table>
<tr><td rowspan="2">仪器</td><td colspan="4">名　　称</td><td colspan="2">分度值(mm)</td><td colspan="2">测量范围(mm)</td></tr>
<tr><td colspan="4"></td><td colspan="2"></td><td colspan="2"></td></tr>
<tr><td rowspan="9">被测齿轮参数及有关尺寸</td><td colspan="2">模数 m</td><td colspan="2">齿数 z</td><td colspan="2">压力角 α</td><td colspan="2">齿轮精度等级</td></tr>
<tr><td colspan="2"></td><td colspan="2"></td><td colspan="2"></td><td colspan="2"></td></tr>
<tr><td colspan="2">齿顶圆公称直径(mm)</td><td colspan="2">齿顶圆实际直径(mm)</td><td colspan="2">齿顶圆实际偏差(mm)</td><td colspan="2" rowspan="2"></td></tr>
<tr><td colspan="2"></td><td colspan="2"></td><td colspan="2"></td></tr>
<tr><td colspan="8">分度圆弦齿高 $= m\left[1+\frac{z}{2}\left(1-\cos\frac{90^\circ}{z}\right)\right]+\frac{\text{齿顶圆实际偏差}}{2}=$ (mm)</td></tr>
<tr><td colspan="8">分度圆公称齿厚 $= mz\sin\frac{90^\circ}{z}=$ (mm)</td></tr>
<tr><td colspan="8">齿厚极限偏差 $E_{ss}=$ (μm)
$E_{si}=$ (μm)</td></tr>
<tr><td colspan="8"></td></tr>
<tr><td colspan="8"></td></tr>
<tr><td rowspan="3">测量记录</td><td colspan="3">序号（均匀测量）</td><td>1</td><td>2</td><td>3</td><td>4</td><td>5</td></tr>
<tr><td colspan="3">齿厚实测值 s_f(mm)</td><td></td><td></td><td></td><td></td><td></td></tr>
<tr><td colspan="3">齿厚实际偏差 ΔE_s(μm)</td><td></td><td></td><td></td><td></td><td></td></tr>
<tr><td rowspan="2">计算结果</td><td colspan="2">合格性结论</td><td colspan="6"></td></tr>
<tr><td colspan="2">理　由</td><td colspan="6"></td></tr>
</table>

2 实验分析

3 思考题

(1) 测量齿厚偏差的目的是什么？

(2) 齿厚极限偏差（E_{ss}，E_{si}）和公法线平均长度极限偏差（E_{ws}，E_{wi}）有何关系？

成绩评定________________　　　　指导教师________________

第5章 测试技术

实验1 信号频谱分析实验

1 实验目的

(1) 熟悉典型信号的波形和频谱特征,从信号中读取所需的信息。

(2) 了解信号频谱分析的基本方法及仪器设备。

(3) 训练制订方案和如何选择仪器的能力。

2 实验设备和工具

(1) 信号发生器及信号采集分析软件;

(2) 计算机、打印机。

3 实验内容

本实验利用采集分析软件和信号发生器对信号进行频谱分析。由信号发生器产生多种典型波形信号,通过对该信号进行数据采集和频谱分析,得到信号的频谱特性数据。分析结果用图形在计算机上显示出来,也可通过打印机打印出来。

4 实验原理

1) 典型信号及其频谱分析的作用

正弦波、方波、三角波和白噪声信号是实际工程测试中常见的典型信号,这些信号时域、频域之间的关系很明确,并且都具有一定的特性,通过对这些典型信号的频谱进行分析,对掌握信号的特性、熟悉信号的分析方法大有益处,并且这些典型信号也可以作为实际工程信号分析时的参照资料。

2) 频谱分析的方法

频谱是构成信号的各频率分量的集合,它完整地表示了信号的频率结构,即信号由哪些谐波组成,以及各谐波分量的幅值大小及初始相位,从而揭示了信号的频率信息。信号的频谱可分为幅值谱、功率谱、对数谱等。对信号进行频谱分析的设备主要是频谱分析仪或软件,它把信号按数学关系作为频率的函数显示出来,其工作方式有模拟式和数字式2种。模拟式频谱分析仪以模拟滤波器为基础,从信号中选出各个频率成分的量值;数字式频谱分析仪以数字滤波器或快速傅里叶变换为基础,实现信号的时一频关系转换分析。

3) 周期信号的频谱分析

周期信号是经过一定时间可以重复出现的信号,满足条件:$x(t)=x(t+nT)$,从数学分析已知,任何周期函数在满足狄利克利(Dirichlet)条件下,可以展开成正交函数线性组合的无穷级数,通常有实数形式表达式:

$$x(t)=a_0+\sum_{n=1}^{\infty}(a_n\cos n\omega_0 t+b_n\sin n\omega_0 t)=a_0+\sum_{n=1}^{\infty}[A_n\cos(n\omega_0 t-\varphi_n)]$$

直流分量幅值为：

$$a_0=\frac{1}{T}\int_{-\frac{T}{2}}^{\frac{T}{2}}x(t)\mathrm{d}t$$

$$A_n=\sqrt{a_n^2+b_n^2}$$

各频率分量的相位为：

$$\varphi_n=\arctan\frac{b_n}{a_n}$$

各余弦分量幅值为：

$$a_n=\frac{2}{T}\int_{-\frac{T}{2}}^{\frac{T}{2}}x(t)\cos n\omega_0 t\mathrm{d}t=\frac{2}{T}\int_{-\frac{T}{2}}^{\frac{T}{2}}x(t)\cos 2\pi n f_0 t\mathrm{d}t$$

各正弦分量幅值为：

$$b_n=\frac{2}{T}\int_{-\frac{T}{2}}^{\frac{T}{2}}x(t)\sin n\omega_0 t\mathrm{d}t=\frac{2}{T}\int_{-\frac{T}{2}}^{\frac{T}{2}}x(t)\sin 2\pi n f_0 t\mathrm{d}t$$

4）非周期信号的频谱分析

非周期信号是在时间上不会重复出现的信号，一般为时域有限信号，具有收敛可积条件，其能量为有限值。这种信号的频域分析手段是傅里叶变换。傅里叶变换是信号频谱分析中常见的一个工具，它把一些复杂的信号分解为无穷多个相互之间具有一定关系的正弦信号之和，并通过对各个正弦信号的研究来了解复杂信号的频率成分和幅值，从而帮助人们从另一个角度来了解信号的特征。时域信号 $x(t)$的傅里叶变换为：

$$x(t)=\frac{1}{2\pi}\int_{-\infty}^{\infty}X(\omega)\mathrm{e}^{\mathrm{j}\omega t}\mathrm{d}\omega$$

$$X(\omega)=\frac{1}{2\pi}\int_{-\infty}^{\infty}x(t)\mathrm{e}^{-\mathrm{j}\omega t}\mathrm{d}t$$

5）频谱分析的应用

频谱分析主要用于识别信号中的周期分量，是信号分析中最常用的一种手段。例如，在机床齿轮箱故障诊断中，可以通过测量齿轮箱上的振动信号，进行频谱分析，确定最大频率分量，然后根据机床转速和传动链，找出故障齿轮。再如，在螺旋桨设计中，可以通过频谱分析确定螺旋桨的固有频率和临界转速，确定螺旋桨转速工作范围。

5 实验步骤

(1) 由信号发生器产生一组正弦波形。

(2) 由信号发生器产生一组三角波形。

(3) 由信号发生器产生一组方波波形。

(4) 由信号发生器产生一组随机波形。

(5) 对所采集的正弦波、三角波、方波和随机波形信号进行频谱分析。

信号频谱分析实验报告

班级____________ 姓名____________ 学号____________

同组实验人姓名________________ 实验日期____________

1 实验记录

2 实验分析

3 思考题

(1) 典型信号有哪些？在时域上如何表示？

(2) 典型信号的频谱有何特征？

(3) 信号的频谱分析有何意义？

(4) 联系工程实际举例说明信号频谱分析的应用。

成绩评定＿＿＿＿＿＿＿＿　　指导教师＿＿＿＿＿＿＿＿

实验 2　悬臂梁固有频率测试实验

1　实验目的

掌握用共振法及不同的相位差合成李萨育图形法测量振动系统的固有频率，理解固有频率的工程意义，加深了解常用简单振动测试仪器的使用方法。

2　实验设备和工具

(1) 机械振动综合实验装置(安装双简支梁)；
(2) 激振器及功率放大器；
(3) 加速度传感器；
(4) 电荷放大器；
(5) 数据采集仪；
(6) 信号分析软件。

3　实验内容

1) 用共振法测量简支梁固有频率

共振法测量振动系统的固有频率是比较常用的方法之一。共振是指当激振频率达到某一特定值时，振动量的振动幅值达到极大值的现象。由弹性体振动理论可知，计算简支梁固有频率理论解为：

$$f_0 = 49.15 \frac{1}{L^2}\sqrt{\frac{EJ}{A\rho}}$$

式中：L——简支梁长度(cm)；
E——材料弹性系数(kg/cm^2)；
A——梁横截面积(cm^2)；
ρ——材料密度(kg/cm^3)；
J——梁截面弯曲惯性矩(cm^4)。

用共振法测量双简支梁固有频率的仪器连接如图 5-1 所示。

2) 用李萨育图形法测量简支梁固有频率

李萨育图形是由运动方向相互垂直的两个简谐振动合成的运动轨迹图。李萨育图形可以通过示波器或数据采集软件的 X-Y 轨迹图观察到。在 X、Y 轴上同时输入简谐振动的两个信号，这两个信号不同的相位差合成不同的李萨育图形，如图 5-2 所示。

振动的位移、速度及加速度的幅值其各自达到极大值时的频率是不同的，只有在无阻尼的情况下，它们的频率才相等，并且等于振动系统的固有频率。但在弱阻尼的情况下，3 种共振频率接近系统的固有频率。只有速度共振频率真正与固有频率相等，所以用速度共振的相位差判别共振。判别依据是系统发生速度共振时，激振力与速度响应之间的相位差为90°。依据位移、速度、加速度响应判断速度共振的李萨育图形如图 5-3、图 5-4、图 5-5 所示。

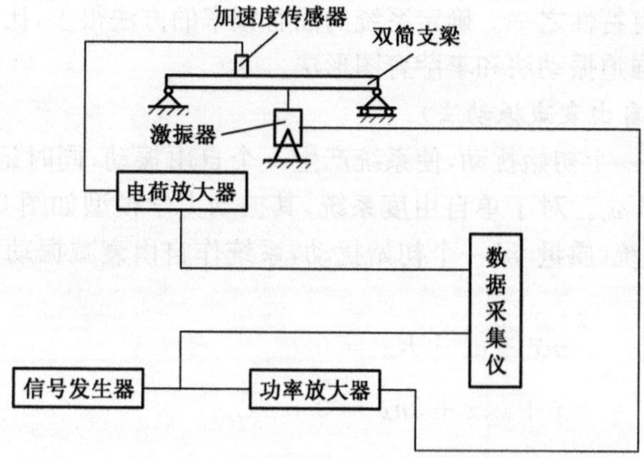

图 5-1 测量双简支梁固有频率框图

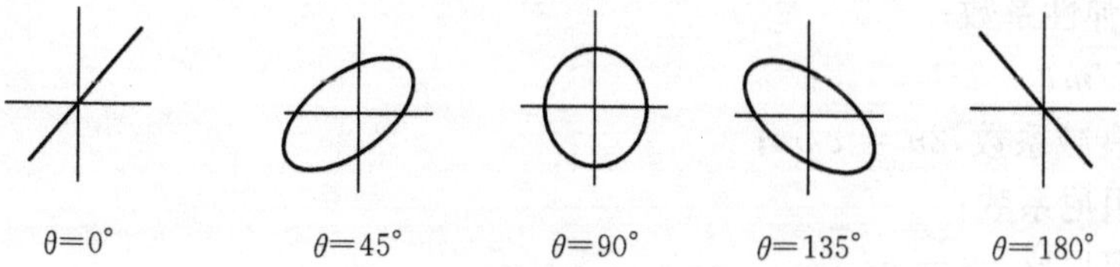

图 5-2 不同相位差信号合成的李萨育图形

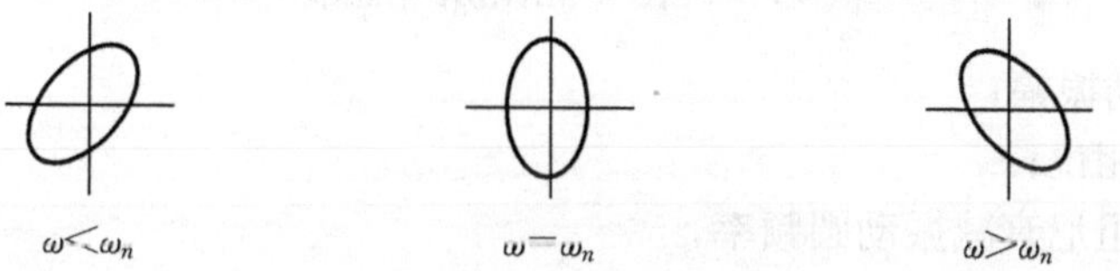

图 5-3 用位移响应判断速度共振

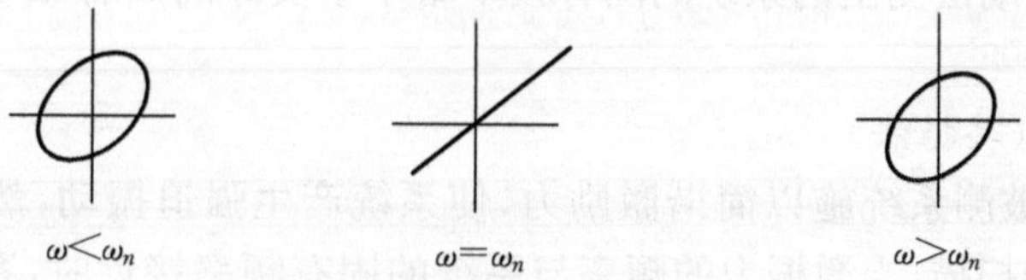

图 5-4 用速度响应判断速度共振

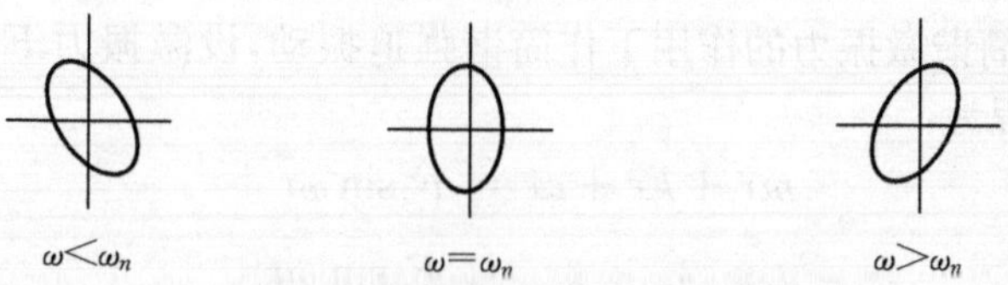

图 5-5 用加速度响应判断速度共振

4　实验原理

固有频率是振动系统的一项重要参数。它取决于振动系统结构本身的质量、刚度及其分布，是结构本身固有特性之一。确定系统的固有频率的方法很多，比较方便又便于测试的方法有自由振动法、强迫振动法和李萨育图形法。

1）自由振动法（自由衰减振动法）

用敲击法给系统一个初始扰动，使系统产生一个自由振动，同时记录下振动波形，便可求出系统的固有频率 ω_0。对于单自由度系统，其振动力学模型如图 5-6 所示。用敲击法给系统（质量 m）一个初始扰动，系统作自由衰减振动，其运动微分方程为：

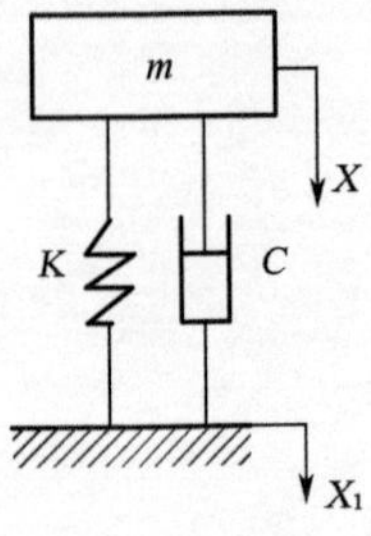

图 5-6　振动测试系统框图

$$m\ddot{x} + c\dot{x} + Kx = 0$$

$$\ddot{x} + \omega_0^2 x + 2n\dot{x} = 0$$

$$\ddot{x} + \omega_0^2 x + 2\xi\omega_0 x = 0$$

式中：ω_0—— 系统的固有频率；

K—— 弹性系数；

$\omega_0^2 = K/m$；

n—— 衰减系数，$2n = c/m$；

c—— 阻尼系数；

ξ—— 阻尼比，$\xi = n/\omega_0$。

当 $\xi < 1$（小阻力）时，上述方程的解为：

$$x = A\mathrm{e}^{-nt}\sin(\omega_{\mathrm{d}}t + \varphi_0)$$

式中：A—— 振动振幅；

φ_0—— 初相位；

ω_{d}—— 有阻尼衰减振动圆频率，

$$\omega_{\mathrm{d}} = \sqrt{\omega_0^2 - \omega_n^2}$$

可见，用自由振动法测出的系统的固有频率略小于实际的固有频率，当阻尼很小时，两者是很接近的。

2）强迫振动法（共振法）

利用激振器对被测系统施以简谐激励力，使系统产生强迫振动，然后连续改变激振频率，进行连续的激振扫描，当激振力的频率与系统的固有频率接近时，系统即产生共振。因此，只要逐渐调节激振频率，同时测定系统的幅值，绘出幅值与频率的关系曲线（即幅频特性曲线），曲线上各峰值点所对应的频率就是系统的各阶固有频率。

单自由度系统在简谐激振力的作用下作简谐强迫振动，设激振力 F 的幅值 F_0、固有频率 ω_0，系统的微分方程为：

$$m\ddot{x} + kx + c\dot{x} = F_0\sin\omega t$$

$$\ddot{x} + \omega_0^2 x + 2nx = \frac{F_0\sin\omega t}{m}$$

$$\ddot{x}+\omega_0^2 x+2\omega_0\xi x=\frac{F_0\sin\omega t}{m}$$

式中：ω_0——系统的固有频率，$\omega_0^2=K/m$；

n—— 衰减系数，$2n=c/m$；

ξ——阻尼比，$\xi=n/\omega_0$。

上述方程的特解为：

$$x=B\sin(\omega t-\varphi_0)$$

式中：B——强迫振动振幅；

φ_0——初相位；

$$B=\frac{F_0}{\sqrt{(K-m\omega^2)^2+(c\omega)^2}}=\frac{F_0}{k\sqrt{(1-\lambda^2)^2+(2\xi\lambda)^2}}$$

式中：λ——频率比，$\lambda=\omega/\omega_0$。

上式称为系统的幅频特性，将上式所表示的振动幅值与激励频率的关系用图形表示，称为幅频特性曲线，如图 5-7 所示。振幅最大时的频率称为共振频率 ω_n。

有阻尼时，共振频率为：

$$\omega_n=\omega_0\sqrt{1-2\xi^2}$$

但在实际中，ξ 往往比较小，故一般认为 $\omega_0=\omega_n$。需要注意的是：固有频率是由系统本身的参数所确定的，而共振频率是指振动系统产生共振时，外来强迫信号的频率，而且由于测量的振动参数不同，存在着位移共振、速度共振、加速度共振 3 种情况。根据在共振频率下激振时，振动的幅值最大的原理，可分别求得位移共振频率、速度共振频率及加速度共振频率，它们与系统固有频率 ω_0 之间的关系见表 5-1。

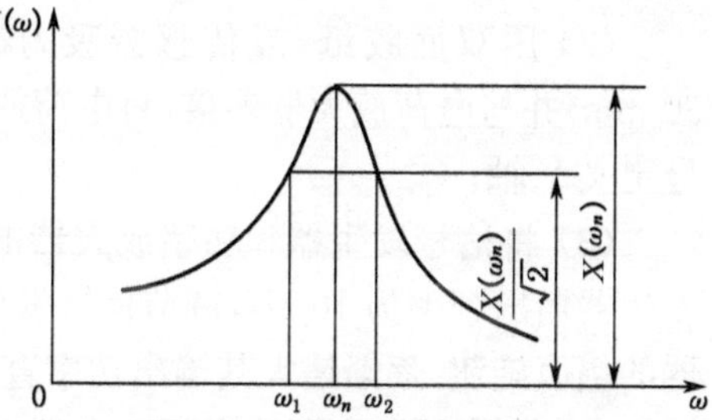

图 5-7　幅频特性曲线

表 5-1　不同振动形式系统的固有频率

振动形式	自由振动频率	位移共振频率	速度共振频率	加速度共振频率
无阻尼	ω_0	ω_0	ω_0	ω_0
有阻尼	$\omega_0\sqrt{1-\xi^2}$	$\omega_0\sqrt{1-2\xi^2}$	ω_0	$\omega_0\sqrt{1+2\xi^2}$

由表 5-1 可知，在有阻尼情况下，只有速度共振时，测得的速度共振频率是系统的无阻尼固有频率，所以在测量中，用速度幅值。

5　实验步骤

1）用共振法测量双简支梁固有频率

（1）将激振器通过顶杆连接到双简支梁（注意确保顶杆与激振器的中心线在一直线

上)，激振点位于双简支梁中心偏左 50 mm 处(已有安装螺孔)，将信号发生器输出端连接到功率放大器的输入端，并将功率放大器与激振器相连接。

(2) 用双面胶(或传感器磁座)将加速度传感器粘贴在双简支梁上(中心偏左 50 mm)并与电荷放大器连接，将电荷放大器输出端分别与数据采集仪输入端连接。

(3) 将信号发生器和功率放大器的幅值旋钮调至最小，打开所有仪器电源，设置信号发生器输出频率 10 Hz，调节信号发生器的幅值旋钮使其输出电压为 2 V。调节功率放大器的幅值旋钮，逐渐增大其输出功率直至双简支梁有明显的振动(用眼观察或用手触摸)。

(4) 将信号发生器输出频率由低向高逐步调节，观察双简支梁的振动情况，若振动过大则减小功率放大器的输出功率。

(5) 保持功率放大器输出功率恒定，将信号发生器的频率重新由低向高逐步调节，采集各频率值和信号幅值对应的电压数据。

2) 用李萨育图形法测量双简支梁固有频率

(1) 将激振器通过顶杆连接到简支梁上(注意确保顶杆与激振器的中心线在一直线上). 激振点位于简支梁中心偏左 50 mm 处(已有安装螺孔)将信号发生器输出端连接到功率放大器的输入端，并将功率放大器与激振器相连接。该通道信号定义 X 轴。

(2) 用双面胶纸(或传感器吸力磁座)将加速度传感器粘贴在简支梁上(中心偏左 50 mm)并与电荷放大器连接，将电荷放大器输出端数据采集仪的输入端相连接。该通道信号定义 Y 轴。

(3) 将信号发生器和功率放大器的幅值旋钮调至最小，打开所有仪器电源。设置信号发生器输出频率为 10 Hz，调节信号发生器的幅值旋钮使其输出电压为 2 V。调节功率放大器的幅值旋钮. 逐渐增大其输出功率直至简支梁有明显的振动(用眼观察或用手触摸)。

(4) 将信号发生器输出频率由低向高逐步调节，同时观察简支梁的振动情况并在采集软件的示波器处观察李萨育图形。当采集软件的示波器显示出稳定的正椭圆时，信号发生器的频率读数即为振动系统的第一阶固有频率，再将信号发生器的频率向高调节，测出其他阶固有频率。调节信号发生器的频率时应注意观察简支梁的振动幅度，避免振动过大损坏实验设备。

悬臂梁固有频率测试实验报告

班级＿＿＿＿＿＿＿　姓名＿＿＿＿＿＿＿　学号＿＿＿＿＿＿＿

同组实验人姓名＿＿＿＿＿＿＿＿＿＿＿　实验日期＿＿＿＿＿＿

1　实验记录

2　实验分析

3 思考题

(1) 将测量的固有频率与信号放生器的频率读数相比较，若误差较大，说明其原因；与理论值比较，分析误差原因。

(2) 指出本测试方法的理论依据。

(3) 本实验能否用位移传感器?

(4) 比较依据共振法和幅频特性曲线识别系统固有频率有何不同?

成绩评定________________ 指导教师________________

第6章 机电控制工程基础

实验1 系统的时频域分析实验

1 实验目的

(1) 掌握典型系统的构成。
(2) 掌握时域分析方法及相关指标。
(3) 掌握频域分析方法及相关指标。

2 实验设备和工具

计算机及仿真软件。

3 实验内容

(1) 建立实验系统一、二阶系统数学模型。
(2) 加载脉冲、阶跃和正弦激励信号。
(3) 通过系统输入、输出时域信号分析系统参数。
(4) 对信号进行傅里叶变换,分析系统参数。

4 实验步骤

(1) 根据图6-1所示的阻尼系统,写出对应系统的数学模型。

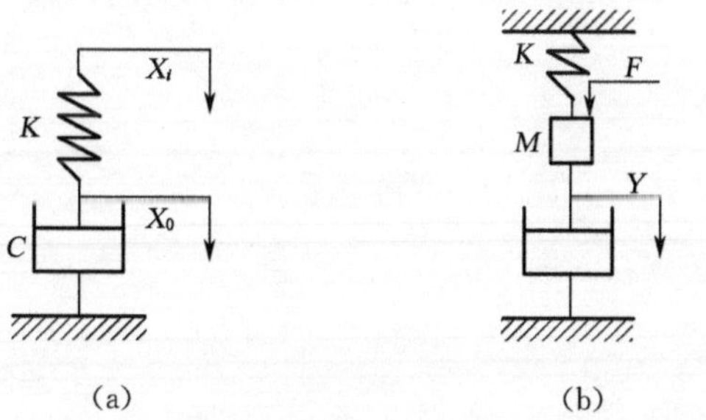

图6-1 阻尼系统

(2) 安装MATLAB仿真软件,编写上述模型的仿真计算程序。
(3) 对仿真程序输入脉冲、阶跃和正弦激励信号。
(4) 绘出相应的输入及响应的时域图形。
(5) 通过系统输入、输出时域信号分析系统参数。
(6) 对信号进行傅里叶变换,绘出频域响应图,分析系统参数。

系统的时频域分析实验报告

班级__________ 姓名__________ 学号__________

同组实验人姓名__________ 实验日期__________

1 记录实验输入输出信号

2 根据不同信号的响应分析系统的性能指标和系统结构参数之间的关系

成绩评定__________ 指导教师__________

实验 2　PID 调节器的设计及特性分析实验

1　实验目的

(1) 掌握 PID 调节器设计分析方法。
(2) 掌握 PID 调节器各参数的作用。

2　实验设备和工具

控制系统仿真试验台。

3　实验内容

(1) 建立实验比例积分、比例微分、比例微分积分系统数学模型。
(2) 画出各系统的伯德图，改变各特征参数，比较伯德图的变化。

4　实验步骤

(1) 根据图 6-2 写出相应的数学模型。

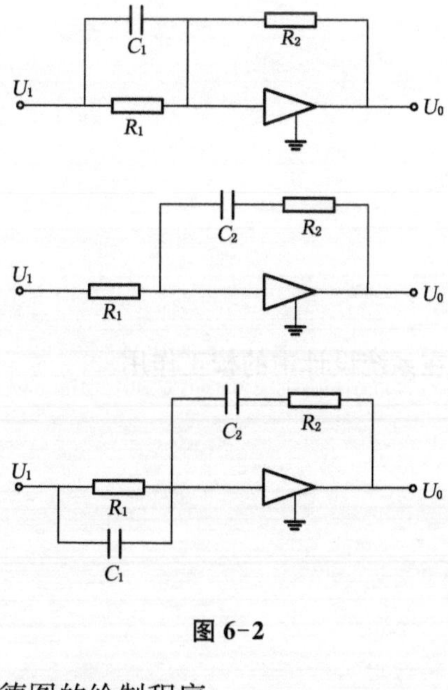

图 6-2

(2) 编写上述模型的伯德图的绘制程序。
(3) 绘出相应系统的伯德图。
(4) 改变各特征参数，比较伯德图的变化，分析对校正环节所起的作用。

PID调节器的设计及特性分析实验报告

班级______________ 姓名______________ 学号______________

同组实验人姓名____________________ 实验日期____________

1 以实例推导出PID数学模型

2 思考题

(1) 分析比例系数、积分时间常数、微分时间常数校正环节性能的影响。

(2) 分析PID校正环节在系统设计中的校正作用。

成绩评定__________________ 指导教师__________________

机械基础实验指导书

（下　册）

主编　邢邦圣　王柏华

主审　韩继光　施春华

东南大学出版社

·南京·

内 容 提 要

本书分上、下两册。其中上册包括计算机绘图、材料力学、工程材料及机械制造基础、互换性与技术测量、测试技术、机电控制工程基础等6门课程的实验指导书；下册包括流体力学、机械原理、机械设计、液压与气压传动、单片机原理及应用、电气控制与PLC等6门课程的实验指导书。

本书为高等学校机械类、近机类专业的本科生实验教材，也可作为教师的参考书。

图书在版编目(CIP)数据

机械基础实验指导书/邢邦圣，王柏华主编. —南京：东南大学出版社，2009.8 (2020.8重印)

ISBN 978-7-5641-1793-1

Ⅰ.机… Ⅱ.①邢… ②王… Ⅲ.机械学—实验—高等学校—教学参考资料 Ⅳ.TH11-33

中国版本图书馆CIP数据核字(2009)第134278号

东南大学出版社出版发行

(南京四牌楼2号 邮编210096)

出版人：江建中

网 址：http://press.seu.edu.cn

电子邮件：press@seu.edu.cn

全国各地新华书店经销 虎彩印艺股份有限公司印刷

开本：787 mm×1092 mm 1/16 印张：19 字数：480千

2009年8月第1版 2020年8月第8次印刷

定价：59.00元(上、下册)

前　言

本书根据高等学校机械类专业机械基础实验教学大纲的要求，参考了国内外同类教材，结合徐州师范大学多年实验教学改革的实践和经验，并按照当前机械基础实验教学的发展趋势编写而成。

本书具有下列主要特点：

(1) 从对21世纪人才的“宽口径、厚基础、高素质、强能力”的要求出发，充分体现以人为本，知识、能力、素质协调发展，学习、实践、创新相互促进的先进的实验教学理念和实验教学改革思路，注重培养学生严谨的科学态度、相互协作的团队精神和勇于开拓的创新意识。

(2) 增加了提高型(综合性、设计性、应用性等)和研究创新型实验，这样有利于培养学生的创新能力。

(3) 实验包括实验目的、实验设备和工具、实验内容、实验原理、实验仪器、实验步骤等内容，并附有实验报告，便于学生自主学习，提高学生的自学能力。

(4) 教材内容深入浅出，通俗易懂，图文清晰，版面合理。

本书由邢邦圣、王柏华主编。参加本书上册编写的有：邢邦圣(第1章)，蔡瑜玮、李顺才(第2章)，郭永环(第3章)，袁建民(第4章)，封士彩(第5章)，凌杰(第6章)。参加本书下册编写的有：王柏华(第1章)，刘玉(第2章)，王永军(第3章)，李富柱、杨存智(第4章)，季广中(第5章)，董广强(第6章)。全书由邢邦圣统稿并最后定稿。

本书由韩继光、施春华主审，对此表示衷心感谢。

在本书编写、出版过程中，徐州师范大学教务处、设备处和机电工程学院领导给予了大力支持和热情指导，并得到徐州师范大学教材出版基金和省级实验教学示范中心建设经费资助。此外，编者参考了许多专家、学者的著作和文献，在此一并表示衷心的感谢！

由于编者水平有限，时间仓促，书中错误及不妥之处在所难免，恳切希望广大读者批评指正。

编　者

2009年6月

目　录

第 1 章　流体力学 …… 1

实验 1　雷诺实验 …… 1

实验 2　流体静力学实验 …… 5

实验 3　伯努利方程实验 …… 11

实验 4　文丘里管实验 …… 17

实验 5　毕托管测速实验 …… 22

实验 6　沿程阻力损失实验 …… 31

实验 7　局部阻力损失实验 …… 37

第 2 章　机械原理 …… 43

实验 1　机构运动简图的测绘和分析实验 …… 43

实验 2　曲柄滑块导杆凸轮组合的运动参数测定实验 …… 48

实验 3　齿轮范成及齿轮几何参数测量实验 …… 54

实验 4　回转构件的动平衡实验 …… 60

第 3 章　机械设计 …… 67

实验 1　螺栓联接实验 …… 67

实验 2　带传动实验 …… 73

实验 3　减速器拆装实验 …… 77

实验 4　滑动轴承实验 …… 79

第 4 章　液压与气压传动 …… 85

实验 1　液压传动的认识实验 …… 85

实验 2　液压泵和液压马达的结构实验 …… 88

实验 3　液压泵的性能测试实验 …… 93

实验 4　液压阀的性能实验 …… 97

实验 5　液压基本回路实验 …… 100

（一）用顺序阀实现两液压缸的顺序动作回路 …… 100

（二）用行程开关和电磁阀实现两液压缸的顺序动作回路 …… 103

（三）减压回路 …… 106

实验 6　气动基本回路实验 …… 109

实验 7　比例液压实验 …… 116
（一）比例压力控制阀的性能测试 …… 116
（二）比例液压控制阀的应用 …… 121
实验 8　闭环控制液压实验 …… 126

第 5 章　单片机原理及应用 …… 131
实验 1　汇编语言程序设计实验 …… 131
实验 2　定时/计数器与中断系统实验 …… 133
实验 3　单片机 I/O 接口实验 …… 135
附录　WAVE 集成开发环境简介 …… 138

第 6 章　电气控制与 PLC …… 141
实验 1　电动机的单向运转控制实验 …… 141
实验 2　Y-△减压启动控制实验 …… 143
实验 3　PLC 编程器的使用实验 …… 145
实验 4　PLC 控制的机械手顺序动作实验 …… 147

参考文献 …… 150

第 1 章　流体力学

实验 1　雷 诺 实 验

1　实验目的

(1) 观察层流和紊流的流态及相互转换过程。
(2) 描述雷诺数随流速变化情况。

2　实验原理

雷诺数 Re 定义为：

$$Re = \frac{Vd}{v}$$

式中：V —— 流速(m/s)；
　　d —— 管径(m)；
　　v —— 运动粘度(m^2/s)。

对于层流运动状态，$Re \leqslant 2\,000$；对于过渡状态，$2\,000 < Re < 4\,000$；对于紊流运动状态，$Re \geqslant 4\,000$。

3　实验装置

实验装置如图 1-1 所示。主要由阀门(包括进水阀、墨水阀、排水阀)、转子流量计、玻璃管(可观察流态)、溢流水槽和温度计等组成。

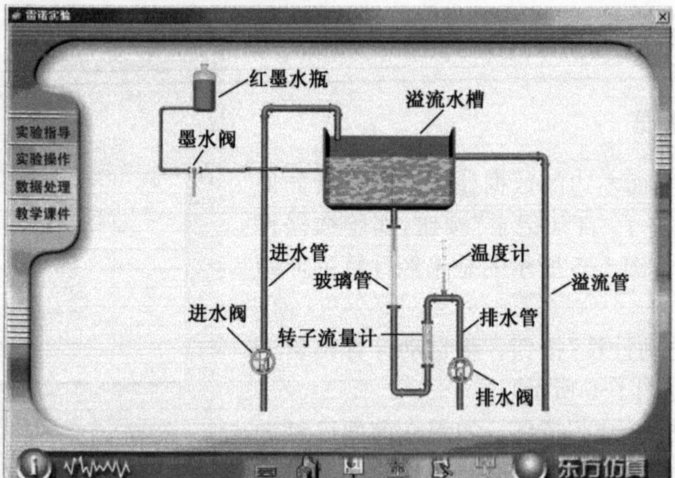

图 1-1　雷诺实验装置

主要技术参数如下：

$d = 200\ \text{mm}, t = 20\ ℃, \rho = 998.2\ \text{kg/m}^3, \mu = 100.5 \times 10^{-5}\ \text{Pa} \cdot \text{s}$。

4　实验步骤和操作要点

（1）进水阀门全开。在输入框输入100的数字（如图1-2所示），也可以通过点击上下按钮调节阀门开度，按回车键或者窗体右上角的关闭按钮关闭窗体完成输入，按Esc键取消输入（以后实验流量调节方法相同，不再叙述）。

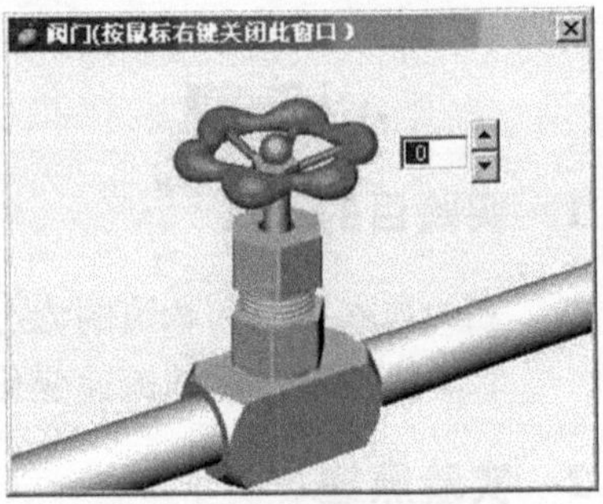

图1-2　进水阀门及开度

（2）打开红墨水阀门。

（3）打开排水阀门。开度从0～100变化，重复实验10次左右。

（4）记录实验数据。每改变一次流量，点击主界面下侧的"自动记录"，自动记录测试数据。同时分别点击转子流量计（可手动记录流量）和玻璃管，察看流量和流动状态（如图1-3、图1-4所示）。

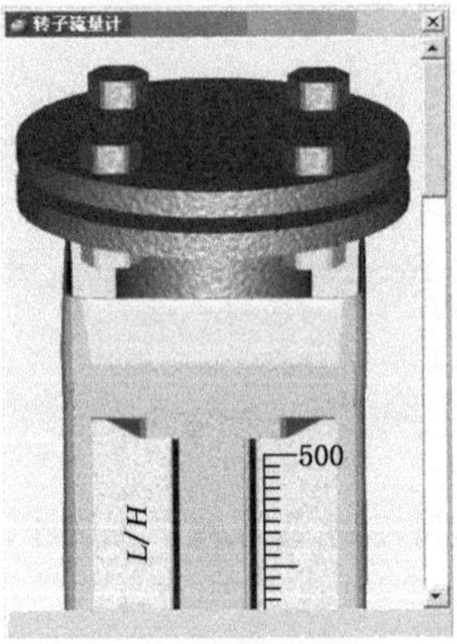

图1-3　转子流量计

图1-4　流态图

5　实验数据处理

（1）打开主界面左边的数据处理。授权后如果在实验过程中点击了"自动记录"按钮，实验数据将被自动记录下来。图1-5所示的是未经计算的原始数据记录界面。

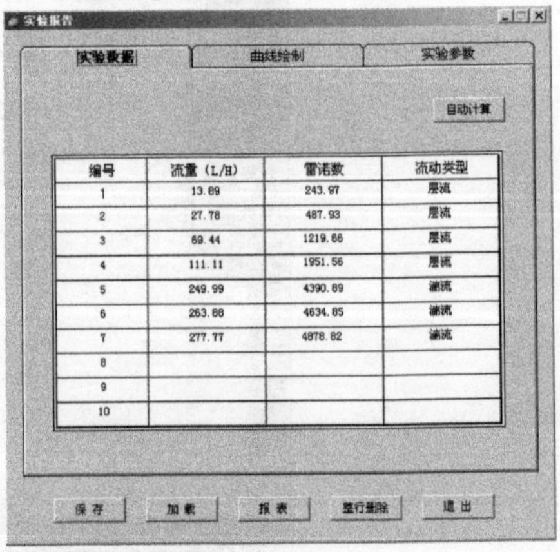

编号	流量（L/H）	雷诺数	流动类型
1	13.89	243.97	层流
2	27.78	487.93	层流
3	69.44	1219.66	层流
4	111.11	1951.56	层流
5	249.99	4390.89	湍流
6	263.88	4634.85	湍流
7	277.77	4878.82	湍流
8			
9			
10			

图1-5　测试数据记录表

（2）点击"自动计算"按钮。将自动计算出雷诺数及流动类型（如图1-6所示）。

（3）点击"曲线绘制"按钮。如果在前面已经进行了计算，点击"绘制曲线"按钮，将自动绘出雷诺数与流量关系曲线（如图1-7所示）。

图 1-6　实验数据处理表

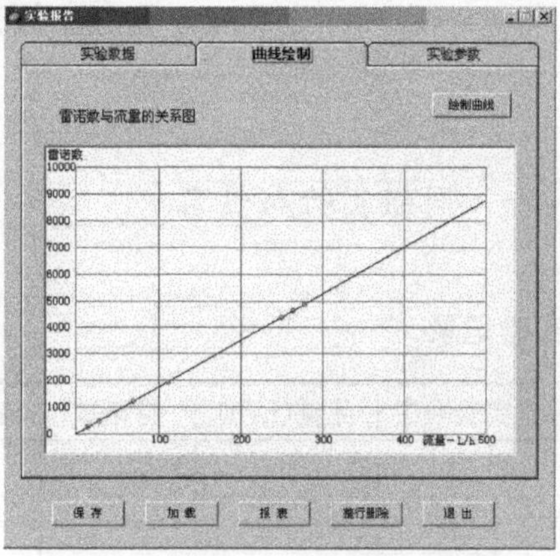

图 1-7　雷诺数与流量关系曲线

在实验报告部分，可以通过点击保存键对实验数据进行保存；可以通过点击加载键对实验数据进行加载；可以通过点击报表键对实验数据进行打印。在数据处理方面，可以通过整组删除键实现对一组数据的删除。

雷诺实验报告

班级＿＿＿＿＿＿ 姓名＿＿＿＿＿＿ 学号＿＿＿＿＿＿

同组实验人姓名＿＿＿＿＿＿＿＿ 实验日期＿＿＿＿＿＿

1 实验记录

实验顺序	流量(L/h)	雷诺数	流动状态
1			
2			
3			
4			
5			
6			
7			
8			
9			
10			

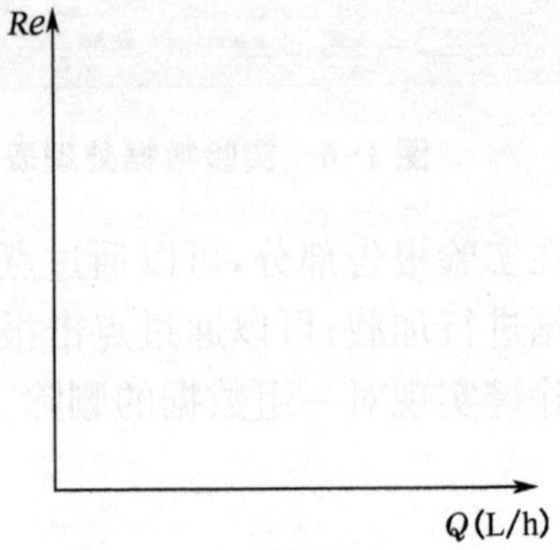

2 实验分析

（1）分析随流量增加时流态变化的规律。

（2）分析雷诺数随流量变化的规律。

3 思考题

（1）影响雷诺数的因素有哪些？

（2）流体的流动形式有哪几种？与雷诺数有何关系？

成绩评定＿＿＿＿＿＿＿＿ 指导教师＿＿＿＿＿＿＿＿

实验 2　流体静力学实验

1　实验目的

(1) 验证流体静力学方程。

(2) 掌握测压管测量流体静压力的方法。

(3) 测量某种液体的密度。

2　实验原理

1) 流体静力学方程的验证

重力作用下的不可压缩流体，同一静止液体内任意两点的$(Z+p/\gamma)$为常数。实验装置如图 1-8 所示。

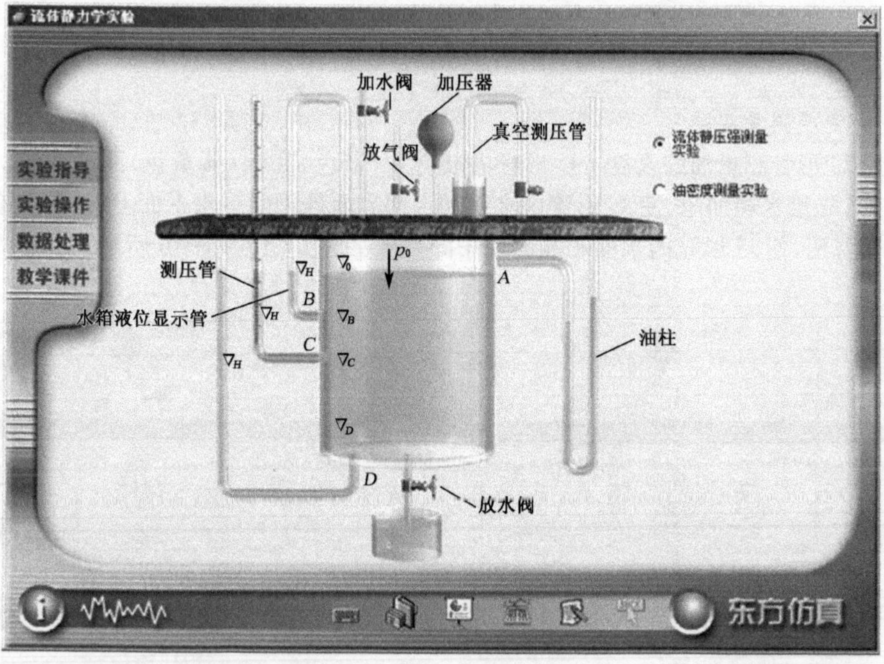

图 1-8　流体静力学实验装置

图 1-8 中 B、C、D、O 各点之间静水头关系为：

$p_0=0$：

$$\nabla_B+\frac{p_B}{\gamma}=\nabla_C+\frac{p_C}{\gamma}=\nabla_D+\frac{p_D}{\gamma}=\nabla_O(\nabla=Z)$$

$p_0>0, p_0<0$：

$$\nabla_C+\frac{p_C}{\gamma}=\nabla_D+\frac{p_D}{\gamma}=\nabla_H$$

$$\nabla_B+\frac{p_B}{\gamma}=\nabla_O$$

式中：∇_O—— 水箱液面标高；

∇_H——B、C、D 测压管液柱标高；

∇_D，∇_C，∇_B——D、C、B 测压管进口水平面标高。

2）流体静压强测量实验

根据流体静力学方程 $p=\gamma h$，当 $p_0=0$，$p_0>0$，$p_0<0$ 时，A、B、C、D 各点压力计算如下：

$$\frac{p_D}{\gamma}=\nabla_H-\nabla_D \qquad \text{（测量基准线为容器底部水平面：}\nabla_D=0\text{）}$$

$$\frac{p_C}{\gamma}=\nabla_H-\nabla_C \qquad \text{（本实验装置：}\nabla_C=20\ \text{cm）}$$

$$\frac{p_B}{\gamma}=\nabla_H-\nabla_B \qquad \text{（本实验装置：}\nabla_B=30\ \text{cm）}$$

$$\frac{p_A}{\gamma}=\frac{p_0}{\gamma}=\nabla_H-\nabla_O \qquad \text{（用 }B\text{、}C\text{、}D\text{ 管测量：}p_0=\gamma(\nabla_H-\nabla_O)\text{）}$$

3）油密度测量实验

利用 U 形管测量油的密度。U 形管内装有水（蓝色）和油（橘黄色）两种液体。设油柱高度为 H，先给水箱加压，使 U 形管内水面和水油界面处于同一水平面上（如图 1-9 所示）；再给水箱释压，使 U 形管内水面和油面处于同一水平面上（如图 1-10 所示）。

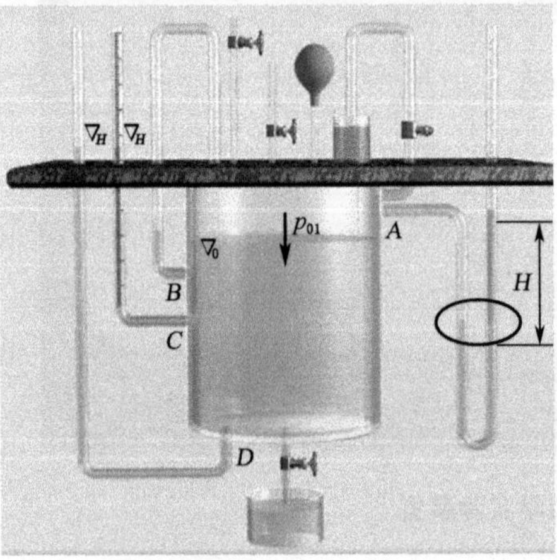

图 1-9　U 形管左侧水面与右侧水油界面相平齐

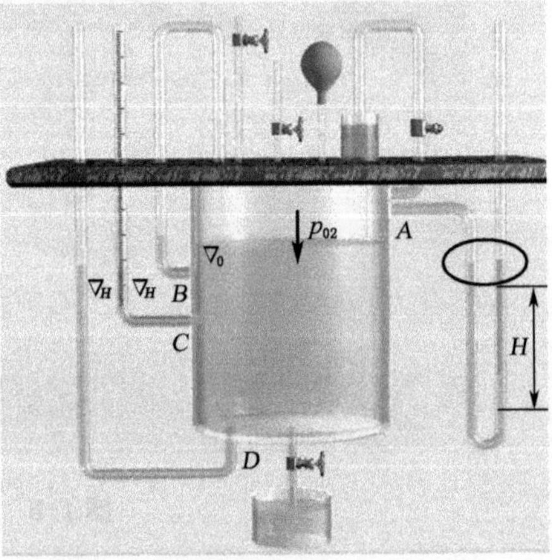

图 1-10　U 形管左侧水面与右侧油面相平齐

分别有：

$p_0>0$：

$$p_{01}=\gamma_x H \qquad \text{（对于图 1-9 中右侧 U 形管）}$$

$$p_{01}=\gamma_H(\nabla_H-\nabla_O) \qquad \text{（对于图 1-9 中左侧 }B\text{ 或 }D\text{ 测压管）}$$

$p_0 < 0$：

$$p_{02} + \gamma_H = \gamma_x H \qquad (对于图 1-10 中右侧 U 形管)$$

$$p_{02} + \gamma_H(\nabla_O - \nabla_H) = 0 \qquad (对于图 1-10 中左侧 B 或 D 测压管)$$

式中：p_{01}，p_{02}—— 水箱表面大于 0 时的压力和小于 0 时的压力；

γ_x—— 油(橘黄色)的密度；

γ_H—— 水(蓝色)的密度；

H—— 油柱高度；

∇_O—— 水箱液面标高；

∇_H—— B 或 C 测压管液柱标高。

联立以上两方程即可解出：

$$\rho_x = \rho_H \frac{h_1}{h_1 + h_2} \qquad (h_1 = \nabla_H - \nabla_O,\ h_2 = \nabla_O - \nabla_H)$$

3 实验装置

实验装置如图 1-8 所示。左侧测压管进口到容器底部水平距离分别为 30 cm、20 cm 和 0 cm。

本实验设备的主要功能如下：

(1) 加压器：向水箱中打气，可加大水箱中的压力。

(2) 放气阀：打开后水箱与大气相通，可使水箱内压力与大气压力相同。

(3) 加水阀：向水箱内加水。

(4) 放水阀：打开后水箱内水位降低，放弃阀关闭时可使水箱内压力降低。

4 实验步骤和操作要点

1) 流体静压强测量实验

(1) 打开放气阀，待测压管液位稳定后，读取水箱内表压 $p = 0$ 的数据(Δ_O, Δ_H)1 组。鼠标点击测压管会出现放大标尺，便于读数，授权后可以使用自动记录功能。

(2) 关闭放气阀，利用加压器向水箱内加压，待测压管液位稳定后，读取水箱内表压 $p > 0$ 的数据(Δ_O, Δ_H)3 组。

(3) 打开放气阀释放压力后再将其关闭，打开放水阀使水箱内压力减小，待测压管液位稳定后，读取水箱内表压 $p < 0$ 的数据(Δ_O, Δ_H)3 组。若放水过多，可以打开加水阀加水后再测量数据。

2) 油密度测量实验

(1) 加压使右侧 U 形管左侧水面与右侧水油界面相平齐，如图 1-9 所示。测压管液位稳定后读取数据，读完 1 组数据后打开放气阀放气后再将其关闭，重复上述步骤测量 3 组水平数据。调压时若压力加得过大，可以结合放水与加水操作。

(2) 打开放气阀释放压力后再将其关闭，打开放水阀使水箱内压力减小，使右侧 U 形管左侧水面与右侧油面相平齐，如图 1-10 所示。测压管液位稳定后读取数据，读完 1 组数据后打开放气阀放气后再将其关闭，重复上述步骤测量 3 组水平数据。

注意：调压时需要结合加水操作才能满足上述要求。

5 数据处理

1) 流体静压强测量实验

(1) 打开主界面左边的数据处理。授权后如果在实验过程中点击了“自动记录”按钮，实验数据将被自动记录下来。图 1-11 所示是未经计算的原始数据记录界面。

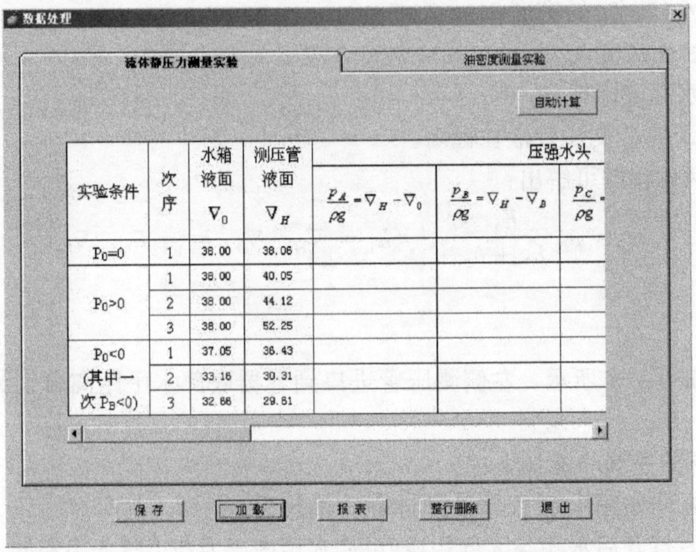

实验条件	次序	水箱液面 ∇_0	测压管液面 ∇_H	压强水头 $\frac{p_A}{\rho g}=\nabla_H-\nabla_0$	$\frac{p_B}{\rho g}=\nabla_H-\nabla_B$	$\frac{p_C}{\rho g}$
$P_0=0$	1	38.00	38.06			
$P_0>0$	1	38.00	40.05			
	2	38.00	44.12			
	3	38.00	52.25			
$P_0<0$（其中一次 $P_B<0$）	1	37.05	36.43			
	2	33.16	30.31			
	3	32.86	29.81			

图 1-11 测试数据记录表

(2) 点击“自动计算”按钮。自动计算出测压管 A、B、C、D 进口处相对压力和测压管静水头。

在实验报告部分，可以通过点击保存键对实验数据进行保存；可以通过点击加载键对实验数据进行加载；可以通过点击报表键对实验数据进行打印。在数据处理方面，可以通过整行删除键实现对一行数据的删除。

2) 油密度测量实验

(1) 打开主界面左边的数据处理。授权后如果在实验过程中点击了“自动记录”按钮，实验数据将被自动记录下来。

(2) 点击“油密度测量实验”按钮。自动计算出压差 h_1 和 h_2，以及压差 3 次实验的平均值以及油的密度。

流体静力学实验报告

班级__________ 姓名__________ 学号__________

同组实验人姓名________________ 实验日期________

1 实验记录

(1) 流体静压强测试和计算数据

实验条件	实验次序	测试数据		计算数据						
				压强水头(cm)				测压管静水头(cm)		
		水箱液面标高 ∇_O(cm)	测压管液面标高 ∇_H(cm)	$\frac{p_A}{\gamma}$	$\frac{p_B}{\gamma}$	$\frac{p_C}{\gamma}$	$\frac{p_D}{\gamma}$	$Z_B+\frac{p_B}{\gamma}$	$Z_C+\frac{p_C}{\gamma}$	$Z_D+\frac{p_D}{\gamma}$
$p=0$	1									
$p>0$	1									
	2									
	3									
$p<0$	1									
	2									
	3									

(2) 密度测试和计算数据

实验条件	实验次序	测试数据		计算数据				
		水箱标尺 ∇_O(cm)	测压管液面标高 ∇_H(cm)	压差 h_1(cm)	平均值 $\overline{h}_1$(cm)	压差 h_2(cm)	平均值 $\overline{h}_2$(cm)	密度 ρ_x(kg/m^3)
$p>0$	1							
	2							
	3							
$p<0$	1							
	2							
	3							

2 实验分析

(1) 分析同一静止液体内任意两点(位能+压力能)之间的关系。

(2) 分析各测压管液柱表面位置高度减去各测点的位置高度等于什么?

3　思考题

(1) 放水阀打开时,真空管中的紫色液柱怎么变化?

(2) C 管中的液柱高度与 D 管中的液柱高度有什么关系?

(3) 水面处的大气压强是 1 个大气压,水下 1 m 处的绝对压强多大?

(4) 按下加压阀后能不能直接读取压力数据?

成绩评定＿＿＿＿＿＿＿＿　　　　指导教师＿＿＿＿＿＿＿＿

实验3　伯努利方程实验

1　实验目的

（1）试验静力学原理。

（2）观察各压头及其相互转换。

（3）观察流动损失及其随流速变化情况。

2　基本原理

1）流动流体的机械能

流动的流体具有3种机械能：位能、动能和静压能。这3种能量可以相互转换，在没有摩擦损失且不输入外功的情况下，流体在稳定流动中流过的各界面上的机械能总和是相等的。在有摩擦而没有外功输入时，任意两截面间的机械能的差即为摩擦损失。

若令位压头（所测管截面的中心与地面的垂直距离）为 H_z，静压头为 H_p，动压头为 H_v，总压头为 H_s。则流体运动时总机械能为：

$$H_s = H_z + H_p + H_v$$

流体静止时总机械能为：

$$H_s = H_z + H_p$$

2）机械能的测量

当测压标尺以地面为基准面时，则机械能可用测压管中液柱的高度来表示。当毕托管的小孔正对水流动方向时，测压管中的液柱高度 H_{ag} 即为总压头（即动压头、静压头与位压头的和）。当毕托管的小孔轴线垂直于水流方向时，测压管中液柱的高度 H_{per} 为静压头与位压头之和。则测压孔垂直液流方向时测压液柱高度为：

$$H_{ag} = (H_p + H_v) + H_v$$

测压孔平行液流方向时测压液柱高度为：

$$H_{per} = H_p + H_v$$

3）计算数据

（1）流速：$V = \sqrt{2gH_v}$；

（2）静压头：$H_p = H_{per} - H_z$；

（3）动压头：$H_v = H_{ag} - H_{per}$；

（4）总压头：$H_s = H_{ag}$；

（5）流动损失：$H_w = 0.9 - H_s$（高位水槽水位离基准面高度为0.90 m）。

3　实验装置

实验装置如图1-12所示。由高位水槽供水，高位水槽通过溢流口保证水位的恒定。

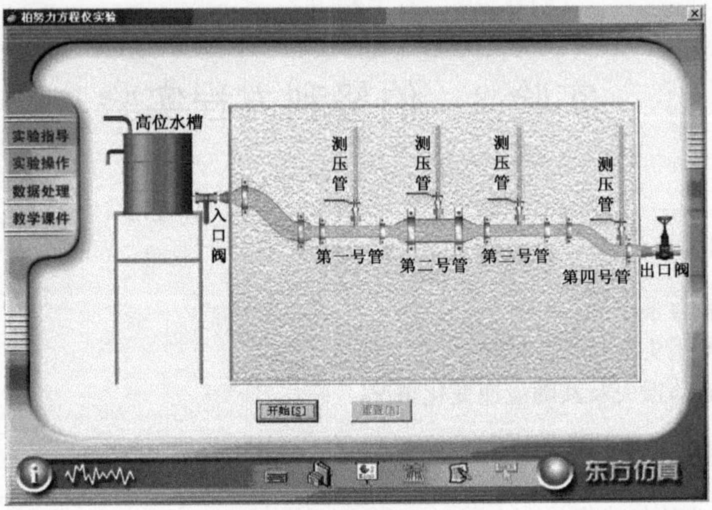

图 1-12 伯努力实验装置

测量基准面为地面。高位水槽水位离地面的高度为 0.90 m，第一号管入口位置为 0.50 m，折弯管出入口高差为 0.08 m。

整套装置由 3 种管型(0 型、1 型和 2 型)任意搭结，组成 4 段测试管路。

(1) 0 型：细直管。直径 12 mm，管长 200 mm。

(2) 1 型：缩口粗管。直径 22 mm，进出口处直径 12 mm，管长 200 mm。

(3) 2 型：细折弯管。直径 12 mm，出入口高差 120 mm，管长 200 mm。

4 操作步骤

1) 选择管型

进入主界面(或完成一种管路的实验，点击重置按钮)后，鼠标移动到各个管段时会自动弹出下拉管型菜单，如图 1-13 所示。

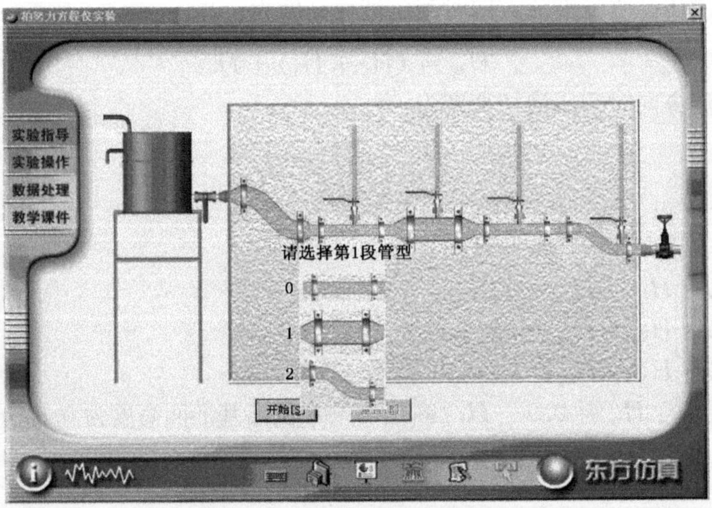

图 1-13 3 种管型搭接示意图

单击想要用的管型(0 型、1 型和 2 型),该管自动安装到对应的管段位置。

2) 开始实验

完成管路选型后,点击"开始"按钮,进入实验状态,此时不能再对管路进行选择。

(1) 验证流体静力学原理

① 点击管路流水入口开关阀,打开入口开关。

② 当管路充满水后,在出口流量调节阀开度为 0 时,对比各测压管的液柱高度。点击测压管观察测量值,手动或点击"自动记录"按钮记录数据 1 组。

(2) 观察压力和测试压头损失

① 点击出口流量调节阀,调节阀门开度(如图 1-14 所示)。观察测压孔正对流动方向的液柱高度 H_{ag}。图 1-15 所示为正对流动方向时扳转开关的位置。手动或自动记录测试数据。

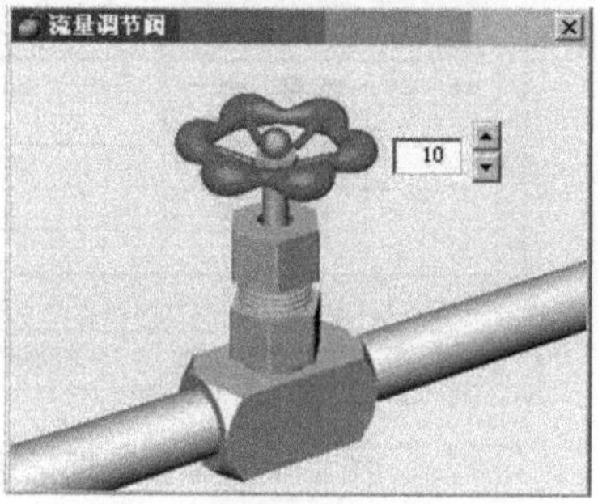

图 1-14 流量调节阀及开度

② 点击扳转开关,观察测压孔垂直流动方向时的液柱高度 H_{per}。图 1-16 所示为垂直流动方向时扳转开关的位置(点击扳转开关可以相互切换)。手动或自动记录测试数据。

图 1-15 测压孔正对流动方向

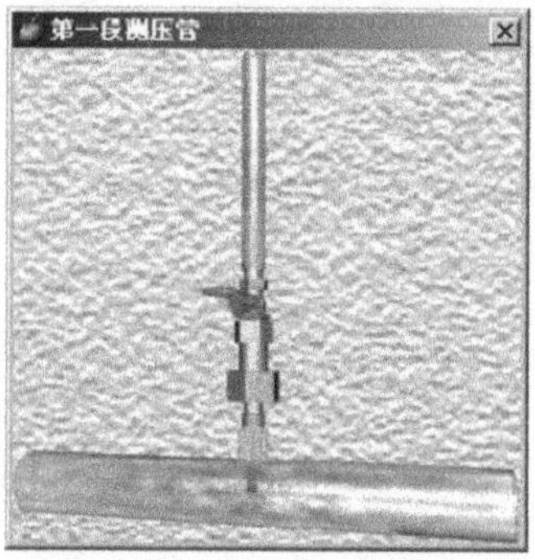

图 1-16 测压孔垂直流动方向

③ 使阀门开度从 10~100 变化,即流量从小到大变化测试 8 次左右。流量每变化一次,观察测压管上每个测压点的总压头,手动或自动记录数据一次。

(3) 观察各压头及其相互转换

在各流量下观察测压管测头小孔正对水流向时的指示值(H_{ag})以及小孔轴线垂直于水流时的指示值 H_{per}的变化,观察静压头和位压头的相互转化。

3) 数据及处理

(1) 打开主界面左边的数据处理。授权后如果在实验过程中点击了"自动记录"按钮,实验数据将被自动记录下来。点击上一组或下一组,可以切换到上一组或下一组数据(一个阀门开度下各管段的数据集合为一组)。图 1-17 所示是未经计算的原始数据记录界面。

(2) 点击"自动计算"按钮。自动计算出静压水头、动压水头、总水头和流动阻力损失。如图 1-18 所示。

注意:在完成一种管路实验后,如果想选择其他管型,则可以先关闭入口阀,再点击"重置"按钮,可以重新选择新的管型。

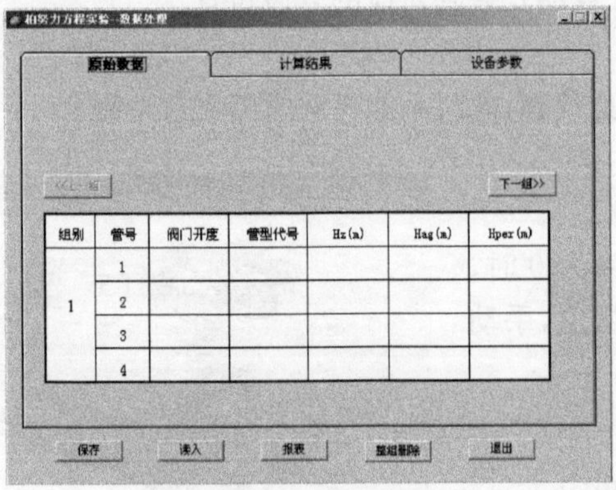

图 1-17　测试数据记录表

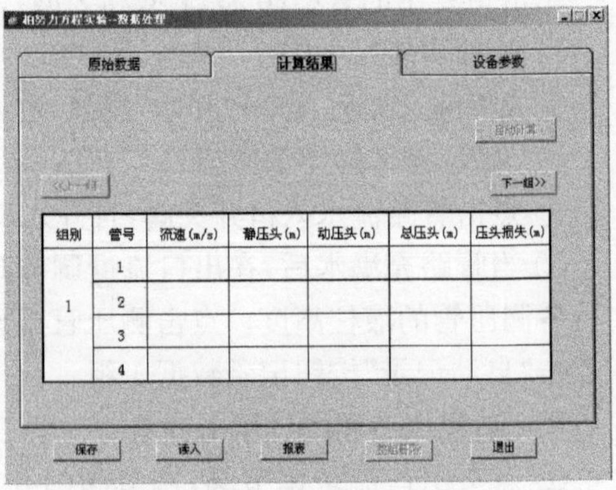

图 1-18　计算数据记录表

在实验报告部分，可以通过点击保存键对实验数据进行保存；可以通过点击加载键对实验数据进行加载；可以通过点击报表键对实验数据进行打印。在数据处理方面，可以通过整行删除键实现对一行数据的删除。

伯努利方程实验报告

班级____________ 姓名____________ 学号____________

同组实验人姓名__________________ 实验日期__________

1 实验记录

实验顺序	管号	测试数据			计算数据				
		测压管液柱高度(cm)		位置水头 H_z(m)	流速 V(m/s)	静压水头 H_p(m)	动压水头 H_v(m)	总压头 H_s(m)	流动损失 H_w(m)
		H_{ag}	H_{per}						
1	1								
	2								
	3								
	4								
2	1								
	2								
	3								
	4								
3	1								
	2								
	3								
	4								
4	1								
	2								
	3								
	4								
5	1								
	2								
	3								
	4								
6	1								
	2								
	3								
	4								
7	1								
	2								
	3								
	4								
8	1								
	2								
	3								
	4								

2 实验分析

（1）分析总压头与各压头的关系。

（2）分析各压头及其相互转换规律。

（3）分析流动损失随流速变化情况。

3 思考题

（1）测头小孔正对流动方向所测的液柱高度与测头小孔垂直流动方向所测的液柱高度差是什么？

（2）同一流速下 4 个管段所测得 H_{ag} 的大小关系（下标分别用 1、2、3、4 表示）是什么？

（3）液体流过管路的阻力损失怎样测量计算？

（4）打开入口开关阀，并关闭出口阀，各测压管中液柱高度怎样变化？它们与高位水槽液面有何关系？

成绩评定________________　　　　指导教师________________

实验4　文丘里管实验

1　实验目的

(1) 掌握恒定流时文丘里流量计的流量计算方法。

(2) 测定文丘里流量计的流量系数。

(3) 掌握用水-气多管测压计测量压差的方法。

2　实验原理

1) 流量测量计算

根据能量方程和连续性方程,可得不计阻力时的文丘里管的过水能力关系式为:

$$Q'=\frac{\frac{\pi}{4}d_1^2}{\sqrt{\left(\frac{d_1}{d_2}\right)^4-1}}\sqrt{2g\frac{p_1-p_2}{\gamma}}$$

式中:p_1、p_2——测试断面的压力。

如图1-19和图1-20所示分别使用水银U形压差计和水-气多管测压计测量流量时,由水静力学基本方程可得:

$$\frac{p_1-p_2}{\gamma}=\frac{\gamma_g-\gamma_H}{\gamma_H}\Delta h\qquad(\text{U形压差计})$$

$$\frac{p_1-p_2}{\gamma}=h_1-h_2+h_3-h_4=\Delta h\qquad(\text{多管测压计})$$

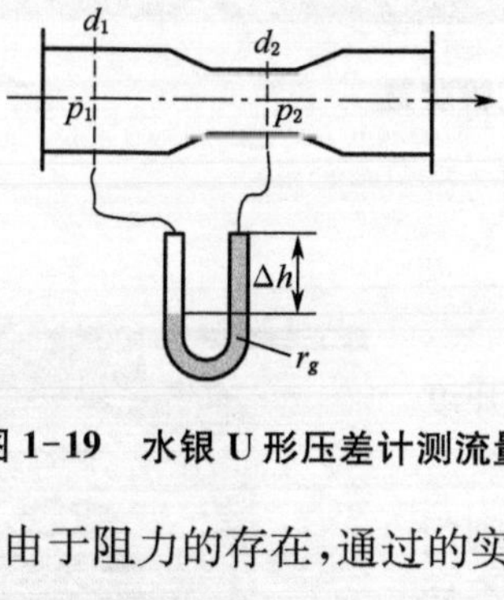

图1-19　水银U形压差计测流量

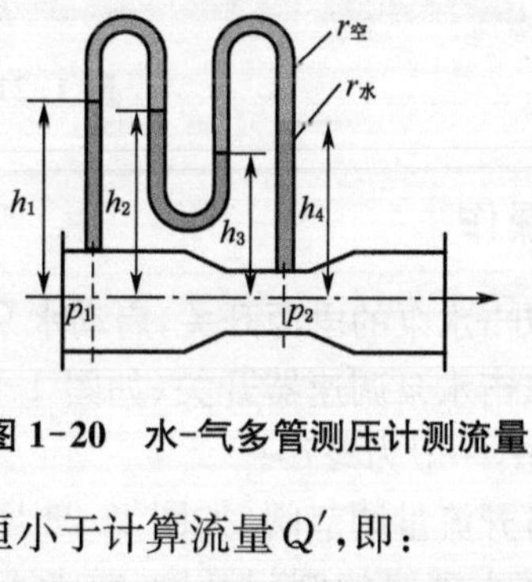

图1-20　水-气多管测压计测流量

实际上,由于阻力的存在,通过的实际流量Q恒小于计算流量Q',即:

$$Q=\mu Q'$$

式中:μ——流量系数,$\mu=Q/Q'$。

2) 流量系数μ的测量

用体积法实测流量Q,再计算理论流量为Q'。一般约为$\mu=0.98\sim0.99$。即在恒压状态下，随流量的增加，流量系数基本不变。

3 实验装置

实验主界面如图 1-21 所示。本实验设备的主要功能及有关参数如下：

(1) 恒压水箱：内有稳水孔板，实验时使其溢流，保证管中水为稳定流动。

(2) 测压计：水-气多管测压计。左侧下口接 d_1 处，右侧下口接 d_2 处。

(3) 水泵调速开关：开度调到使恒压箱溢流状态(一般>70)。

(4) 流量调节阀：放水时开度从 0～100 进行调节(得到几组不同流量下数据进行比较)。

(5) 文丘里流量计 $d_1 = 5$ cm，$d_2 = 2.5$ cm。通过水的温度为 20 ℃。

(6) 测压管标尺：0 刻度以文丘里管中心线为基准(本装置中以 U 形管最低点为基准)。

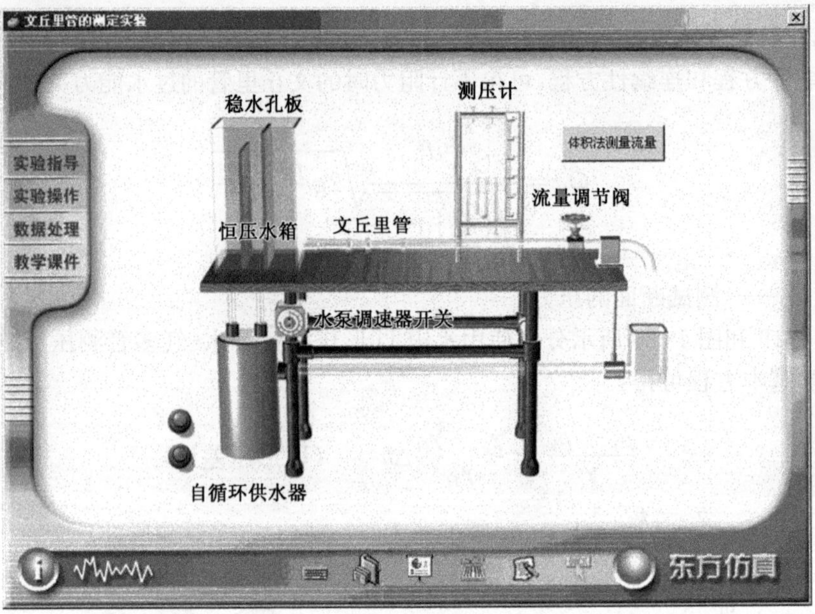

图 1-21 文丘里管实验装置

4 实验操作

(1) 点击水泵的电源开关，启动水泵。

(2) 点击水泵调速器开关(如图 1-22 所示)。开度到溢流状态，一般为>70。

(3) 打开流量调节阀(如图 1-23 所示)。可在阀门开度栏中填入需要的阀门开度，或者点击上、下两个按钮，增大或者减小开度，然后在阀门窗体上点击鼠标右键或者窗体右上角的关闭按钮，关闭窗体。注意：用窗体右上角的关闭按钮关闭窗体时，在开度栏中填入阀门开度将不被采用。

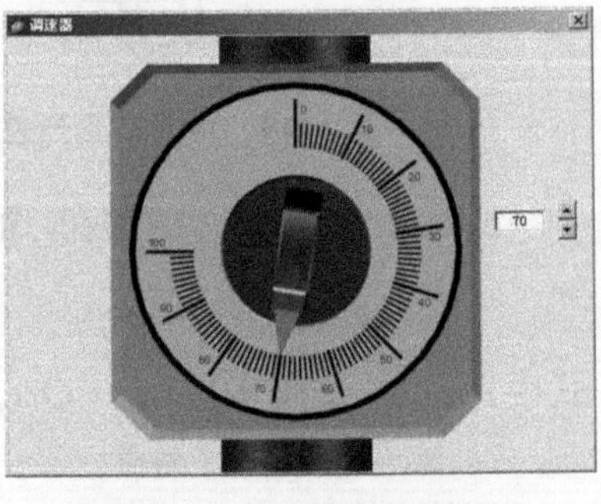

图 1-22 水泵调速器开关

（4）点击测压管，观察测压管数据，并通过选择不同的测压管，读取相应的压力值（如图 1-24 所示）。

图 1-23　流量调节阀开关

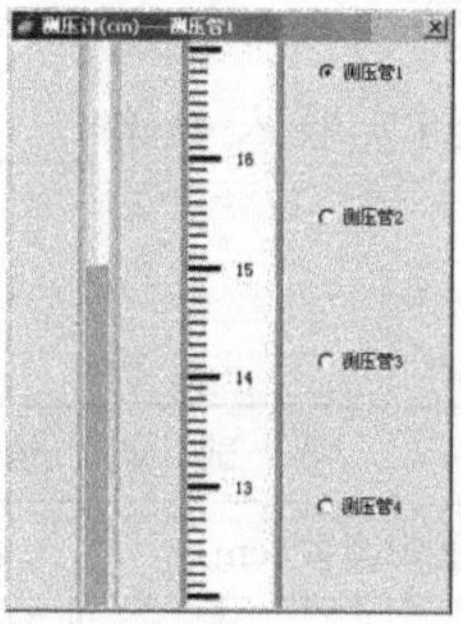

图 1-24　测压管及测试数据

（5）使阀门开度从 10～100 变化，即流量从小到大变化测试 10 次左右。每次改变流量后均应稍作等待，观察测压管液面无变化后方可测量数据，手动或自动记录数据一次。

（6）点击体积法测量流量按钮进入流量测量界面（如图 1-25 所示）。进行流量测量并可手动或自动记录相应的时间与体积数据。注意：测量时要在有效量程范围内尽量延长测量时间，以减小测量误差。

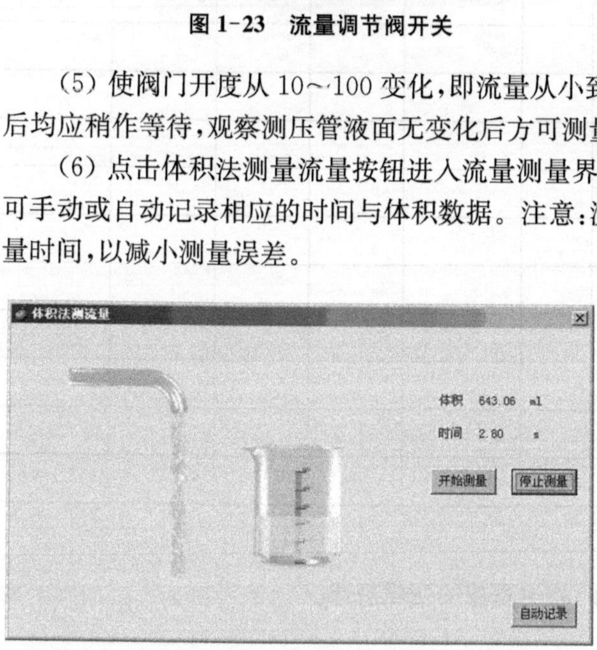

图 1-25　体积法测量流量

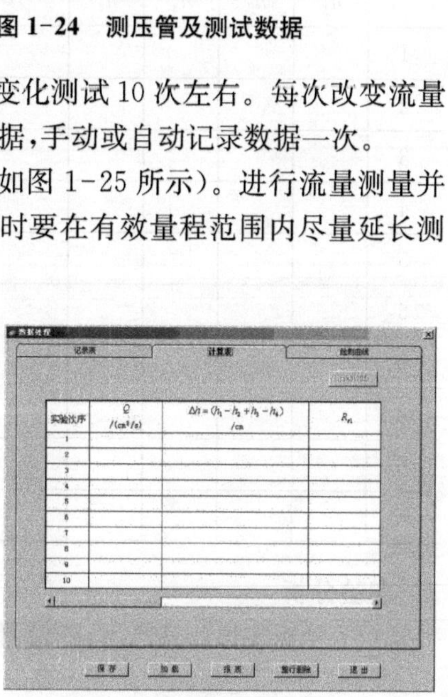

图 1-26　测试数据表

5　数据处理

（1）打开主界面左边的数据处理。授权后如果在实验过程中点击了“自动记录”按钮，实验数据将被自动记录下来。图 1-26 所示的是未经计算的原始数据记录界面。

（2）点击“自动计算”按钮。将自动计算出实测流量、压差、雷诺数、计算流量和流量系数。

在实验报告部分，可以通过点击保存键对实验数据进行保存；可以通过点击加载键对实验数据进行加载；可以通过点击报表键对实验数据进行打印。在数据处理方面，可以通过整行删除键实现对一行数据的删除。

文丘里管实验报告

班级＿＿＿＿＿＿　姓名＿＿＿＿＿＿　学号＿＿＿＿＿＿

同组实验人姓名＿＿＿＿＿＿＿＿＿　实验日期＿＿＿＿＿＿

1　实验记录

实验顺序	测试数据						计算数据				
	液压管读数(cm)				体积 $V(cm^3)$	时间 (s)	实测流量 $Q(cm^3/s)$	压差 $\Delta h(cm)$	雷诺数 Re	计算流量 $Q'(cm^3/s)$	流量系数 μ
	h_1	h_2	h_3	h_4							
1											
2											
3											
4											
5											
6											
7											
8											
9											
10											

2　实验分析

(1) 分析在恒压状态下，随流量增加，流量系数的变化规律。

(2) 分析当文丘里流量计尺寸一定时，随测试流量不断增加，测压管中压差 Δh 的变化规律。

3 思考题

(1) 文丘里流量计主要由哪些结构组成?

(2) 理论流量与实测流量不相等的原因是什么?

(3) 对于图 1-19,根据能量方程和连续方程,推导不计阻力时的文丘里管的过水能力关系式。

(4) 对于图 1-19 和图 1-20,分别使用水银 U 形压差计和水-气多管测压计测流量时,由水静力学基本方程推导两测试点的压力差。

成绩评定__________ 指导教师__________

实验 5　毕托管测速实验

1　实验目的

（1）了解毕托管测速原理，掌握用毕托管测量流速的方法。

（2）测定管嘴淹没出流的测点流速和流速系数。

2　实验原理

1）毕托管测量点流速原理

毕托管置于管道中，同心圆管的轴向与流动方向平行。流体以流速流近毕托管前端，由于毕托管内充满液体，在其前端 A 处形成了驻点，动压头在 A 处转化为静压头。这样，内管传递出的压头相当于动压头和静压头之和，一般称作全压头，B 点传递的压头则只是静压头。

因此，压差计读数 Δh 代表了 A，B 两处的压力之差。因此，根据伯努利方程可推导出：

$$\frac{u^2}{2g} = \frac{p_A - p_B}{\gamma}$$

当使用 U 形压差计或直管测压计测量全压与静压差 Δh 时，由静力学原理可推出毕托管测定管内流速公式为：

$$u = c\sqrt{2g\left(\frac{\gamma' - \gamma}{\gamma}\right)\Delta h} \qquad \text{（U 形压差计）}$$

$$u = c\sqrt{2g\Delta h} \qquad \text{（直管测压计）}$$

式中：u——毕托管测量点处的流速；

c——毕托管校正系数，$c = 0.98 - 1.00$；

Δh——毕托管全压与静压差，本实验装置 $\Delta h = h_3 - h_4$；

γ，γ'——U 形管和测试流体的重度。

2）管嘴测量点流速原理

根据伯努利方程可推导出管嘴淹没出流的测点流速为：

$$u = \varphi'\sqrt{2g\Delta H}$$

式中：φ'——管嘴流速系数（即流动阻力影响系数）；

ΔH——管嘴作用水头，本实验装置 $\Delta h = h_1 - h_2$。

毕托管测点在管嘴出口处，即管嘴出口处的点速可用毕托管测量的点速。因此，可以计算出管嘴的流量系数：

$$\varphi' = c\sqrt{\frac{\Delta h}{\Delta H}}$$

通过测试分析，管嘴的流量系数约为 $\varphi' = 0.98$。

3 实验装置

1) 实验主界面

图 1-27 所示的主要实验设备由自循环供水器、恒压水箱、毕托管和测压计组成。

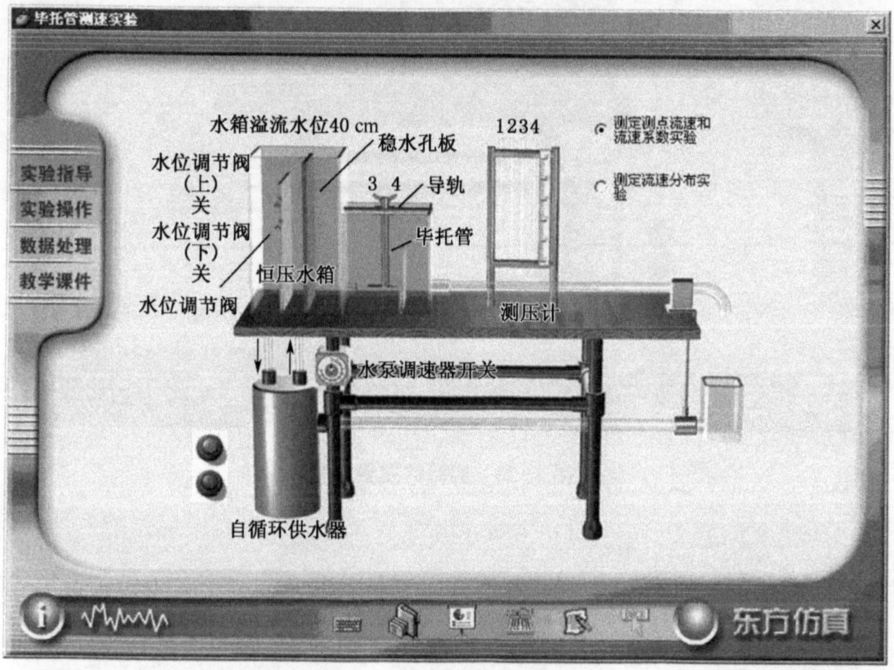

图 1-27　毕托管测速实验装置

本实验装置的主要功能及有关参数如下：

(1) 稳定孔板：稳定水流，使测压管中测值波动较小。

(2) 上、下水位调节孔：具有不同的作用水头。

(3) 调速开关：调节流量。

(4) 毕托管及导轨：毕托管可上、下或左、右移动，以测量不同方向的流速分布规律。

(5) 高位水箱位置水头：可以实现 30 cm、35 cm、40 cm 这 3 个位置水头。

(6) 低位水箱位置水头：20 cm。

2) 实验主要流程

水是由自循环供水器通过水泵抽上至水箱，当水箱中的液位高过逸流板的高度，水流则会通过管路回到供水器。另一方面，水流会通过水箱下部的管嘴进入低位水箱，在这里进行毕托管测速实验。如图 1-28 所示。

3) 毕托管及连接装置

测压计与水箱、毕托管的连接如图 1-29 所示。测压管 1、2、3、4 下端口分别与高位水箱底部 1、低位水箱底部 2、毕托管全压测口 3、毕托管静压测口 4 相连。测压管 1 显示高水箱位置水头，测压管 2 显示低水箱位置水头，测压管 3 显示测点的总水头，测压管 4 显示测压管水头。

各测压管所显示的测量值见图 1-30 所示。

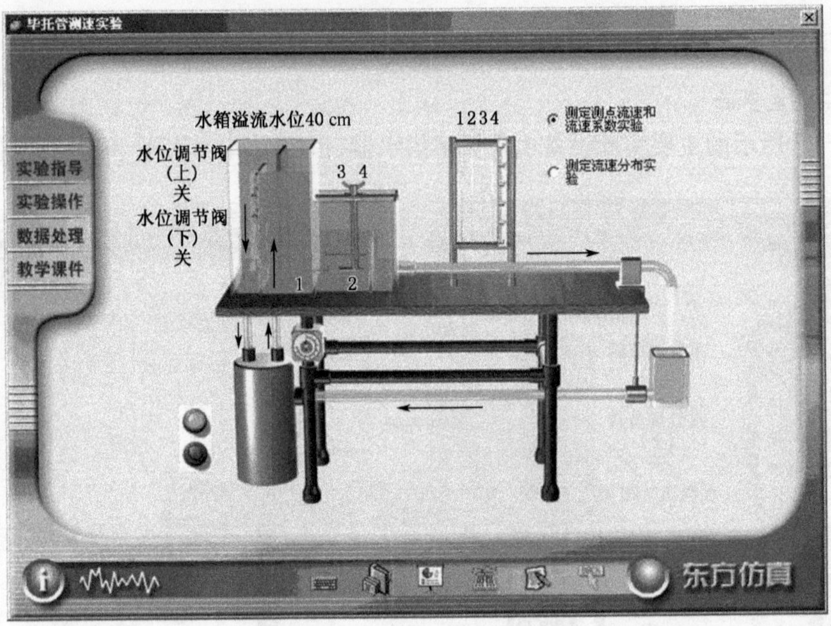

图 1-28　实验的主要流程

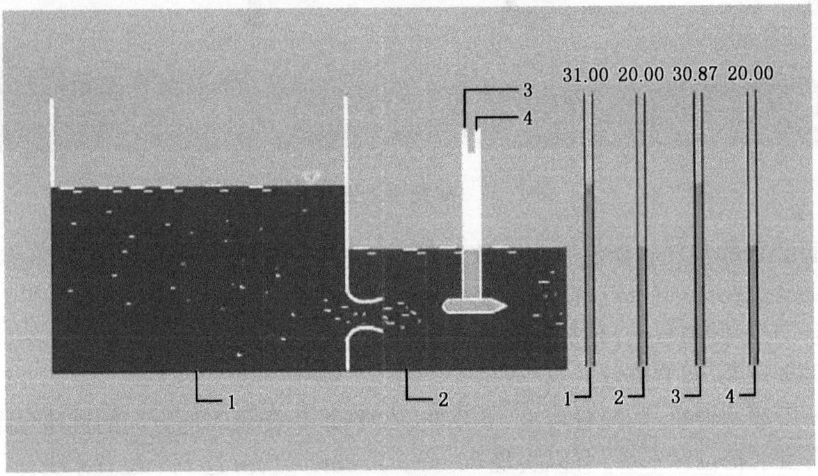

图 1-29　测压计与水箱、毕托管的连接

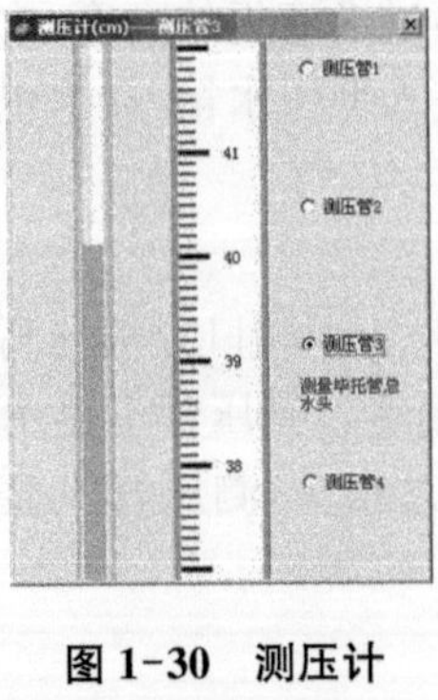

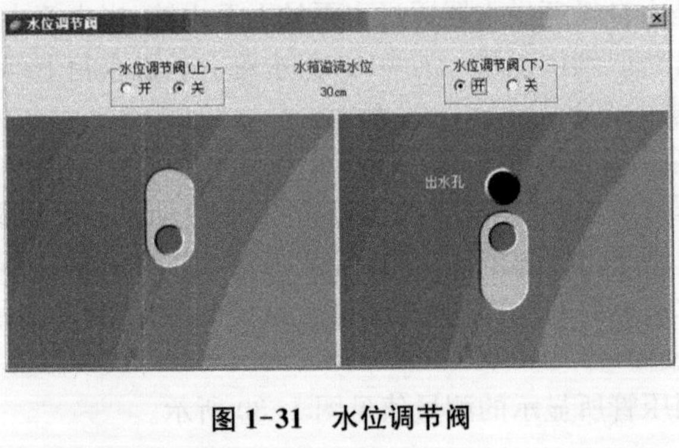

图 1-30　测压计　　　　图 1-31　水位调节阀

4) 水位调节阀

水位调节阀分为上、下 2 个调节位，可实现 3 个位置调节水头(如图 1-31 所示)。

(1) 上关、下开(下位)：30 cm(从下水位调节孔溢流)；

(2) 上开、下关(上位)：35 cm(从上水位调节孔溢流)；

(3) 上、下全关：40 cm(从溢流板溢流)。

4 实验操作和数据处理

1) 毕托管测定测点流速和流速系数实验

(1) 点击水泵的电源开关，启动水泵。

(2) 点击水泵调速器开关。开度从小到大变化依次进行实验。

(3) 点击水位调节阀。打开水位调节阀窗口，通过对水位调节阀控制，可以获得位置水头分别为<30 cm、30 cm、35 cm 和 40 cm 这 4 种状态，要测试获取 4 组数据。

注意：测量低水位状态(位置水头<30 cm，不溢流)下的低速值 1 组数据；测量 30 cm、35 cm 和 40 cm 这 3 种水位下(要分别保持溢流状态)的中、高速值各 1 组数据。

(4) 每改变一次位置水头，打开测压计窗口，观察不同测压管，手动或自动记录数据。

(5) 打开主界面左边的数据处理。授权后如果在实验过程中点击了"自动记录"按钮，实验数据 h_1、h_2、h_3、h_4 将被自动记录下来。图 1-32 所示是未经计算的原始数据记录界面。

(6) 点击"自动计算"按钮。将自动计算毕托管动压水头、测点流速和管嘴流速系数。

图 1-32 数据处理表

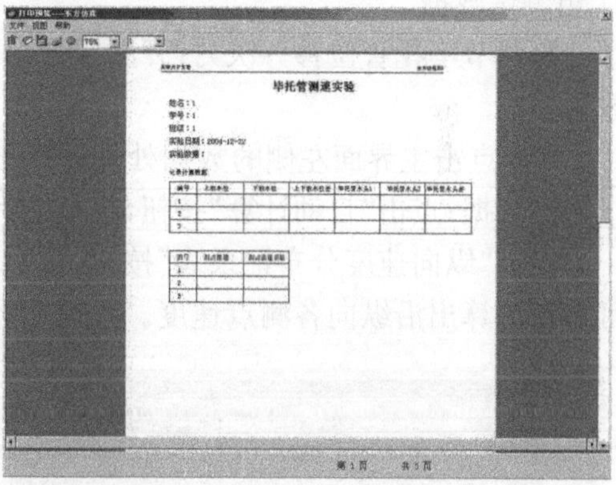

图 1-33 实验数据保存表

2) 毕托管测定流速分布实验

(1) 点击"测定流速分布实验"。

(2) 点击水泵的电源开关，启动水泵。

(3) 点击水泵调速器开关，开度到溢流状态：一般为>70。

(4) 点击水位调节阀，打开水位调节阀窗口。通过对水位调节阀控制，选择一种水位状态(位置水头 30 cm、35 cm 或 40 cm)下进行测试。

(5) 测定垂向流速分布。通过点击主界面上的毕托管，打开毕托管口，点击毕托管"垂向测速"(如图 1-34 所示)。通过调节毕托管的位移值，一般从最上到最小位置分别测 11 次

(其中第 6 次为管中心位置),可以得到垂向 11 组测试数据。

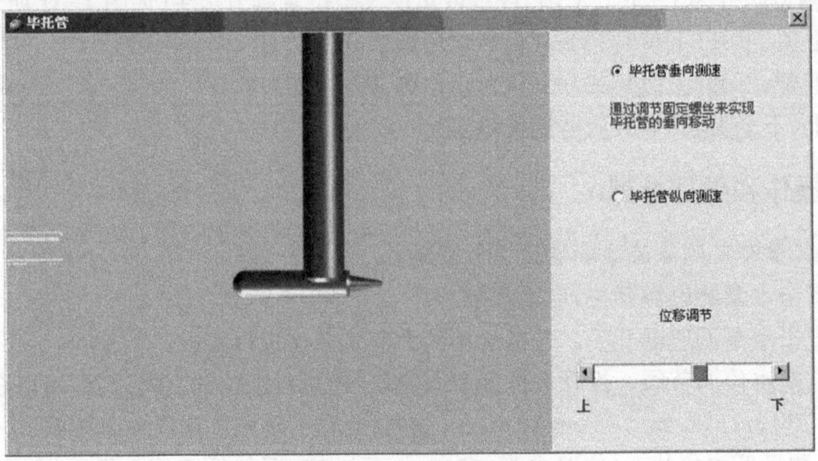

图 1-34 测定垂向流速分布图

每调节毕托管位移一次,打开测压计窗口,观察不同测压管的测压值,手动或自动记录数据一次。

注意:记录数据时,不能关闭毕托管窗口,否则得不到相应位置的压力值。

(6) 测定纵向流速分布。通过点击主界面上的毕托管,打开毕托管口,点击毕托管“纵向测速”。通过调节毕托管的位移值,一般从最左到最右位置分别测 11 次,可以得到纵向 11 组测试数据。

每调节毕托管位移一次,打开测压计窗口,观察不同测压管的测压值,手动或自动记录数据一次。

(7) 点击主界面左侧的数据处理。点击“垂向速度分布记录表”按钮,可手动或自动记录测试数据;点击“自动计算”按钮,将自动计算出沿垂向各测点速度。如图 1-35 所示。

点击“纵向速度分布记录表”按钮,可手动或自动记录测试数据;点击“自动计算”按钮,可自动计算出沿纵向各测点速度。

图 1-35 数据处理表

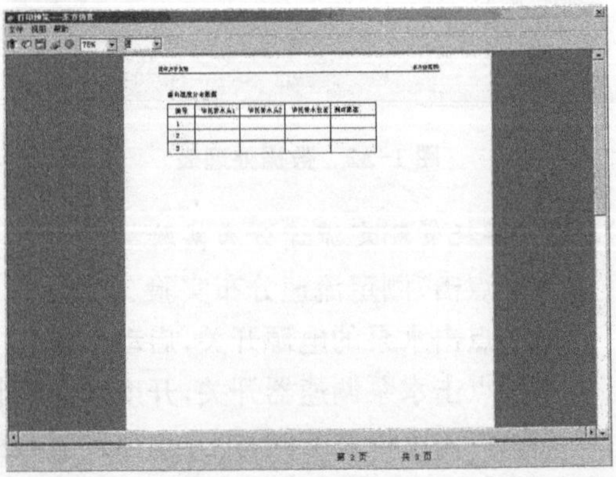

图 1-36 实验数据保存表

在实验报告部分,可以通过点击保存键对实验数据进行保存(如图 1-36 所示);可以通过点击加载键对实验数据进行加载；可以通过点击报表键对实验数据进行打印。在数据处理方面，可以通过整行删除键实现对一行数据的删除。

3）实验注意事项

（1）实验开始时，待上下游溢流后用吸气球放在测压管口抽吸，排除毕托管及连通管中的气体，待其中气体全部排除干净后方可进行实验。

（2）实验结束时，检查毕托管及连通管中是否有气体，若有，则需重新实验。

毕托管测速实验报告

班级＿＿＿＿＿＿ 姓名＿＿＿＿＿＿ 学号＿＿＿＿＿＿

同组实验人姓名＿＿＿＿＿＿ 实验日期＿＿＿＿＿＿

1　实验记录

（1）毕托管测定测点流速和流速系数实验

测试顺序	位置水头	上游水位 h_1(cm)	下游水位 h_2(cm)	上下游水位差 ΔH(cm)	毕托管全压水头 h_3(cm)	毕托管静压水头 h_4(cm)	毕托管动压水头 Δh(cm)	测点流速 u(cm/s)	管嘴流速系数 φ
1	<30 cm								
2	30 cm								
3	35 cm								
4	40 cm								

（2）毕托管测定流速分布实验

① 垂向流速分布试验

测试顺序	水头位置	毕托管全压水头 h_3(cm)	毕托管静压水头 h_4(cm)	毕托管全压与静压差 Δh(cm)	测点流速 u(cm/s)
1	30 cm 35 cm 40 cm （选任一位置）				
2					
3					
4					
5					
6					
7					
8					
9					
10					
11					

② 纵向流速分布试验

测试顺序	水头位置	毕托管全压水头 h_3(cm)	毕托管静压水头 h_4(cm)	毕托管全压与静压差 Δh(cm)	测点流速 u(cm/s)
1	30 cm 35 cm 40 cm (选任一位置)				
2					
3					
4					
5					
6					
7					
8					
9					
10					
11					

2 实验分析

(1) 通过实验对比分析上、下游水位差越大,测点流速的变化规律。

(2) 通过实验随流速增大,管嘴流速系数变化规律。

(3) 通过测试分析垂向流速分布规律。

(4) 通过测试分析沿同一流线的纵向流速上分布规律。

3 思考题

(1) 毕托管所测速度是某一点的速度还是某断面的速度?

(2) 毕托管用直管测压计和U形压差计测量时,速度怎么计算?

(3) 稳定孔板有何作用?

(4) 上、下水位调节孔有何作用?

(5) 毕托管能测量哪些水头?

(6) 怎样测量动压水头? 怎样用动压水头计算速度?

成绩评定________________ 指导教师________________

实验 6　沿程阻力损失实验

1　实验目的

(1) 验证沿程水头损失与流速的关系。

(2) 绘制 Re-λ 关系曲线，分析其合理性。

2　实验原理

1) 沿程阻力损失测量

对于图 1-37 中直径为 d、长度为 l 的实验管路，其沿程阻力损失由伯努利方程可得：

$$\frac{p_1}{\gamma_H} = \frac{p_2}{\gamma_H} + h_f$$

则

$$h_f = \frac{p_1 - p_2}{\gamma_H}$$

本实验装置使用两种型式压差计测量沿程阻力损失(压差计置于管路的上方)。分别用于低压差和高压差时测量，如图 1-38、图 1-39 所示。

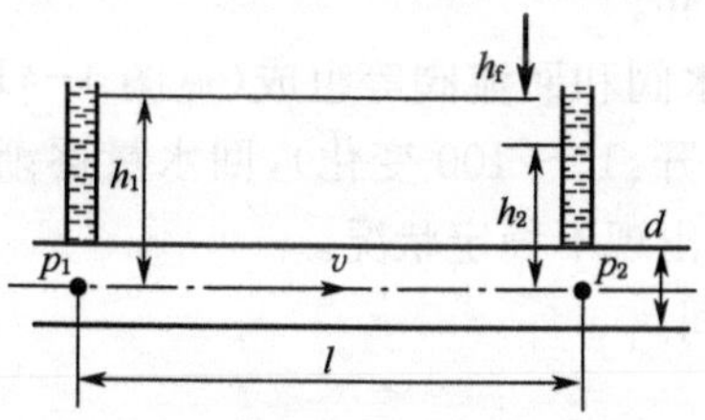

图 1-37　沿程阻力损失测量

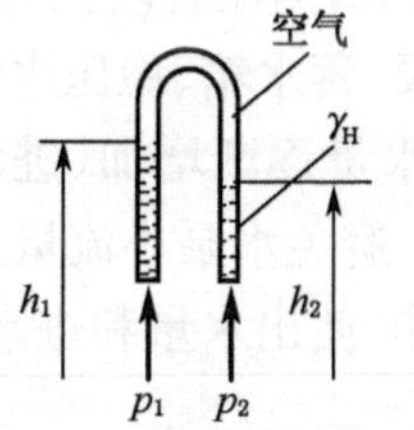

图 1-38　倒置 U 形水压差计测量

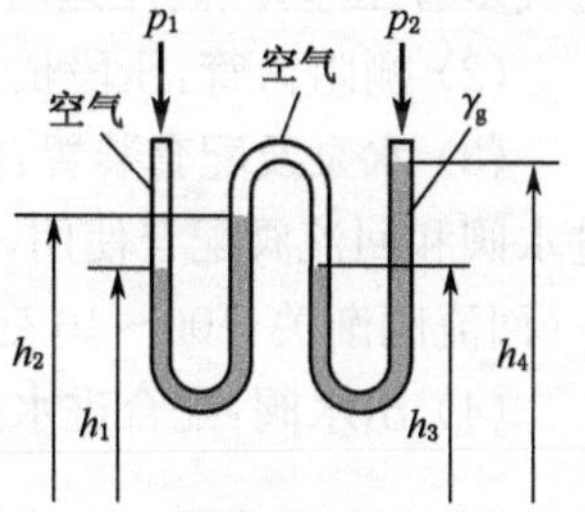

图 1-39　水银-空气压差计测量

(1) 倒置 U 形水压差计测量

图 1-38 所示 U 形水压差计在测量低压差时使用。压差计与测点连接的胶皮管内部为水(可用吸气球吸气，将胶皮管内空气全部排除再套上 U 形管)。由流体静力学可得：

$$p_1 - \gamma_H h_1 = p_2 - \gamma_H h_2$$

则

$$h_f = \frac{p_1 - p_2}{\gamma_H} = h_1 - h_2$$

(2) 水银-空气压差计测量

图 1-39 中水银-空气压差计在测量高压差时使用。与测点连接的胶皮管内部全部为空气，由静力学可得：

$$p_1 - \gamma_g(h_2 - h_1) = p_2 + \gamma_g(h_4 - h_3)$$

则

$$h_f = \frac{p_1 - p_2}{\gamma_H} = \frac{\gamma_g}{\gamma_H}(h_2 - h_1 + h_4 - h_3)$$

注意：当图 1-39 中水银-空气压差计与测点连接的胶皮管内部全部为水时(可用吸气球吸气排除胶皮管内的空气)，由静力学可得：

$$p_1-\gamma_{\rm H}h_1-\gamma_{\rm g}(h_2-h_1)=p_2-\gamma_{\rm H}h_4-\gamma_{\rm g}(h_4-h_3)$$

则
$$h_{\rm f}=\frac{p_1-p_2}{\gamma_{\rm H}}=h_1-h_4+\frac{\gamma_{\rm g}}{\gamma_{\rm H}}(h_2-h_1+h_4-h_3)$$

2) 沿程阻力系数的测量计算

只要测量出水头损失 $h_{\rm f}$ 和流量 Q，即可由达西公式计算出沿程阻力系数：

$$\lambda=\frac{2gdh_{\rm f}}{L}\frac{1}{u^2}=\frac{2gdh_{\rm f}}{L}\left(\frac{\frac{\pi}{4}d^2}{Q}\right)^2=K\frac{h_{\rm f}}{Q^2}$$

$$K=\frac{\pi^2gd^5}{8L}$$

3 实验装置

本实验装置如图 1-40 所示。主要由压差计、测试管路、水泵及配套装置等组成。

(1) 压差计：随实验时流量不断增加，U 形水压差计(低压差时使用)自动转换成水银-空气多管压差计(高压差时使用)进行测量。

(2) 测阻力管：压段长为 65 cm，测压管内径为 0.65 cm。

(3) 水泵及配套装置：由水泵、蓄水箱、稳压水箱、进水阀和回流阀等组成(见图 1-41)。进水阀和回流阀配合使用，使进水量逐渐增加(进水阀渐开：10～100 变化)，回水量逐渐减少(回流阀渐关：100～10 变化)。避免水泵小流量工作时出现不稳定状况。

(4) 出水阀：配合进水阀工作，使出水量和进水量相同。

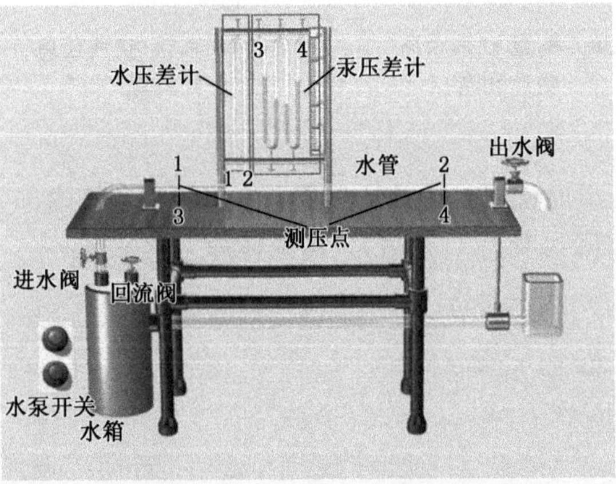

图 1-40 沿程阻力损失测量实验装置

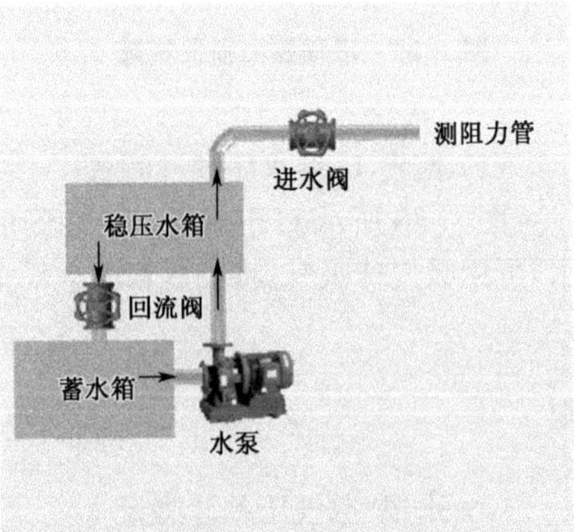

图 1-41 水泵及配套装置

4 实验操作和数据处理

(1) 启动水泵。点击电源开关绿色按钮接通电源(进水阀和回水阀均关闭状态)，空载启动水泵。

(2) 回流阀全开。使水泵的水先在稳压水箱和蓄水箱中循环流动。

(3) 测量不同流量下的压降。通过进水阀和回流阀配合变化,改变流量 10 次左右进行重复测试。即进水阀渐开(10～100 变化),回流阀渐关(100～10 变化)。注意:出水阀要配合进水阀工作,使其有相同(或小于)进水阀的开度变化。

每改变一次流量,通过点击主界面上的测压计,打开测压计窗口,通过对不同的测压管,读取不同测压点的压力值。可以手动记录数据或自动记录数据(点击主界面下侧的“自动记录”按钮)。如图 1-42 所示。

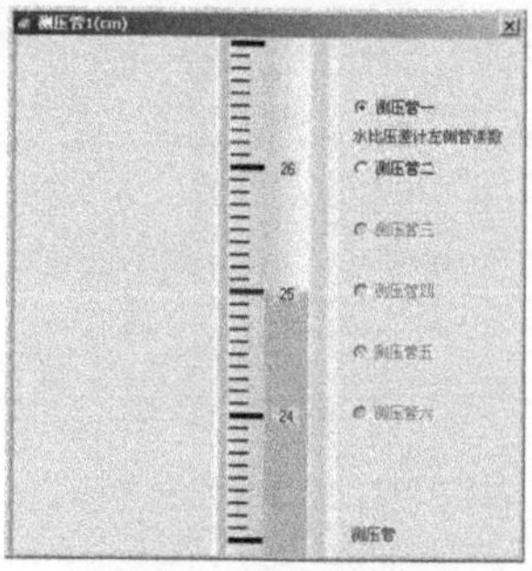

图 1-42 压力测量

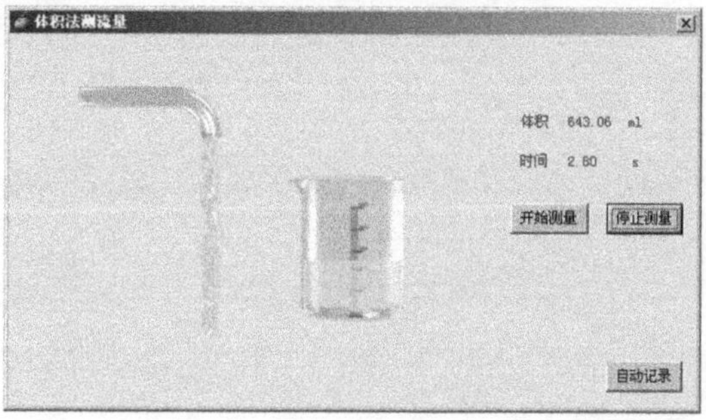

图 1-43 流量测量

(4) 测量流量。每改变一次流量,通过点击实验主界面里的“体积法测量流量”按钮进入流量测量界面,进行流量测量并记录相应的时间与体积数据。可以手动记录数据或自动记录数据(点击流量测量“自动记录”按钮)。如图 1-43 所示。

注意:测压管 1～2 是水压差计,其量程<50 cm。当压差达到 45 cm 后将自动强制切换到测压管 3～4 的汞压差计。所以在压差接近 45 cm 之前,请点击测阻力管上的 4 个接头,手动切换到汞压差计。

(5) 实验记录和数据处理。点击主界面左侧的数据处理,可调出数据处理窗口,进入实验报告部分。点击“数据记录表”按钮,记录不同流量下的体积和时间以及测压管水头高度。点击“数据计算”按钮,则自动计算出相关测试数据。如图 1-44 所示。

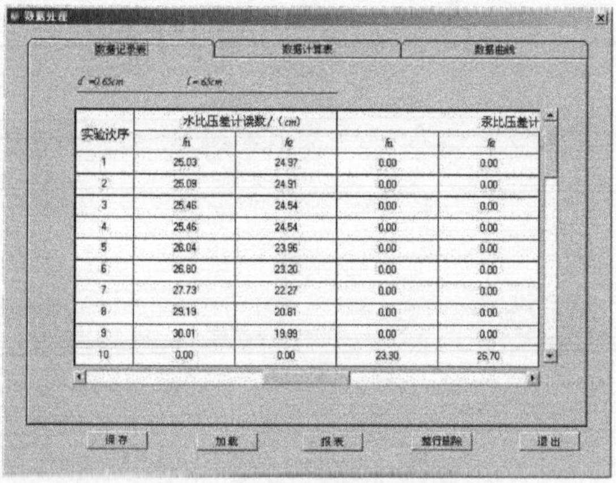

实验次序	水比压差计读数/(cm)		汞比压差计	
	h_1	h_2	h_1	h_2
1	25.03	24.97	0.00	0.00
2	25.09	24.91	0.00	0.00
3	25.46	24.54	0.00	0.00
4	25.46	24.54	0.00	0.00
5	26.04	23.96	0.00	0.00
6	26.80	23.20	0.00	0.00
7	27.73	22.27	0.00	0.00
8	29.19	20.81	0.00	0.00
9	30.01	19.99	0.00	0.00
10	0.00	0.00	23.30	26.70

图 1-44 数据记录及处理

5 注意事项

（1）改变流量时应当使用进水阀与回流阀协同调节，以免造成自动停泵。

（2）汞比压计底部旋钮不得打开，防止水银外泄。

（3）不允许水压差计上的止水夹没有夹紧时用水银压差计进行大流量实验，否则会使U形测压管内的气体流入连通管内，而且测压点上的静水压能有部分转换成流速动能而造成实测水银差严重失真。一旦出现这种情况，必须再次排气，方可继续实验。

（4）用体积法测量流量时，在有效量程范围内应尽量延长测量时间，以减小测量误差。

沿程阻力损失实验报告

班级____________ 姓名____________ 学号____________

同组实验人姓名__________________ 实验日期__________

1 实验记录

测试顺序	测试数据								计算数据					
	体积(cm^3)	时间(s)	水压差计(cm)		汞-空气压差计(cm)				流量(cm^3/s)	流速(cm/s)	雷诺数 Re	沿程阻力损失 h_f	沿程阻力系数 λ	$Re < 2\,320$ $\lambda = \frac{64}{Re}$
			h_1	h_2	h_1	h_2	h_3	h_4						
1														
2														
3														
4														
5														
6														
7														
8														
9														
10														

2 实验分析

(1) 通过实验对比分析沿程阻力损失与流速的关系、沿程阻力系数与流速的关系。

(2) 绘制 Re-λ 关系曲线，分析其合理性。

3 思考题

(1) 沿程阻力损失为什么是 $h_f = \dfrac{p_1 - p_2}{\gamma_H}$?

(2) 本实验装置中所使用的两种测压计，$\dfrac{p_1 - p_2}{\gamma_H} =$? 为什么?

(3) 进水阀和回流阀怎样配合进行流量变化的?

(4) 进水阀开度为 100 不变，使回流阀和出水阀配合改变流量能否完成实验?

成绩评定________________ 指导教师________________

实验 7　局部阻力损失实验

1　实验目的

(1) 掌握局部水头损失及局部阻力系数的测量方法。

(2) 测量突然扩大和突然缩小管件的局部阻力系数。

2　实验原理

对于图 1-45 中的测试管路，沿水流方向列任一局部管件两断面的能量方程，扣除两测试断面间的沿程水头损失，即可计算出局部管件的局部阻力损失。

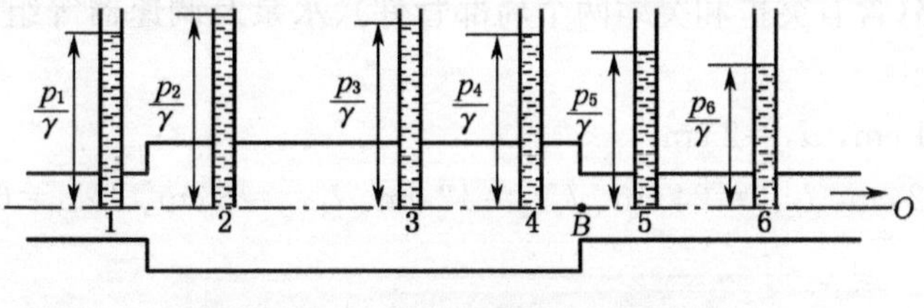

图 1-45　局部阻力损失测试原理

采用三点法测量，即由 2、3 点和 5、6 点的测压管测量出不同直径管路的沿程损失，再按流长比换算得出两测试断面之间局部管件的沿程阻力损失。

1) 突然扩大和突然缩小局部阻力损失(系数)的实测

$$h_{j突扩} = \left[\left(Z_1 + \frac{p_1}{\gamma}\right) + \frac{\alpha v_1^2}{2g}\right] - \left[\left(Z_2 + \frac{p_2}{\gamma}\right) + \frac{\alpha v_2^2}{2g}\right] - h_{f1\sim2} \qquad \left(\xi_{突扩} = \frac{h_{j突扩}}{\frac{\alpha v_1^2}{2g}}\right)$$

$$h_{j突缩} = \left[\left(Z_4 + \frac{p_4}{\gamma}\right) + \frac{\alpha v_4^2}{2g}\right] - \left[\left(Z_5 + \frac{p_5}{\gamma}\right) + \frac{\alpha v_5^2}{2g}\right] - (h_{f4\sim B} + h_{fB\sim5}) \qquad \left(\zeta_{突缩} = \frac{h_{j突缩}}{\frac{\alpha v_5^2}{2g}}\right)$$

式中：$Z_1 \sim Z_5$—— 各测点位置高度；

$p_1/\gamma \sim p_5/\gamma$—— 各测点测压管高度，由实际测量得出；

$\alpha v_1^2/(2g) \sim \alpha v_2^2/(2g)$—— 各测点所在断面动压，由实测流量计算得出；

$h_{f1\sim2}$——1～2 两断面间沿程阻力损失，由 $h_{f2\sim3} = (p_2 - p_3)/\gamma$ 按流长比换算得出；

$h_{f4\sim B}$——4～B 两断面间沿程阻力损失，由 $h_{f2\sim3} = (p_2 - p_3)/\gamma$ 按流长比换算得出；

$h_{fB\sim5}$——B～5 两断面间沿程阻力损失，由 $h_{f5\sim6} = (p_5 - p_6)/\gamma$ 按流长比换算得出。

2) 局部阻力损失实测值与理论计算值对比

局部阻力损失实测值与理论计算值可进行比较，以检验测试的准确性。突然扩大和突然缩小局部阻力损失理论计算值分别如下。

突然扩大局部阻力损失理论值：

$$h_{j突扩}=\xi_{突扩(理论)}\frac{\alpha v_1^2}{2g}=\left(1-\frac{A_1}{A_2}\right)^2\frac{\alpha v_1^2}{2g}$$

突然缩小局部阻力损失理论值：

$$h_{j突缩}=\xi_{突缩(理论)}\frac{\alpha v_5^2}{2g}=0.5\left(1-\frac{A_2}{A_1}\right)\frac{\alpha v_5^2}{2g}$$

式中：α—— 动能修正系数；

A_1—— 突扩(缩)前管道段面积；

A_2—— 突扩(缩)后管道段面积。

3 实验装置

实验装置如图 1-46 所示。主要由水箱(含溢流板)、6 个直管测压计(分别连接到 6 个测点上)、测试管路(含有突扩和突缩两个局部管件)、水泵及调速器等组成。测试管路主要参数为：

直径：$d_1=1.1$ cm，$d_2=2$ cm；

距离：$l_{1\sim2}=12$ cm、$l_{2\sim3}=24$ cm、$l_{3\sim4}=12$ cm、$l_{4\sim B}=6$ cm、$l_{B\sim5}=6$ cm、$l_{5\sim6}=6$ cm。

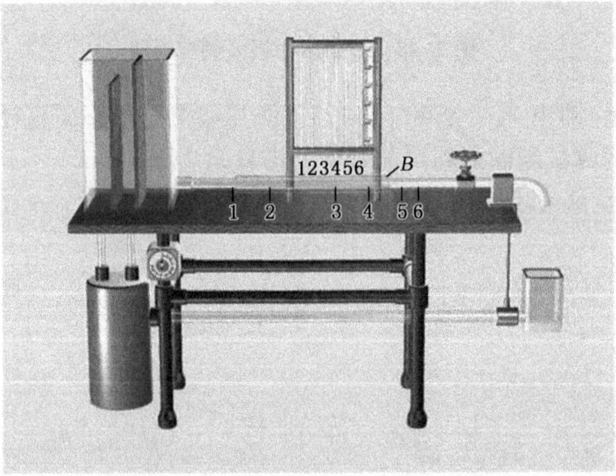

图 1-46　局部阻力损失测试实验装置

4 实验操作和数据处理

(1) 启动水泵。点击电源开关绿色按钮接通电源，空载启动水泵。

(2) 点击调节器(使其调节量为 100)，调节水泵流量为最大。

(3) 待水箱开始溢流后，通过管路出口处的调节阀进行流量调节。

(4) 测量不同流量下各测点的水头。调节阀渐开(10～100 变化)，改变流量 10 次左右进行重复测试。每改变一次流量，通过点击主界面上的测压计，打开测压计窗口，对不同的测压管可以读取不同测压点的压力值。可以手动记录数据或自动记录数据(点击主界面下侧的“自动记录”按钮)。如图 1-47 所示。

(5) 测量流量。每改变一次流量,通过点击实验主界面里的“体积法测量流量”按钮进入流量测量界面,进行流量测量并记录相应的时间与体积数据。可以手动或自动记录数据(操作方法同沿程阻力损失实验流量测量法)。

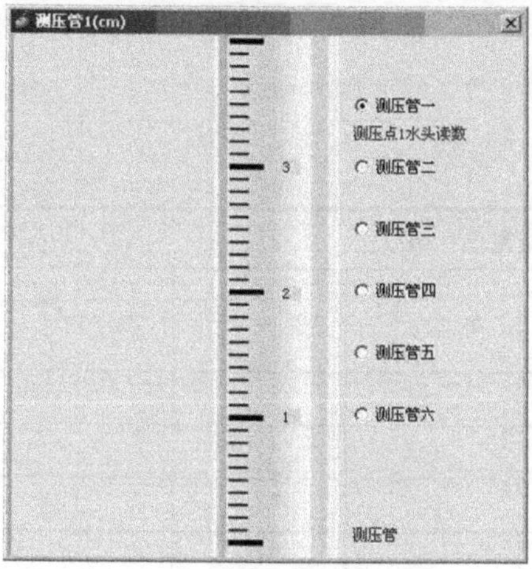

图 1-47　测压管各点水头测量

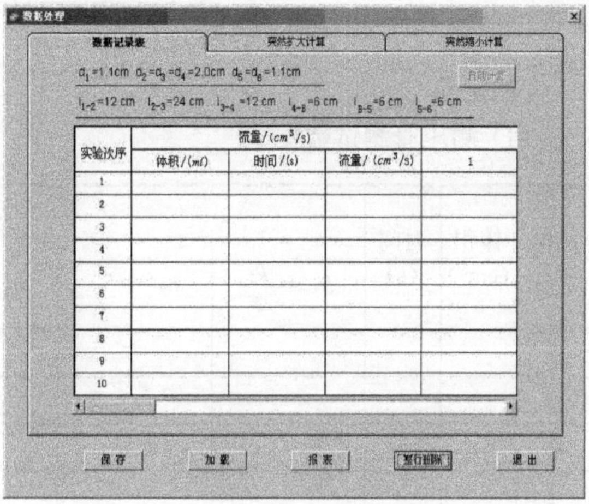

图 1-48　数据记录及处理

(6) 实验记录与数据处理。点击主界面左侧的数据处理,可调出数据处理窗口,进入实验报告部分。即点击“数据记录表”按钮,记录不同流量下的体积和时间,以及 1～6 个测压点的水头高度。点击“突然扩大计算”按钮或“突然缩小计算”按钮,计算出相关测试数据。如图 1-48 所示。

局部阻力损失实验报告

班级____________ 姓名____________ 学号____________

同组实验人姓名________________ 实验日期____________

1 实验记录

(1) 测压管测试数据

测试顺序	体积(cm^3)	时间(s)	测压管测量值(cm)					
			$h_1=\frac{p_1}{\gamma}$	$h_2=\frac{p_2}{\gamma}$	$h_3=\frac{p_3}{\gamma}$	$h_4=\frac{p_4}{\gamma}$	$h_5=\frac{p_5}{\gamma}$	$h_6=\frac{p_6}{\gamma}$
1								
2								
3								
4								
5								
6								
7								
8								
9								
10								

(2) 突然扩大管局部阻力损失(系数)计算数据

测试顺序	流量(cm^3/s)	1—1 断面		2—2 断面		实测计算值		理论计算
		动压$\frac{\alpha v_1^2}{2g}$(cm)	总压 E_1(cm) $Z_1+\frac{p_1}{\gamma}+\frac{\alpha v_1^2}{2g}$	动压$\frac{\alpha v_2^2}{2g}$(cm)	总压 E_2(cm) $Z_2+\frac{p_2}{\gamma}+\frac{\alpha v_2^2}{2g}$	局部阻力损失 $h_{j突扩}$(cm)	局部阻力损失系数 $\xi_{突扩}$	局部阻力损失 $h_{j突扩(理)}$
1								
2								
3								
4								
5								
6								
7								
8								
9								
10								

(3) 突然缩小管局部阻力损失(系数)计算数据

测试顺序	流量(cm^3/s)	4—4 断面		5—5 断面		实测计算值		理论计算
		动压$\frac{\alpha v_4^2}{2g}$(cm)	总压 E_4(cm) $Z_4+\frac{p_4}{\gamma}+\frac{\alpha v_4^2}{2g}$	动压$\frac{\alpha v_5^2}{2g}$(cm)	总压 E_5(cm) $Z_5+\frac{p_5}{\gamma}+\frac{\alpha v_5^2}{2g}$	局部阻力损失 $h_{j突缩}$(cm)	局部阻力损失系数 $\xi_{突缩}$	局部阻力损失 $h_{j突缩(理)}$
1								
2								
3								
4								
5								
6								
7								
8								
9								
10								

2 实验分析

(1) 通过实验分析局部阻力损失与流速的关系、局部阻力系数与流速的关系。

(2) 分析流体总能量沿程怎样变化。

(3) 若不计流动阻力损失,流体流经突扩管和突缩管时,静压力如何变化?

(4) 在相同条件下,突扩与突缩局部阻力损失系数哪个大?

(5) 所测试的局部阻力损失值与理论计算值有何差别？为什么？

3 思考题

(1) 局部阻力损失怎样测试及计算？

(2) 突扩和突缩两测试断面之间的局部管件的沿程阻力损失怎样计算？

(3) 若流体由管道向大空间容器流动($u_1 \gg u_2$)，其突然扩大局部阻力损失系数等于多少？

(4) 若流体由大空间容器向管道内流动(此时 $u_1=0$)，其突然缩小的局部阻力损失系数等于多少？

成绩评定＿＿＿＿＿＿＿＿＿＿　　指导教师＿＿＿＿＿＿＿＿＿＿

第 2 章　机械原理

实验 1　机构运动简图的测绘和分析实验

1　实验目的

(1) 学会根据实际机械或模型的结构测绘机构运动简图的方法。

(2) 运用并熟悉一些常用的构件及运动副的代表符号。

(3) 验证和巩固机构自由度的计算。

2　实验设备和工具

(1) 各种典型机构、机械的实物或模型。

(2) 钢板尺、钢卷尺、内卡钳、外卡钳、量角器。

(3) 学生自带下列实验用品:纸、笔、圆规、橡皮等文具。

3　实验内容

分析机构的组成,绘制机构运动简图,计算机构自由度,理解各种运动副的组成和特点,分析机构中的虚约束、局部自由度和复合铰链,判断机构具有确定运动的条件。

4　实验原理

在分析和研究机构运动时,为了使问题简化,便于分析,可以不考虑构件的外形、构件的截面尺寸和运动副的实际构造,只用简单线条和符号代表构件和运动副,并按一定的比例来表示运动副的相对位置和与运动相关的尺寸,以此说明实际机构的运动特征。

5　实验步骤

(1) 观察机构的运动并确定构件数

首先找出机构中的原动件,通过动力输入构件或转动手柄,使被测绘的机构或机器(或模型)缓慢地运动,循着运动的传递路线仔细观察并判断哪些为连接构件、工作构件、固定构件等,同时确定构件的数目。

(2) 判别各构件之间运动副的类别

按照运动的传递路线,根据两构件的接触情况及相对运动的特点,依次判断相邻两构件之间组成运动副的类别,确定哪些是转动副、移动副及哪些是高副。

(3) 绘制平面机构的示意图

正确选择投影面,将原动件放在一般位置上,按照运动的传递路线及代表运动副、构件的规定符号绘制出机构运动的示意图,并对机构中的每一构件进行编号,在构件旁标注数字 1, 2, 3…,在运动副旁标注字母 A, B, C…,在原动件上标注箭头。绘制机构示意图可供定性分析机构运动特征时使用，也可为正确绘制机构运动简图做好准备。

(4) 测量与机构运动有关的尺寸并按比例绘制平面机构的运动简图

仔细测量与机构运动有关的尺寸，包括转动副间的中心距、移动副导路的位置或角度等。选择适当的比例尺 μ_L，按比例确定各运动副之间的相对位置，并以简单的线条和规定的运动副符号，正确绘出机构运动简图。比例尺可用下式确定：

$$\mu_L = \frac{\text{构件的实际长度(单位 m 或 mm)}}{\text{简图上所画构件的图示长度(单位 mm)}}$$

(5) 计算机构的自由度

平面机构自由度 F 的计算公式为：

$$F = 3n - 2P_L - P_H$$

式中：n——活动构件的数目；

P_L——低副数目；

P_H——高副数目。

(6) 分析机构运动的确定性

将计算得到的机构自由度数与所测绘机构的原动件数比较，两者应相等。若与实际情况不符，要找出原因及时改正。

例：绘制如图 2-1(a)所示的小型压力机的机构运动简图。

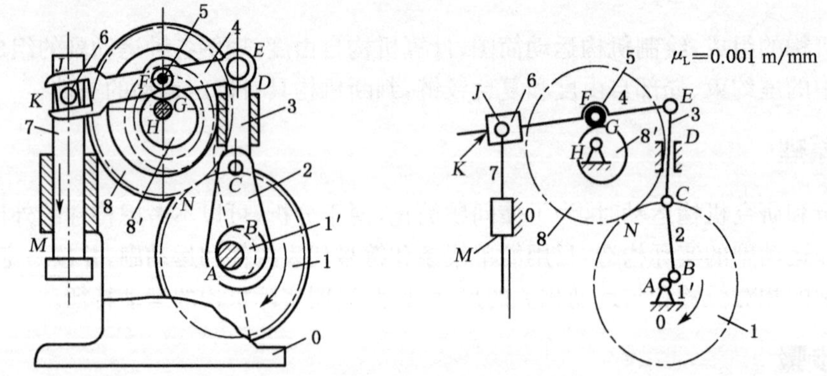

(a)　　(b)

图 2-1　压力机的机构运动简图

解：该小型压力机的工作原理是电机带动偏心轮 1′作顺时针转动，通过构件 2、3 将主运动传给构件 4；同时，另一路运动自与偏心轮 1′固联的齿轮 1 输出，经齿轮 8 及与其固联的槽型凸轮 8′，传递给构件 4；两路运动经构件 4 合成，由滑块 6 带动压头 7 作上下移动，实现冲压工艺动作。显然，该压力机的机架是构件 0，原动件为组件 1-1′，其他为从动件。

仔细观察各连接构件之间的相对运动特点后可知，构件 0 与 1(1′)、1′与 2、2 与 3、3 与 4、4 与 5、6 与 7 及 0 与 8(8′)之间构成转动副；而构件 0 与 3、4 与 6 及 0 与 7 之间构成移动副；高副为 1 与 8、8′与 5 之间形成。

选定视图投影面及比例尺 μ_L=0.001 m/mm，顺序确定转动副 A、H 和移动副导路 D、M 的位置，根据原动件 1′的位置及各杆长等绘出转动副 B、C、E、F、J 的位置，按规定符号绘出各运动副(包括高副 G、N)及各构件等,最后得到该压力机的机构运动简图,如图 2-1(b) 所示。

由上述分析可知,该机构活动杆件数为 8,转动副数为 7,移动副数为 3,高副为 2。但构件 4 与凸轮 8′之间以滚子 5 实现滚动接触,故此处引进了一个局部自由度,应排除(即设想将滚子与构件 4 焊成一体)。这样,$n=7$,$P_L=9$,$P_H=2$,计算得到自由度数为:

$$F=3\times7-2\times9-2=1。$$

机构运动简图的测绘与分析实验报告

班级＿＿＿＿＿＿ 姓名＿＿＿＿＿＿ 学号＿＿＿＿＿＿

同组实验人姓名＿＿＿＿＿＿＿＿＿ 实验日期＿＿＿＿＿＿

1 实验记录

名　称	机构示意图	自　由　度
	比例尺 μ_L =	活动构件数 n = 低副数 P_L = 高副数 P_H = 自由度数 F = 是否有确定运动
	比例尺 μ_L =	活动构件数 n = 低副数 P_L = 高副数 P_H = 自由度数 F = 是否有确定运动
名　称	机构示意图	自　由　度
	比例尺 μ_L =	活动构件数 n = 低副数 P_L = 高副数 P_H = 自由度数 F = 是否有确定运动
	比例尺 μ_L =	活动构件数 n = 低副数 P_L = 高副数 P_H = 自由度数 F = 是否有确定运动

2 思考题

（1）一个正确的“机构运动简图”应能说明哪些问题？

（2）机构具有确定运动的条件是什么？

（3）曲柄存在的条件是什么？

成绩评定________________ 指导教师________________

实验 2　曲柄滑块导杆凸轮组合的运动参数测定实验

1　实验目的

(1) 通过实验，了解位移、速度、加速度以及转速及回转不匀率的测定方法。

(2) 通过实验，初步了解 QTD-Ⅲ型组合机构实验仪及光电脉冲编码器、同步脉冲发生器(或称角度传感器)的基本原理，并掌握它们的使用方法。

(3) 通过比较理论运动线图与实测运动线图的差异，并分析其原因，增加对速度量特别是加速度的感性认识。

(4) 比较曲柄滑块机构与曲柄导杆机构的性能差别。

(5) 检测凸轮直动从动件的运动规律。

(6) 比较不同凸轮廓线或接触副，对凸轮直动从动件运动规律的影响。

2　实验设备和工具

1) 实验系统组成

实验系统框图如图 2-2 所示。

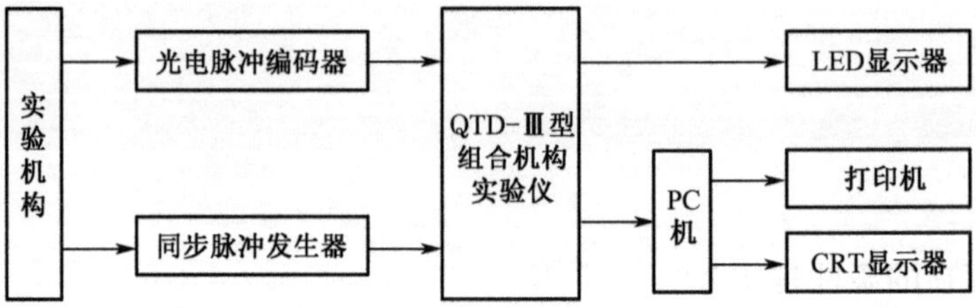

图 2-2　实验系统框图

实验系统由以下几部分组成：

(1) 实验机构——曲柄滑块、导杆、凸轮组合机构；

(2) 光电脉冲编码器；

(3) 同步脉冲发生器(或称角度传感器)；

(4) QTD-Ⅲ型组合机构实验仪(弹片机检测系统)；

(5) PC 机；

(6) 打印机、阴极射线管(CRT)显示器、发光二极管(LED)显示器。

2) 实验机构主要技术参数

(1) 直流电机额定功率：100 W；

(2) 电机调速范围：0～2 000 r/min；

(3) 蜗轮减速箱速比：1/20；

(4) 实验台尺寸：长×宽×高=500 mm×380 mm×230 mm；

(5) 电源：220 V/50 Hz。

3) 实验机构结构特点

该组合实验装置只需拆装少量零部件，即可分别构成4种典型的传统机构，分别是曲柄滑块机构、曲柄导杆滑块机构、平底直动从动件凸轮机构和滚子直动从动件凸轮机构。每一种机构的某些参数，如曲柄的长度、连杆长度、滚子偏心等都可以在一定范围内做一些调整，通过学生拆装及调整可加深实验者对机械结构本身特点的了解，对某些参数改动对整个运动状态的影响也会有更好的认识。

4种实验机构分别如图2-3(a)、图2-3(b)、图2-3(c)、图2-3(d)所示。

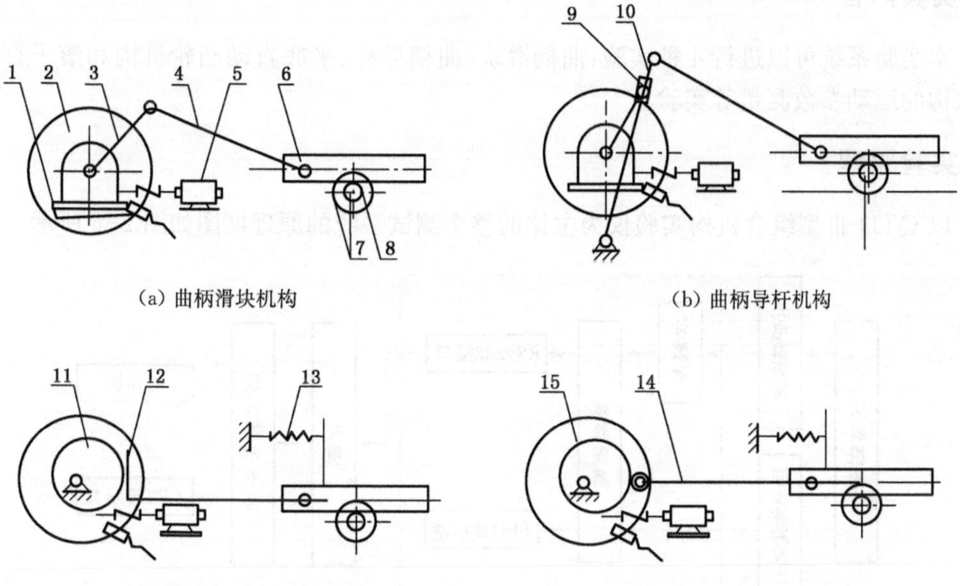

(a) 曲柄滑块机构　　(b) 曲柄导杆机构

(c) 平底直动从动件凸轮机构　　(d) 滚子直动从动件凸轮机构

图2-3　实验机构的结构

1—同步脉冲发生器；2—蜗轮减速器；3—曲柄；4—连杆；5—电机；6—滑块；7—齿轮；8—光电编码器；9—导块；10—导杆；11—凸轮；12—平底直动从动件；13—同复弹簧；14—滚子直动从动件；15—光栅盘

4) 组合机构实验仪

组合机构实验仪的外形结构如图2-4、图2-5所示。图2-4为正面结构，图2-5为背面结构。

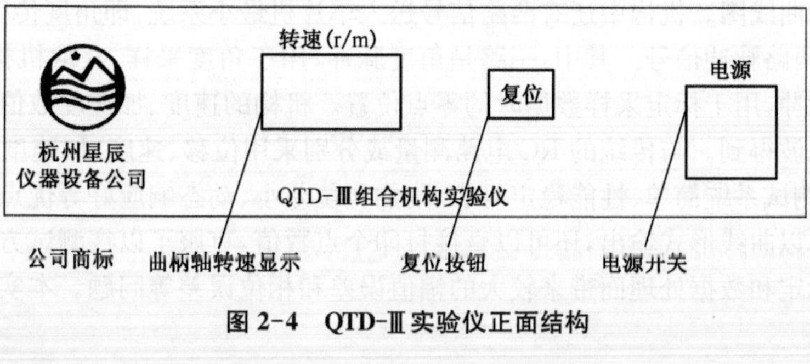

图2-4　QTD-Ⅲ实验仪正面结构

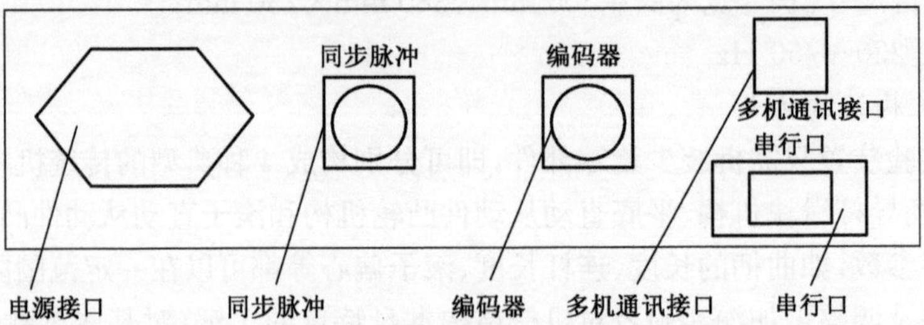

图 2-5　QTD-Ⅲ实验仪背面结构

3　实验内容

本实验系统可以进行4种实验:曲柄滑块、曲柄导杆、平底直动凸轮机构和滚子直动凸轮机构的运动参数测量等实验。

4　实验原理

以QTD-Ⅲ型组合机构实验仪为主体的整个测试系统的原理框图如图2-6所示。

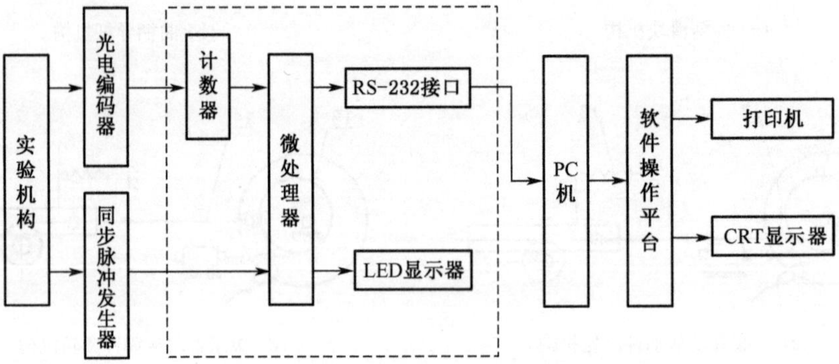

图 2-6　测试系统原理

本实验仪由弹片机最小系统组成。外扩16位计数器,接有3位LED数码显示器可实时显示机构运动时曲柄轴的转速,同时可与PC机进行异步串行通信。在实验机构动态运动过程中,滑块的往复移动通过光电脉冲编码器转换输出具有一定频率(频率与滑块往复速度成正比)、0～5 V电平的两路脉冲,接入微处理器外扩的计数器计数,通过微处理器进行初步处理运算并送入PC机进行处理,PC机通过软件系统在CRT显示器上可显示出相应的数据和运动曲线图。机构中还有两路信号送入单片机最小系统,即角度传感器(同步脉冲发生器)送出两路脉冲信号。其中:一路是角度脉冲,用于角度采样,获取机构运动曲线;另一路是零位脉冲,用于标定采样数据时的零点位置。机构的速度、加速度数值由位移经数值微分和数字滤波得到。与传统的RC电路测量或分别采用位移、速度、加速度测量仪器的系统相比,具有测试系统简单、性能稳定可靠、附加相位差小、动态响应好等优点。本实验仪测试结果不但可以曲线形式输出,还可以直接打印个点数值,克服了以往测试方法须对记录曲线进行人工标定和数据处理而带来较大的幅值误差和相位误差等问题。本实验仪最大的优点是采用微处理器和相应的外围设备，因此在数据处理的灵活性和结果显示、记录、打印的便利、清晰、直观等方面明显优于非微处理机的同类仪器。另外。与PC机连接使用，操作上只要键盘和鼠标就可以完成，操作灵活方便，实验准备工作非常简单，在学生进行实验时稍做讲解即可使用。

5 实验步骤

1）曲柄滑块运动机构实验

按图 2-3(a)将机构组装为曲柄滑块机构。

(1) 滑块位移、速度、加速度测量

① 将光电脉冲编码器输出的5芯插头及同步脉冲发生器输出的5芯插头分别插入测试仪上相对应的接口上。

② 把串行传输线一头插在PC机任一串口上，另一头插在实验仪串口上。

③ 打开QTD-Ⅲ型组合机构实验仪上的电源，带有LED数码管显示的面板上将显示“0”。

④ 打开PC机，并连接好打印机。

⑤ 启动机构，在机构电源接通前应将电机调速电位器逆时针旋转至最低速位置，然后接通电源，并顺时针转动调速电位器，使转速逐渐加至所需的值(否则易烧断熔断器，甚至损坏调速器)，显示面板上实时显示曲柄轴的转速。

⑥ 机构运转正常后，就可在PC机上进行操作。首先启动软件。

⑦ 熟悉系统软件的界面及各项操作的功能。

⑧ 选择好串口，并点击“数据采用[Q]”，在弹出的采样参数设置区内选择相应的采样方式和采样常数。

⑨ 在“标定值输入框”中输入标定值0.05。

⑩ 按下“采样”按键，开始采样。

⑪ 当采样完成，在界面弹出“运动曲线绘制区”，将在位移曲线上逐渐绘出相应的速度和加速度曲线。

⑫ 按下“数据分析”按键，则“运动曲线绘制区”将在位移曲线上再逐渐绘出相应的速度和加速度曲线，同时在左边的“数据显示区”内显示采样的数据。也将增加各采样点的速度和加速度值。

⑬ 打开打印窗口，可以打印数据和运动曲线。

(2) 转速及回转不匀率的测试

① 同“滑块位移、速度、加速度测量”的步骤①至⑦。

② 选择好串口，并点击“数据采用[Q]”，在弹出的采样参数设置区内选择最右边的一栏，转速角度常数选择有5挡(2°、4°、6°、8°、10°)，选择需要的一挡。

③ 按下“采样”按键，开始采样。采样完成后，在界面弹出“运动曲线绘制区”，显示“曲柄转速波动曲线”，并在右下角显示有关参数。

④ 打印。

2）曲柄导杆滑块运动机构实验

按图 2-3(b)组装实验机构，按上述步骤操作，比较曲柄滑块机构与曲柄导杆滑块运动机构运动参数的差异。

3）平底直动从动件凸轮机构实验

按图 2-3(c)组装实验机构，按上述“滑块位移、速度、加速度测量”的步骤操作，检测其从动杆和运动规律。注：曲柄转速应控制在 40 r/min 以下。

4）滚子直动从动件凸轮机构实验

按图 2-3(d)组装实验机构，按上述“滑块位移、速度、加速度测量”的步骤操作，检测其从动杆和运动规律，比较平底接触与滚子接触运动特性的差异。调节滚子偏心量，分析偏心位移变化对从动杆运动的影响。注：曲柄转速应控制在 40 r/min 以下。

曲柄滑块导杆凸轮组合的运动参数测定实验报告

班级＿＿＿＿＿＿　姓名＿＿＿＿＿＿　学号＿＿＿＿＿＿

同组实验人姓名＿＿＿＿＿＿＿＿＿　实验日期＿＿＿＿＿＿

1 实验记录

绘出曲柄滑块机构(或曲柄导杆机构)运动简图。

2 实验分析

实验测得曲线与理论计算曲线比较。

3 思考题

(1) 分析实测的运动线图与计算机仿真结果的异同,如果有区别,分析产生的原因。

(2) 分析比较利用计算机进行虚拟实验与利用实物进行实验的优缺点。

成绩评定＿＿＿＿＿＿　指导教师＿＿＿＿＿＿

实验3　齿轮范成及齿轮几何参数测量实验

1　实验目的

(1) 掌握用范成法加工渐开线齿轮的原理，了解根切现象。

(2) 了解变位修正法加工渐开线齿轮的基本概念，分析比较变位齿轮与标准齿轮的异同，加深对变位齿轮的认识。

(3) 掌握渐开线齿轮基本尺寸的计算公式，以及测定齿轮基本参数的方法。

2　实验设备和用具

(1) 渐开线齿廓范成仪。本实验所用范成仪其上的刀具模型为齿条刀，结构如图2-7所示。托板可绕机架上的固定轴心转动，齿条刀可沿水平方向移动，且通过齿轮齿条的啮合关系保持托板与齿条刀之间作无滑动的相对运动。当齿条刀两端的短横线对准刻度尺的零位时，齿条刀中线恰好与齿轮毛坯的分度圆相切，此时切出的齿轮是标准齿轮。松开调节螺钉，可使齿条刀沿铅垂方向适当移动，移动的距离可在刻度尺上读出，此时切出的齿轮便是变位齿轮。

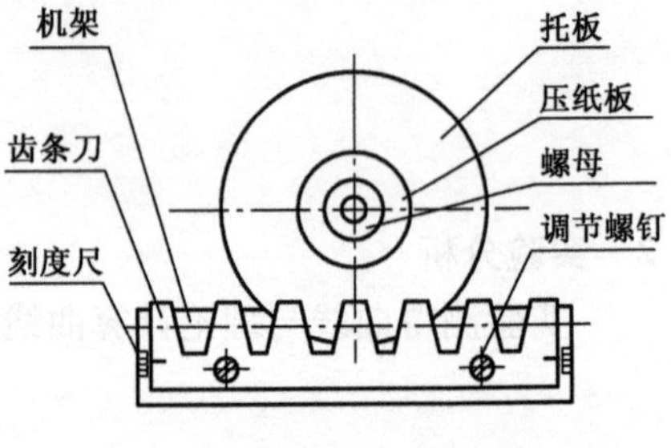

图2-7　齿廓范成仪简图

(2) ϕ290 mm圆形图纸一张，铅笔、圆规、直尺、计算器(学生自备)。

(3) 被测标准齿轮或变位齿轮、游标卡尺。

3　实验内容

(1) 实验前认真预习教材中“渐开线标准齿轮的基本参数及几何尺寸”和“渐开线齿轮的变位与加工”的有关内容，完成实验报告中的预习作业。

(2) 绘制标准齿轮及变位齿轮的齿廓图形各2～3个完整齿形，比较异同。

(3) 测量齿轮的有关尺寸，确定其主要参数，判断它为何种齿轮。

(4) 填写实验报告。

4　实验原理

范成法是根据渐开线齿轮与齿条(或一对渐开线齿轮)相互啮合时，其共轭齿廓互为包络线的原理来切制齿轮的一种方法。如果把其中的齿条(或一个齿轮)作成刀具，另一个齿轮当作齿坯，使两者作纯滚动，则在各个不同位置上，刀刃轮廓线在齿坯上所依次占据的位置线就会形成包络线，这种在齿坯上形成的包络线就是渐开线齿廓。为了能清楚地观察到刀刃相对齿坯的各个位置形成包络线的过程，了解用范成法加工形成渐开线齿廓的原理，通常用齿轮范成仪模拟进行实验。

5　实验步骤

1）渐开线齿廓形成

(1) 根据指导教师给出的齿轮参数，计算并在绘图纸上绘出标准齿轮的齿根圆、基圆、分度圆、齿顶圆和变位齿轮的齿根圆、齿顶圆（变位系数 x 值由指导教师给出或者按不根切的最小变位系数确定）。用剪刀沿比齿顶圆稍大一些的圆周剪下得到齿坯。

(2) 绘制标准齿轮齿廓

① 将齿坯安装到托盘 1 上，注意两者圆心重合。

② 调整齿条刀具 2 的径向位置，使刀具中线与齿坯分度圆相切。

③ 将齿条刀具推至左（或右）极限位置，用笔在齿坯上画出齿条刀具的齿廓线，然后向右（或向左）每次移动刀具约 3～5 mm 画一次刀具齿廓线，直到绘出 2 至 3 个完整的齿廓为止。这些齿廓线所形成的包络线即为标准渐开线齿轮的齿廓，如图 2-8 所示。

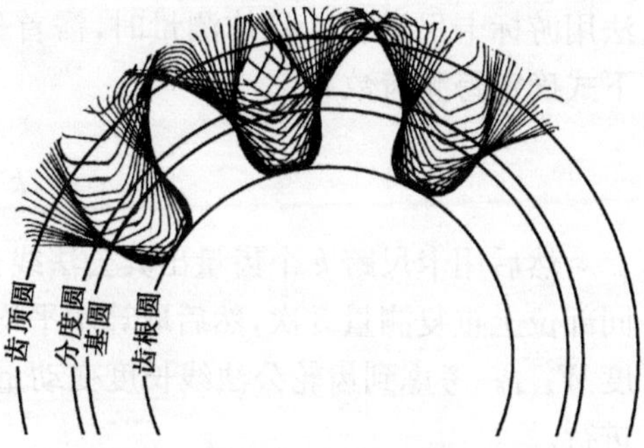

图 2-8　范成绘制出的标准齿轮

(3) 绘制变位齿轮齿廓

① 将齿坯取下，相对于托盘 1 转动大约 180°，重新安装固定齿坯。

② 调整刀具的径向位置，使齿条刀具中线在相对于绘制标准齿轮时的位置，向远离齿坯中心的方向移动一段距离 x（正变位）。

③ 按绘制标准齿轮齿廓的步骤，绘出有 2 至 3 个完整齿的变位齿轮齿廓。图2-9 为绘制出的正变位齿轮。

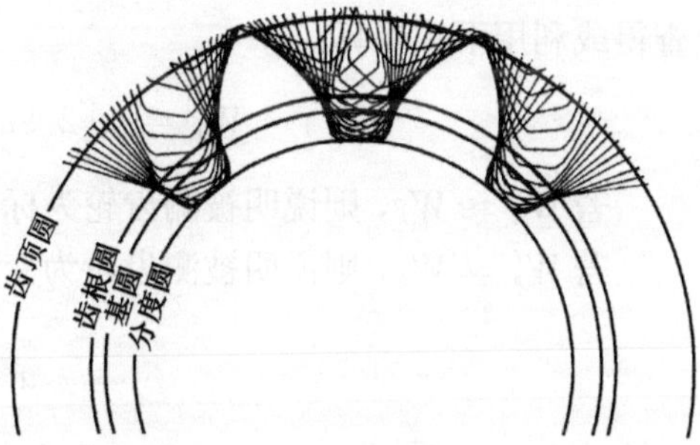

图 2-9　范成绘制出的变位齿轮

④ 观察绘得的齿廓并与标准齿轮的齿廓作对照和分析。

2）渐开线齿轮参数测定

(1) 确定齿轮齿数 z

从被测齿轮上直接数出。

(2) 测定齿轮的模数 m 和压力角 α

已知基节 p_b 与模数 m 和压力角 α 的关系式为：

$$p_b = \pi m \cos \alpha$$

试用 $\alpha = 20°$ 代入下式：

$$m = \frac{p_b}{\pi \cos \alpha}$$

若求得模数 m 与标准模数值非常接近，即认定齿轮的压力角 $\alpha = 20°$，模数 m 为最接近的标准值。

(3) 确定基节 p_b 和公法线长度 W_k

根据渐开线性质可知，基节 p_b 可由公法线长度 W_k 和 W_{k+1} 求得，即

$$p_b = W_{k+1} - W_k$$

公法线长度的测量可按图 2-10 所示方法用游标卡尺进行。具体测量时，需首先由下式确定跨测齿数 k：

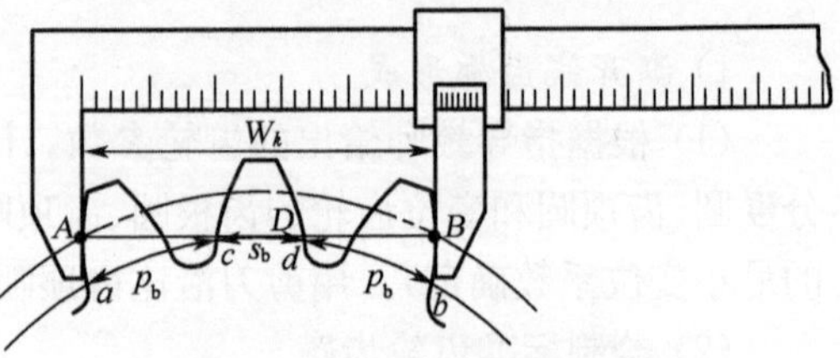

图 2-10 公法线长度的测量

$$k = \frac{z}{9} + 0.5$$

然后用卡尺跨 k 个齿量出其公法线长度 W'_k。为减少测量误差，W'_k 值应在齿轮圆周不同部位上重复测量 3 次，然后取算术平均值。用同样方法测量跨 $(k+1)$ 个齿时的公法线长度 W'_{k+1}。考虑到齿轮公法线长度变动量的影响，测量 W'_k 和 W'_{k+1} 值时，应在 3 个相同部位进行。

(4) 判定齿轮是否为标准齿轮并确定变位系数 x

判定一个齿轮是否为标准齿轮，最好用公法线长度测量值 W'_k 和理论计算值 W_k 进行比较。由于齿轮的 z、m、α 已知，所以公法线长度的理论值可从标准齿轮公法线长度表中查得或利用下式计算：

$$W_k = m[2.952\,1(k - 0.5) + 0.014z]$$

若 $W'_k \approx W_k$，则说明被测齿轮为标准齿轮。

若 $W'_k \neq W_k$，则说明被测齿轮为变位齿轮，变位系数可由下式求得：

$$x = \frac{W'_k - W_k}{2m\sin\alpha}$$

考虑到公法线长度上齿厚减薄量的影响，比较判定时可将测量值 W'_k 加上一个补偿量 $\Delta S = 0.1 \sim 0.25$ mm。

(5) 确定齿轮的齿顶高系数 h_a^* 和顶隙系数 c^*

由全齿高 $h = (2h_a^* + c^*)m$ 可知，当齿轮为正常齿时，$h_a^* = 1$，$c^* = 0.25$，$h = 2.25m$；当齿轮为短齿时，$h_a^* = 0.8$，$c^* = 0.3$，$h = 1.9m$。故可由测得的全齿高 h' 与模数 m 的比值判定齿顶高系数和顶隙系数。即

$\frac{h'}{m} = 2.25$ 时，为正常齿，$h_a^* = 1$，$c^* = 0.25$。

$\frac{h'}{m} = 1.9$ 时，为短齿，$h_a^* = 0.8$，$c^* = 0.3$。

考虑被测齿轮为变位齿轮时，齿顶可能有一削减量，故判定时注意，h'/m 只能小于不可能大于相应的标准值。

齿轮的全齿高可由测量齿顶圆直径 d_a 和齿根圆直径 d_f 的办法计算得出。

当齿轮齿数为偶数时，d_a 和 d_f 可用游标卡尺直接测出，如图 2-11 所示。

当齿轮齿数为奇数时，d_a 和 d_f 须采用间接测量的方法，如图 2-12 所示。并按下式计算出 d_a 和 d_f 值：

$$d'_a = D + 2H_1$$
$$d'_f = D + 2H_2$$

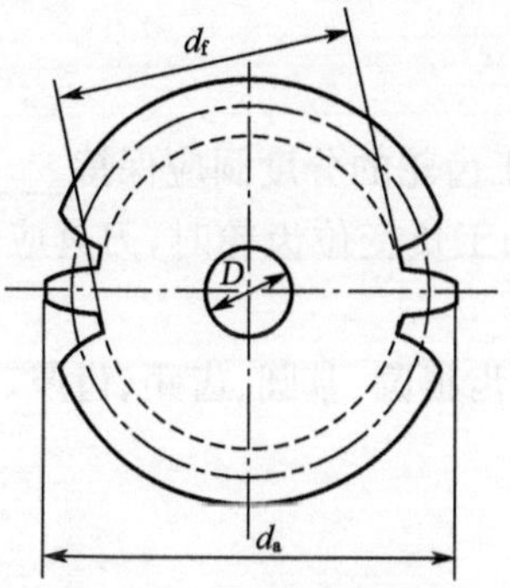

图 2-11　偶数齿测量

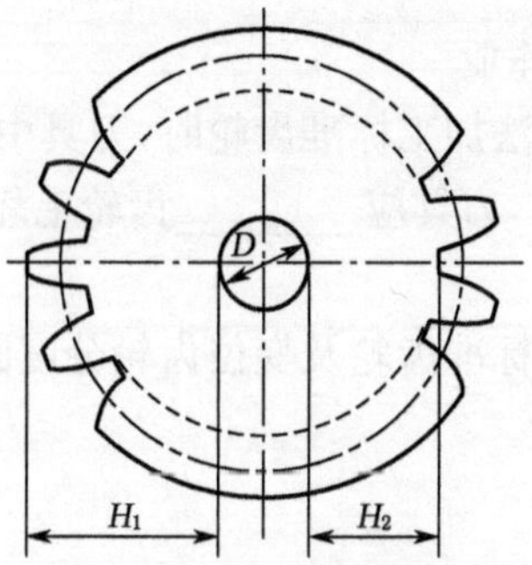

图 2-12　奇数齿测量

为减小测量误差，同一测量值应在齿轮圆周的 3 个不同部位重复测量 3 次，然后取其算术平均值。

计算全齿高：

$$h' = \frac{d_a - d_f}{2}$$

或 $$h' = H_1 - H_2$$

齿轮范成及齿轮几何参数测量实验报告

班级＿＿＿＿＿＿　姓名＿＿＿＿＿＿　学号＿＿＿＿＿＿

同组实验人姓名＿＿＿＿＿＿＿＿＿　实验日期＿＿＿＿＿

1　实验预习作业

（1）范成法加工标准齿轮时，刀具中线与被加工齿轮的分度圆应保持＿＿＿＿，当加工正变位齿轮时，刀具应＿＿＿＿齿轮毛坯中心，当加工负变位齿轮时，刀具应＿＿＿＿齿轮毛坯中心。

（2）写出标准齿轮及变位齿轮分度圆、齿顶圆、齿根圆、基圆、齿距、齿厚、齿槽宽的计算公式。

2　实验结果

（1）渐开线齿廓范成

<table>
<tr><td rowspan="3">原始数据</td><td></td><td>模数 m(mm)</td><td>压力角 α</td><td>齿顶高系数 h_a^*</td><td>顶隙系数 c^*</td><td>齿数 z</td></tr>
<tr><td>齿条刀</td><td></td><td></td><td></td><td></td><td></td></tr>
<tr><td>被加工齿轮</td><td></td><td></td><td></td><td></td><td></td></tr>
<tr><td rowspan="14">被加工齿轮尺寸</td><td colspan="2">项　目</td><td colspan="2">标准齿轮</td><td colspan="2">变位齿轮</td></tr>
<tr><td colspan="2">变位系数 x</td><td colspan="2"></td><td colspan="2"></td></tr>
<tr><td colspan="2">分度圆直径 d</td><td colspan="2"></td><td colspan="2"></td></tr>
<tr><td colspan="2">齿顶圆直径 d_a</td><td colspan="2"></td><td colspan="2"></td></tr>
<tr><td colspan="2">齿根圆直径 d_f</td><td colspan="2"></td><td colspan="2"></td></tr>
<tr><td colspan="2">基圆直径 d_b</td><td colspan="2"></td><td colspan="2"></td></tr>
<tr><td colspan="2">齿距 p</td><td colspan="2"></td><td colspan="2"></td></tr>
<tr><td colspan="2">齿厚 s</td><td colspan="2"></td><td colspan="2"></td></tr>
<tr><td colspan="2">齿槽宽 e</td><td colspan="2"></td><td colspan="2"></td></tr>
<tr><td colspan="2">齿全高 h</td><td colspan="2"></td><td colspan="2"></td></tr>
<tr><td colspan="2">齿顶高 h_a</td><td colspan="2"></td><td colspan="2"></td></tr>
<tr><td colspan="2">齿根高 h_f</td><td colspan="2"></td><td colspan="2"></td></tr>
<tr><td colspan="2">是否根切</td><td colspan="2"></td><td colspan="2"></td></tr>
<tr><td colspan="6"></td></tr>
<tr><td>齿廓图</td><td colspan="6">（附原图纸）</td></tr>
</table>

(2) 齿轮参数测定

<table>
<tr><td colspan="3">测量或计算项目</td><td colspan="4">测量或计算数值(mm)</td><td>判定结果</td></tr>
<tr><td colspan="3">齿数 z</td><td colspan="4"></td><td>齿数 z=</td></tr>
<tr><td colspan="2" rowspan="3">公法线长度测量值跨齿数 k =</td><td>次数</td><td>1</td><td>2</td><td>3</td><td>平均值</td><td rowspan="3">基节 p_b =
压力角 α =
模数 m =</td></tr>
<tr><td>W'_k</td><td></td><td></td><td></td><td></td></tr>
<tr><td>W'_{k+1}</td><td></td><td></td><td></td><td></td></tr>
<tr><td colspan="2" rowspan="2">公法线长度计算值及变位系数</td><td>W_k</td><td colspan="4">$W_k = m[2.952\,1(k-0.5)+0.014z]$ =</td><td rowspan="2">变位系数 x=
齿轮为：</td></tr>
<tr><td>x</td><td colspan="4">$x=(W'_k+\Delta S-W_k)/(2m\sin\alpha)$ =</td></tr>
<tr><td rowspan="6">齿顶圆直径测量值
齿根圆直径测量值</td><td rowspan="3">偶数齿</td><td>次数</td><td>1</td><td>2</td><td>3</td><td>平均值</td><td rowspan="6">齿顶圆直径 d_a =
齿根圆直径 d_f =
全齿高 h =
齿顶高系数 h_a^* =
顶隙系数 c^* =</td></tr>
<tr><td>d'_a</td><td></td><td></td><td></td><td></td></tr>
<tr><td>d'_f</td><td></td><td></td><td></td><td></td></tr>
<tr><td rowspan="3">奇数齿</td><td>D</td><td></td><td></td><td></td><td></td></tr>
<tr><td>H_1</td><td></td><td></td><td></td><td></td></tr>
<tr><td>H_2</td><td></td><td></td><td></td><td></td></tr>
</table>

3 思考题

(1) 范成法加工渐开线齿轮时，什么情况下会发生根切？若要避免根切可采取什么措施？

(2) 比较模数、压力角及齿数均相同的标准齿轮与变位齿轮的齿形，找出其异同点。

(3) 测量公法线长度时为什么要对跨测齿数 k 提出要求？

(4) 在什么情况下，渐开线齿轮的齿高不能保持标准全齿高，需要略作削减？

成绩评定＿＿＿＿＿＿＿＿　　指导教师＿＿＿＿＿＿＿＿

实验 4　回转构件的动平衡实验

1　实验目的

（1）通过调整回转件的质量分布，消除或减小由于惯性力或惯性力偶所产生的动压力，从而消除或减小周期性的机械振动。

（2）熟悉转子动平衡的基本方法和工业动平衡机的工作原理。

2　实验设备和工具

（1）DPH-Ⅰ试验台，如图 2-13 所示。

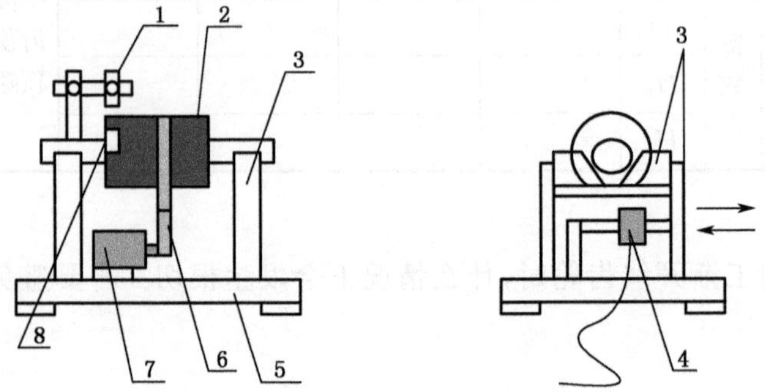

图 2-13　支承实验台结构

1—光电传感器；2—被试转子；3—硬支承摆架组件；4—压力传感器；5—减振底座；6—传动带；7—电动机；8—零位标志

（2）转子试件。

（3）平衡块。

3　实验内容

通过调整回转件的质量分布，消除或减小由于惯性力或惯性力偶所产生的动压力，消除或减小周期性的机械振动，使转子达到平衡的目的。

4　实验原理

1）*转子动平衡检测的力学原理*

转子动平衡检测一般用于轴向宽度 B 与直径 D 的比值大于 0.2 的转子（小于 0.2 的转子适用于静平衡）。转子动平衡检测时，必须同时考虑其惯性力和惯性力偶的平衡，即 $SP_i = 0$，$SM_i = 0$。如下图所示，设一回转构件的偏心重 Q_1 及 Q_2 分别位于平面 1 和平面 2 内，r_1 及 r_2 为其回转半径。当回转体以等角速度 ω 回转时，它们将产生离心惯性力 P_1 及 P_2，形成一空间力系。

由理论力学可知，一个力可以分解为与它平行的两个分力。因此，可以根据该回转体的结构，选定两个平衡基面Ⅰ和Ⅱ作为安装配重的平面。将上述离心惯性力分别分解到平面Ⅰ和Ⅱ内，即将力 P_1 及 P_2 分解为 P_1' 及 P_2'（在平面Ⅰ内）及 P_1'' 及 P_2''（在平面Ⅱ内）。这样就把空间力系的平衡问题转化为两个平面汇交力系的平衡问题了。显然，只要在平面Ⅰ和Ⅱ内各加入一个合适的配重 Q_{I} 和 Q_{II}，使两平面内的惯性力之和均等于0，构件也就完全平衡了。

2）动平衡试验机工作原理

DPH-Ⅰ试验台是一种创新的基于虚拟测试技术的智能化动平衡实验系统，特别适用于教学动平衡实验。硬支承动平衡试验机工作时，左右支承的振动振幅与不平衡重量所产生的离心力成正比且相位相同，因此，可由支承的振幅或轴承所受的力直接反映出不平衡离心力。平衡试验机系统由计算机、数据采集器、高灵敏度有源压电力传感器和光电相位传感器等组成。如图2-14所示。当被测转子在部件上被拖动旋转后，由于转子的中心惯性主轴与其旋转轴线存在偏移而产生不平衡离心力，迫使支承做强迫震动，安装在左右两个硬支承机架上的两个有源压电力传感器感受此力而发生机电换能，产生两路包含有不平衡信息的电信号输出到数据采集装置的两个信号输入端；与此同时，安装在转子上方的光电相位传感器产生与转子旋转同频同相的参考信号，通过数据采集器输入到计算机。

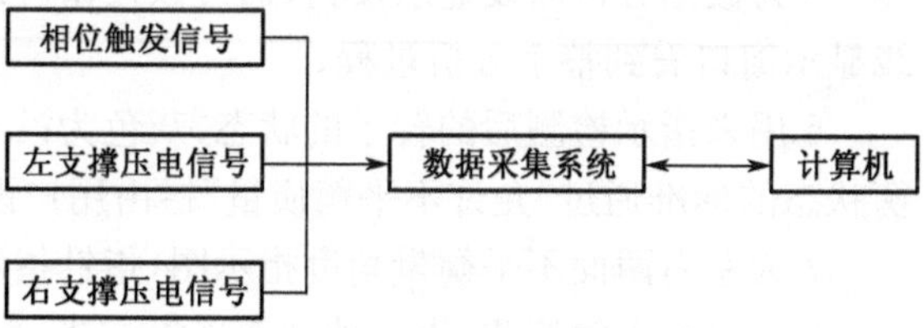

图 2-14　实验系统框图

计算机通过采集器采集此3路信号，由虚拟仪器进行前置处理、跟踪滤波、幅度调整、相关处理、快速傅里叶变换(FFT)、校正面之间的分离解算、最小二乘加权处理等，最终算出左右两面的不平衡量(g)、校正角(°)以及实测转速(r/min)。

同时，给出实验过程的数据处理方法、FFT的处理过程和曲线的变化过程。

3）软件系统

系统进入所需要的时间由计算机系统的配置而定，计算机系统的配置越好，软件的启动速度越快，启动进度由上面绿色滚动条指示。通过点击启动界面可进入系统主界面，如图2-15所示。

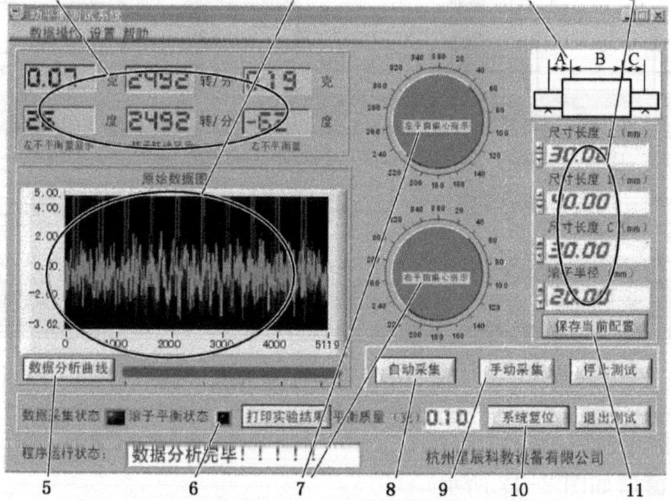

图 2-15　系统主界面

(1) 主界面

1 为测试结果显示区域,包括左右不平衡量显示、转子转速显示、不平衡方位显示。

2 为转子结构显示区,用户可以通过双击当前显示的转子结构图,直接进入转子结构选择图,选择需要的转子结构。

3 为转子参数输入区域,在计算偏心位置和偏心量时,需要用户输入当前转子的各种尺寸,如图上所示的尺寸,在图上没有标出的尺寸是转子半径,输入数值均以 mm 为单位。

4 为原始数据显示区,该区域用来显示当前采集的数据或者调入的数据的原始曲线,在该曲线上用户可以看出机械振动的大概情况,如转子偏心的大小,那么在原始曲线上用户可以看出一些周期性的振动情况。

5 为数据分析曲线显示按钮,通过该按钮可以进入详细曲线显示窗口,可以通过详细曲线显示窗口看到整个分析过程。

6 用来指示检测后的转子的状态,灰色为没有达到平衡,蓝色为已经达到平衡状态。平衡状态的标准通过"允许不平衡质量"栏由用户设定。

7 为左右两面不平衡量角度指示图,指针指示的方位为偏重的位置角度。

8 为自动采集按钮,为连续动态采集方式,直到停止按钮按下为止。

9 为单次采集按钮。

10 为复位按钮,用来清除数据及曲线,重新进行测试。

11 为工件几何尺寸保存按钮开关,点击该开关可以保存设置数据(重新开机数据不变)。

(2) 模式设置界面

如图 2-16 所示,图上罗列了一般转子的结构图,用户可以通过鼠标来选择相应的转子结构来进行实验。每一种结构对应一个计算模型,用户选择了转子结构同时也选择了该结构的计算方法。

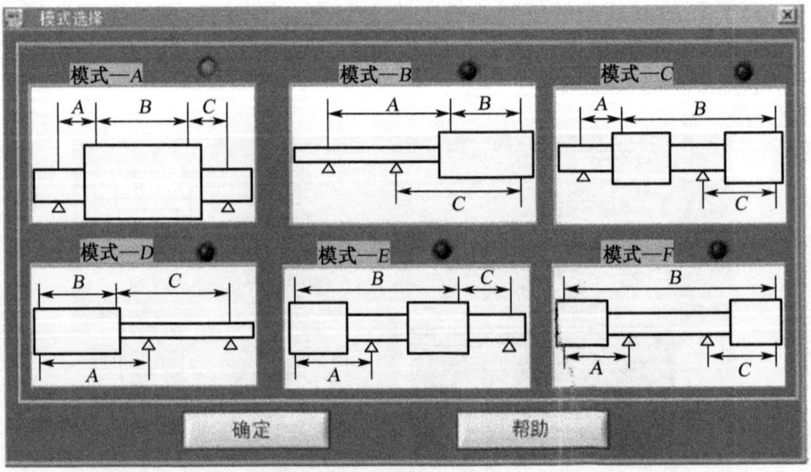

图 2-16　模式设置界面

(3) 采集器标定窗口

采集器标定窗口如图 2-17 所示。

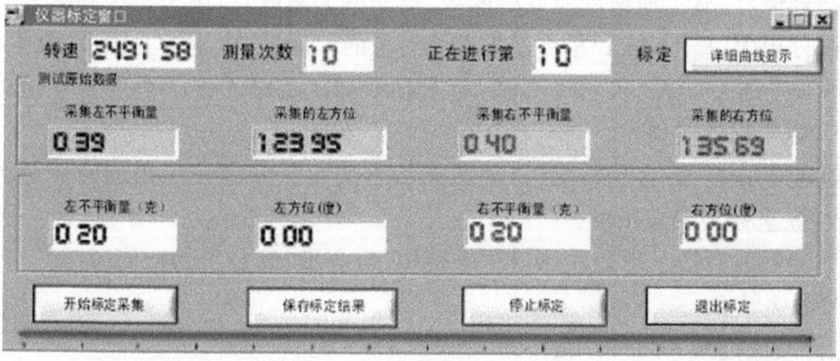

图 2-17 采集器标定窗口

用户进行标定的前提是有一个已经平衡了的转子，在已经平衡了的转子上的 A，B 两面加上偏心重量，所加的重量（不平衡量）及偏角（方位角），用户从“标定数据输入窗口”输入，启动装置后，用户通过点击“开始标定采集”来开始标定的第一步，这里需要注意的是这些操作是针对同一结构的转子进行标定的，以后进行转子动平衡时应该是同一结构的转子，如果转子的结构不同则需要重新标定。“测试次数”由用户自己设定，次数越多，则标定的时间越长，一般为 5～10 次。“测试原始数据”栏只是用户观察数据栏，只要有数据，表示正常，反之为不正常。从“详细曲线显示”栏，用户可观察标定过程中数据的动态变化过程，来判断标定数据的准确性。在数据采集完成后，计算机采集并计算的结果位于第二行的显示区域，用户可以将手工添加的实际不平衡量和实际的不平衡位置填入第三行的输入框中，输入完成并按“保存标定结果”按钮，“退出标定”完成该次标定。

(4) 数据分析窗口

按“数据分析曲线”键，出现数据分析窗口，如图 2-18 所示，可详细了解数据分析过程。

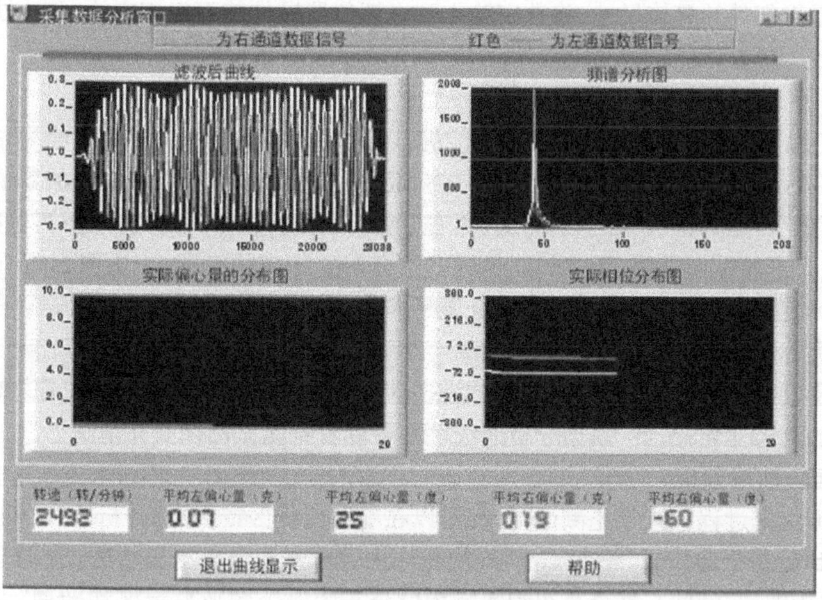

图 2-18 数据分析曲线

① 滤波器窗口:显示加窗滤波后的曲线,横坐标为离散点,纵坐标为幅值。

② 频谱分析图:显示 FFT 左右支承振动信号的幅值谱,横坐标为频率,纵坐标为幅值。

③ 实际偏心量分布图:自动检测时,动态显示每次测试的偏心量的变化情况。横坐标为测量点数,纵坐标为幅值。

④ 实际相位分布图:自动检测时,动态显示每次测试的偏相位角的变化情况。横坐标为测量点数,纵坐标为偏心角度。

⑤ 最下端指示栏指示出每次测量时的转速、偏心量、偏心角的数值。

4) 主要技术参数

(1) 工件质量范围:0.1～5 kg;

(2) 工件最大外径:ϕ260;

(3) 两支承间距离:50～400 mm;

(4) 支承轴径范围:ϕ3～ϕ30;

(5) 圈带传动处轴径范围:ϕ25～ϕ80;

(6) 电机功率:0.12 kW;

(7) 平衡转速:约 1 200 r/min, 2 500 r/min, 2 挡;

(8) 最小可达残余不平衡量:≤0.3 g·mm/kg;

(9) 一次减低率:≥90%;

(10) 测量时间:最长 3 s。

5 实验步骤

(1) 平衡模式选择

在动平衡实验系统的虚拟仪器操作前面板,点击左上"设置"菜单功能键的"模式设置"功能,屏幕出现 6 种模型,根据动平衡元件的形状,选择 A,点击确定,回到虚拟仪器操作前面板。测量平衡件的具体尺寸,将数字输入到虚拟仪器操作前面板相应的 abcd 处,点击"保存当前配置",仪器就能记录当前配置。

(2) 系统标定

点击 "设置"框的"系统标定"按钮功能键,屏幕上出现仪器标定窗口。将两块 2 g 重的磁铁放置在标准转子两侧的零度位置上,在标定数据输入窗口框内,将相应的数值分别输入"左不平衡量"、"左方位"、"右不平衡量"、"右方位"的数据框内;启动动平衡实验机,待转子平稳后,点击开始标定采集,下方的红色进度条会产生相应的变化,上方显示框显示当前转速及正在标定的次数,默认是 10 次,标定值是多次测试的平均值。

(3) 动平衡测试

分为手动测试和自动测试,自动测试为多次循环测试;点击自动测试按钮,操作者可以看到系统的动态变化,按下"数据分析曲线"键,可以看到测试曲线变化情况。

(4) 实验曲线分析

在数据采集过程中或停止测试时,都可以在前面面板区按"数据分析曲线"键,计算机屏幕会切换到数据采集窗口,该窗口有 4 个图形显示区和 5 个数字显示区,分别是滤波后曲线、频谱分析图、实际偏心量分布图和实际相位分布图 4 个图形显示区和转速、左右偏心量及偏心角显示窗口。

(5) 平衡

在自动检测状态,先在主面板上按“停止测试”键,待自动检测进度条停止后,关停动平衡实验台转子,根据左右不平衡量的显示值,加重时根据左右相位角的显示位置,在对应的相位 180°位置,添加相应的或略小于面板显示的质量的不平衡量,然后,启动实验装置,待转速稳定后,再按“自动检测”,进行第二次动平衡检测,如此重复多次,直至主界面的转子平衡状态显示红色,说明转子已经达到所要求的平衡状态。

(6) 打印

回转构件的动平衡实验报告

班级＿＿＿＿＿＿ 姓名＿＿＿＿＿＿ 学号＿＿＿＿＿＿

同组实验人姓名＿＿＿＿＿＿＿＿＿ 实验日期＿＿＿＿＿＿

1 实验记录

(1) 模型尺寸

$A=$ ＿＿＿＿ $B=$ ＿＿＿＿ $C=$ ＿＿＿＿ $D=$ ＿＿＿＿

(2) 实验结果

次序	校测前				校测后			
	不平衡质量(左)		不平衡质量(右)		加质量(左)		加质量(右)	
	大小	相位	大小	相位	大小	相位	大小	相位
第1次实验								
第2次实验								
第3次实验								
第4次实验								
第5次实验								
第6次实验								

2 思考题

(1) 为什么偏重太大，需要先进行静平衡？

(2) 硬支承与软支承平衡机有哪些异同？

(3) 刷记号起什么作用，怎样保证在实际操作中不产生位置误差？

成绩评定＿＿＿＿＿＿＿＿ 指导教师＿＿＿＿＿＿＿＿

第3章 机械设计

实验1 螺栓联接实验

1 实验目的

(1) 了解螺栓联接在拧紧过程中各部分的受力情况。

(2) 计算螺栓相对刚度，并绘制螺栓联接的受力变形图。

(3) 验证受轴向工作载荷时，预紧螺栓联接的变形规律，以及对螺栓总拉力的影响。

(4) 通过螺栓的动载实验，改变螺栓联接的相对刚度，观察螺栓动应力幅值的变化，以验证提高螺栓联接强度的各项措施。

2 实验设备及原理

1) 改变螺栓联接强度的措施

螺栓联接的强度主要取决于螺栓的强度，因此提高螺栓的强度将大大提高联接系统可靠性。常采用降低应力幅值以提高螺栓强度的措施。

受轴向变载荷的紧螺栓联接(如内燃机气缸盖螺栓联接)，当螺栓所受的工作拉力在 $0\sim F$ 之间变化时，则螺栓的总拉力将在 $F_0 \sim F_2$ 之间变动。则

$$\sigma_a = \frac{2F}{\pi d_c^2} \cdot \frac{c_b}{c_b + c_m}$$

单独减小螺栓刚度 c_b 或单独增大被联接件刚度 c_m，均可减小应力幅值，分别如图 3-1、图 3-2 所示。

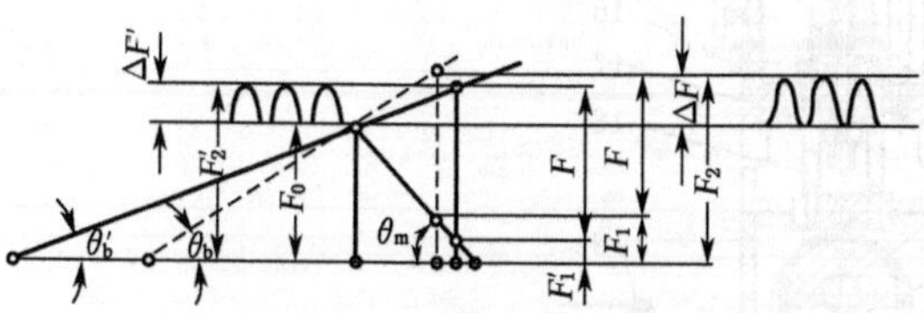

图 3-1 降低螺栓的刚度

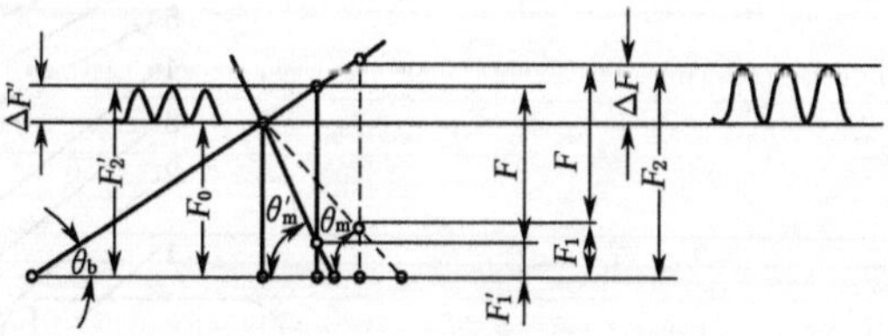

图 3-2 增大被联接件的刚度

图 3-3 表示将降低螺栓刚度、增大被联接件刚度和增大预紧力 3 个措施同时并用时，螺栓联接载荷变化情况。

为了减小螺栓的刚度，可适当增加螺栓的长度或采用腰状杆螺栓和空心螺栓。也可在螺母下面安装弹性元件，如图 3-4 所示。

为了增大被联接件的刚度，可以不用垫片或采用刚度较大的垫片。对于需要保持紧密性的联接，从增大被联接件的刚度的角度来看，采用较软的气缸垫片并不合适，此时以采用

刚度较大的金属垫片或密封环较好，如图 3-5 所示。

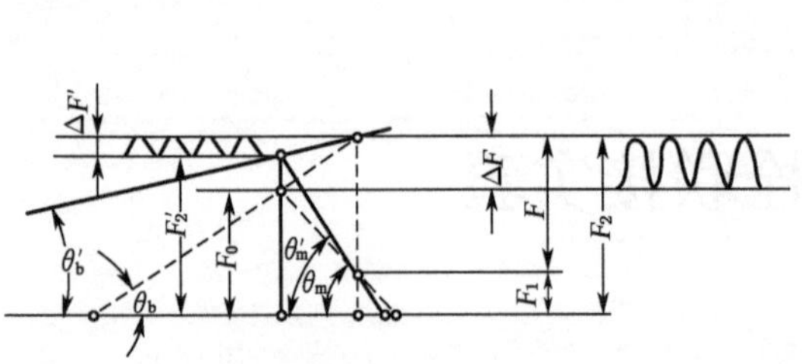

图 3-3　同时采取 3 种措施

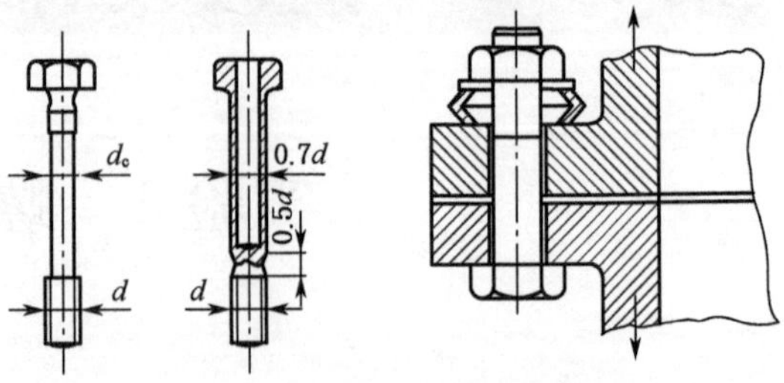

图 3-4　减小螺栓刚度的措施

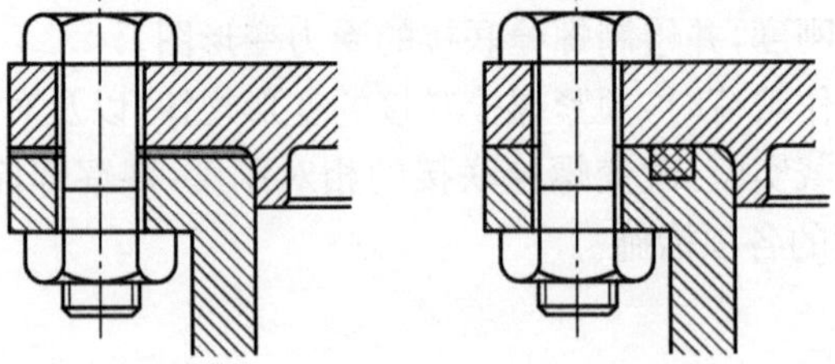

图 3-5　增大被联接件刚度的措施

2) 实验设备

该实验需 LZS 型螺栓联接综合实验台，CQYDJ-4 型静、动态电阻应变仪，计算机及专用软件等实验设备及仪器。

(1) 螺栓联接实验台的结构

如图 3-6 所示为螺栓联接实验台的结构。

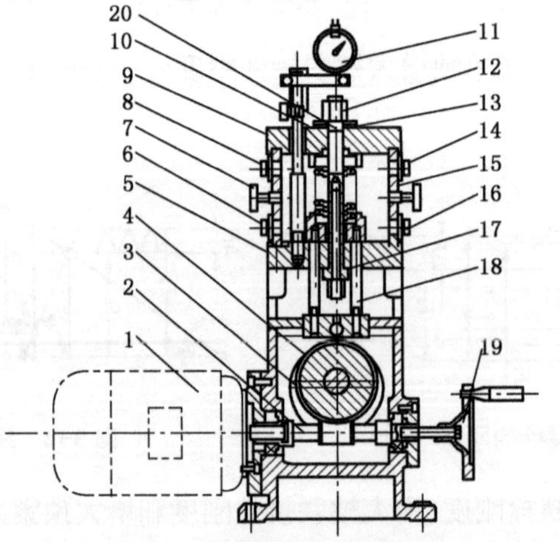

图 3-6　螺栓联接综合实验台

1—电动机；2—蜗杆；3—凸轮；4—蜗轮；5—下板；6—扭力插座；7—锥塞；
8—拉力插座；9—弹簧；10—空心螺杆；11—千分表；12—螺母；
13—组合垫片(一面刚性一面弹性)；14—八角环压力插座；15—八角环；
16—挺杆压力插座；17—M8 螺杆；18—挺杆；19—手轮；20—上板

① 联接部分由 M16 空心螺栓、大螺母、垫片组组成。空心螺栓贴有测拉力和扭矩的两组应变片，分别测量螺栓在拧紧时所受预紧拉力和扭矩。空心螺栓的内孔中装有 M8 螺栓，拧紧或松开其上的手柄杆，即可改变空心螺栓的实际受载截面积，以达到改变联接件刚度的目的。垫片组由刚性和弹性两种垫片组成。

② 被联接件部分由上板、下板和八角环组成，八角环上贴有应变片，测量被联接件受力的大小，中部有锥形孔，插入或拨出锥塞即可改变八角环的受力，以改变被联接件系统的刚度。

③ 加载部分由蜗杆、蜗轮、挺杆和弹簧组成，挺杆上贴有应变片，用以测量所加工作载荷的大小，蜗杆一端与电机相联，另一端装有手轮，启动电机或转动手轮使挺杆上升或下降，以达到加载、卸载(改变工作载荷)的目的。

(2) 应变量的测量

实验台各被测件的应变量由 CQYDJ-4 型静、动态电阻应变仪测量。CQYDJ-4 型静、动态电阻应变仪是利用金属材料的应变片，将非电量的变化转换成电量变化的测量仪，当被测件受到外力作用长度发生变化时，粘贴在被测件上的应变片也相应变化，应变片的电阻值也随着发生了 ΔR 的变化，这样就把机械量的变化转换成电量(电阻值)的变化。用灵敏的电阻测量仪——电桥，测出电阻值的变化 $\Delta R/R$，就可换算出相应的应变 ε，并可直接在测量仪的数码管上读出应变值。通过 A/D 板，该仪器可向计算机发送被测点应变值，供计算机处理。

(3) 计算机专用多媒体软件及其他配套器具

① 计算机的配置为带 ISA 槽主板、128 MB 内存、40 GB 硬盘、Celeronl. 3G、光驱 48X、17 英寸纯平显示器。

② 配套 A/D 板为 PC 6360 转换卡。

③ 实验台专用多媒体软件可进行螺栓静态联接实验和动态联接实验的数据结果处理、整理，并打印出所需的实测曲线和理论曲线图，待实验结束后进行分析。

④ 专用扭力扳手(0～20 N·m)1 把，量程为 0～1 mm 的千分表 2 个。

3 实验方法和步骤

以螺栓联接静态实验为例说明实验方法和步骤。

1) 实验台和仪器的预调与连接

(1) 实验台：取出八角环上的两锥塞，松开空心螺栓上的 M8 小螺杆，装上刚性垫片，转动手轮，使挺杆降下，处于卸载位置。

将两块千分表分别安装在表架上，使表头分别与上板面(靠外侧)和螺栓顶面接触，用以测量联接件(螺栓)与被联接件的变形量。手拧大螺母至恰好与垫片接触。(预紧初始值)螺栓不应有松动的感觉，分别将两个千分表调零。

(2) 测量仪：配套的 4 根输出线的插头将各点插座连接好。各测点的布置为：电机侧八角环的上方为螺栓拉力，下方为螺栓扭力。手轮侧八角环的上方为八角环压力，下方为挺杆压力。然后再将各测点输出线分别接于测量仪背面 1、2、3、4 各通道的 A、B、C 接线端子上，注意黄色线接 B 端子(中点)。

(3) 计算机：用配套的串口数据线接仪器背面的 9 芯插座，另一头连接计算机上的 A/D

板接口。启动计算机,按软件使用说明书要求的步骤操作,进入实验台静态螺栓实验界面后,单击“空载调零”键,对“应变测量值”框中数据清零,如串口数据线连接无误,则该输入框中会有数据显示并跳动。

(4) 调节静动态测量仪:通过测量仪上的选择开关,分别切换至各对应点,调节对应的“电阻平衡”电位器,使数码管为“0”,进行测点的电阻平衡。

2) 实验方法和步骤

(1) 螺栓联接的静态实验

① 用扭力矩扳手预紧被试螺栓,当扳手力矩为 30～40 N 时,取下扳手,完成螺栓预紧。

② 进入静态螺栓界面,将给定的标定系数由键盘输入到相应的“参数给定”框中。将千分表测量的螺栓拉变形和八角环压变形值输入到相应的“千分表值输入”框中。

③ 单击“预紧测试”键,对预紧的数据进行采集和处理。

④ 用手将实验台上手轮逆时钟(面对手轮)旋转,使挺杆上升至一定高度,对螺栓轴向加载,加载高度≤16 mm。高度值可通过塞入中 16 mm 的测量棒确定,然后将千分表测到的变形值再次输入到相应的“千分表值输入”框中。

⑤ 单击“加载测试”键,进行轴向加载的数据采集和处理。

⑥ 单击“实测曲线”键,作出螺栓联接对受力和变形的实测综合变形图。

⑦ 单击“理论曲线”键,作出螺栓联接的受力和变形的理论曲线图形。

⑧ 单击“打印”键,打印实测曲线图形和理论曲线图形。

⑨ 完成上述操作后,静态螺栓联接实验结束,单击“返回”键,返回主界面。

(2) 螺栓联接的动态实验

① 螺栓联接的静态实验结束返回主界面后,单击“动态螺栓”键,进入动态螺栓实验界面。

② 重复静态实验方法和步骤中的步骤③、④。

③ 取下实验台右侧手轮,开启实验台电动机开关,单击“动态测试”键,使电动机运转 30 s 左右,进行动态加载工况的采集和处理。

④ 单击“测试曲线”键,作出工作载荷变化时螺栓拉力和八角环压力变化实际波形图。

⑤ 单击“理论曲线”键,作出工作载荷变化时螺栓拉力和八角环压力及工作载荷变化的理论波形图。

⑥ 单击“打印”键,打印实测波形图和理论波形图。

⑦ 完成上述操作后,动态螺栓联接实验结束。

4 实验项目

LZS 型螺栓联接综合实验台可进行下列实验项目,每个实验项目都需对实验台进行调整和相应标定系数的输入工作:

(1) 螺栓联接静动态实验

① 实验台要求:取出八角环上的两锥塞,松开空心螺杆上的 M8 小螺杆,装上刚性垫片。

② 标定系数:使用空心螺栓项的给定数据。

(2) 增加螺栓刚度的静动态实验

① 实验台要求：取出八角环上的两锥塞，拧紧空心螺杆上的 M8 小螺杆，装上刚性垫片。

② 标出系数：使用实心螺栓给定数据。

(3) 增加被连接件刚度的静动态实验

① 实验台要求：插上八角环上的两锥塞，松开空心螺杆上的 M8 小螺杆，装上刚性垫片。

② 标定系数：使用锥塞项给定的数据。

(4) 改用弹性垫片的静动态实验

① 实验台要求：取出八角环上的两锥塞，松开空心螺杆上的 M8 小螺杆，装上弹性垫片。

② 标定系数：使用弹性垫片项给定的数据。

5 注意事项

(1) 电机的接线必须正确，电机的旋转方向为逆时钟(面向手轮正面)。

(2) 进行动态实验，开启电机电源开关时必须注意把手轮卸下来，以避免电机转动时发生安全事故，并可减少实验台振动和噪声。

螺栓联接实验报告

班级________ 姓名________ 学号________

同组实验人姓名____________ 实验日期________

1 实验目的

2 实验数据

(1) 实验条件:

应变仪型号________

(2) 实验数据及计算结果

① 由计算机进行螺栓静态联接实验数据结果处理、整理,并打印出所需的实测曲线和理论曲线图。

② 由计算机进行螺栓动态联接实验的数据结果处理、整理,并打印出所需的实测曲线和理论曲线图。

3 思考题

(1) 螺栓静态联接实验与螺栓动态联接实验有何区别?

(2) 增加被联接件刚度,螺栓静态联接实验的实测曲线和螺栓动态联接实测曲线哪些参数发生变化?变化趋势如何?

成绩评定____________ 指导教师____________

实验 2　带传动实验

1　实验目的

(1) 观察带传动中的弹性滑动和打滑现象以及它们与带传递的载荷之间的关系。

(2) 测定弹性滑动率与所传递的载荷和带传动效率之间的关系,绘制带传动的弹性滑动曲线与效率曲线。

(3) 了解传动实验台的设计原理与扭矩、转速的测量方法。

2　实验设备和原理

1) PC-B(PC-A)型皮带传动试验台

由于弹性滑动率、打滑现象以及带传动的效率都与带所传递的载荷的大小有密切的关系,故本实验用灯泡做负载以改变载荷。本实验台由主电机和测量系统两大部分组成,如图3-7 所示。

(1) 主电机

主电机是直流电动机,装在滑座上,可沿滑座滑动,电机轴上装有主动轮,通过平带带动从动轮,从动轮装在直流发电机的轴上。在直流发电机的输出电路上并联了 8 个灯泡,每个 40 W,作为带传动的加载装置。砝码通过钢丝绳、定滑轮拉紧滑座,从而使带张紧,并保证一定的初拉力。开启灯泡,可改变发电机的负载电阻,随着开启灯泡的数目增多,发电机的负载逐步增大,带的受力增大,两边的拉力差也增大,带的弹性滑动逐步增加。当带传递的载荷刚好达到带所能传递的最大有效圆周力时,带开始打滑,当负载继续增加时带则完全打滑。

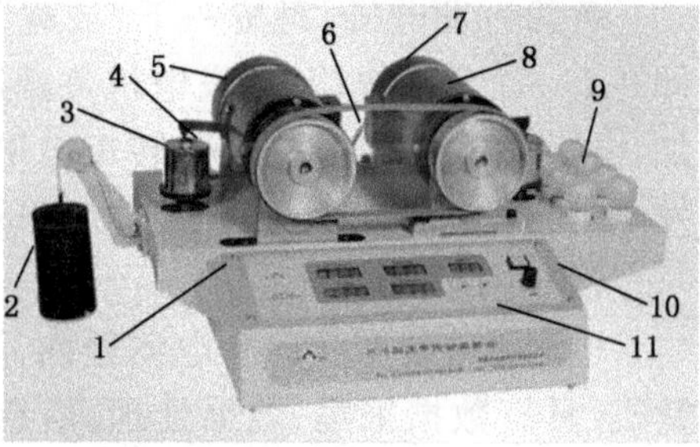

图 3-7　PC-B 型皮带传动试验台

1—电机移动底板；2—砝码；3—传感器；4—弹性测力杆；5—主动电动机；6—平皮带；7—光电测速装置；8—发电机；9—加载灯泡；10—机壳；11—操纵面板

(2) 测量系统

测量系统由电机转速测量系统和测扭矩装置两部分组成。

① 光电测转速装置

在主动轮和从动的轴上分别安装一同步转盘,在转盘的同一半径上钻一小孔,在小孔一侧固定有光电传感器,并使传感器的测头正对小孔。带轮转动时,就可在数码管上直接读出带轮转速 n_1、n_2。带传动的弹性滑动率 ε 为:

$$\varepsilon=\frac{v_1-v_2}{v_1}=\frac{n_1D_1-n_2D_2}{n_1D_1}$$

② 测扭矩装置

主动轮的扭矩 T_1 和从动轮的扭矩 T_2 均可通过电机外壳来测定。

电动机和发电机的外壳支承在支座的滚动轴承中，并可绕与转子重合的轴线摆动。当电动机启动和发电机负载后，由于定子磁场和转子磁场的相互作用，电动机的外壳将向转子旋转的反向倾倒，发电机的外壳将向转子旋转的同向倾倒，它们的倾倒力矩可分别通过固定在定子外壳上的测力计所测得的力矩来平衡。带传动的效率 η 为：

$$\eta = \frac{P_2}{P_1} = \frac{T_2 n_2}{T_1 n_1}$$

式中：P_1——主动轮的功率；

P_2——从动轮的功率。

只要测得不同负载下主动轮的转速 n_1 及对应的扭矩 T_1 和从动轮的转速 n_2 及对应扭矩 T_2，就可算出在不同的有效拉力 F 下的弹性滑动率 ε 和效率 η。以有效拉力 F 为横坐标，分别以不同拉力 F 下的 ε 和 η 为纵坐标，可以画出带传动的弹性滑动曲线和效率曲线。

2) DCS-Ⅱ型带传动实验台

如图 3-8 所示为 DCS-Ⅱ型带传动实验台。由负载和电测系统两部分组成。

(1) 负载

负载为发电机，每按一下"加载"按键，即并上一个负载电阻，使发电机负载逐步增加，电枢电流增大，随之电磁转矩也增大，即发电机的负载转矩增大，实现了负载的改变。

图 3-8　DCS-Ⅱ带传动实验台

(2) 电测系统

电测系统装在实验台电测箱内，附设单片机，具有数据采集、数据处理、信息记忆、自动显示等功能。能实时显示带传动过程中主动轮的转速、转矩和从动轮的转速、转矩值。如通过微机接口外接 PC 机，这时就可自动显示并能打印输出带传动的滑动曲线 ε-T_2 和传递效率曲线 η-T_2 以及相关数据。

电测箱操作部分主要集中在箱体正面的面板上，面板的布置如图 3-9 所示。

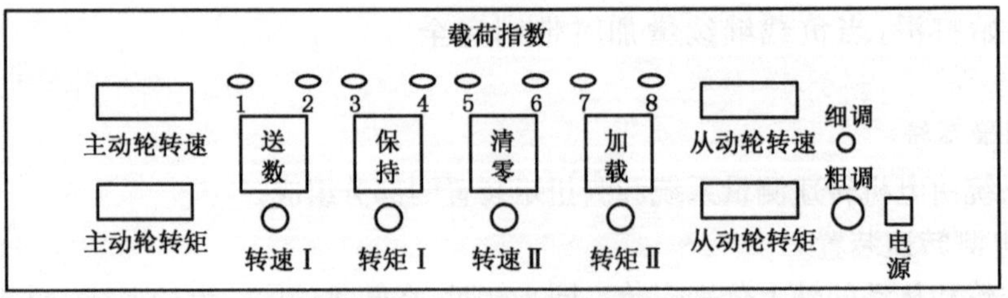

图 3-9　电测箱操作面板

3　实验步骤

1) PC-B(PC-A)型皮带传动试验台

(1) 接通电源，实验台的指示灯亮，检查测力计的测力杆是否处于平衡状态，若不平衡则调整到平衡。

(2) 加砝码 3 kg，使带具有初拉力。

(3) 慢慢地沿顺时针方向调整调速按钮，使电机从开始运转逐渐加速到 $n_1 = 1\,000$ r/min 左右，记录 n_1、n_2、Q_1、Q_2 一组数据。

(4) 开启一个灯泡(即加载)，记录 n_1、n_2、Q_1、Q_2 一组数据，注意此时 n_1 和 n_2 之间的差值，同时观察带的弹性滑动现象。

(5) 逐渐增加负载(即每次开启一个 40 W 的灯泡)，重复第 4 步，直到带传动开始进入打滑阶段。若再开启灯泡，则 n_1 和 n_2 之差迅速增大。

(6) 实验完毕，将一切复原，卸掉砝码，关闭电源。

本实验台的主要参数为：带轮直径 $D_1 = D_2 = 120$ mm；测力杆长度 $L_1 = I_2 = 120$ mm。

2) DCS-Ⅱ型带传动实验台

(1) 设置预拉力

(2) 接通电源

在接通电源前将开关粗调电位器的电机调速旋钮逆时针转到底，使开关断开，细调电位器旋钮逆时针旋到底。按电源开关接通电源，按一下"清零"键，此时主、被动电机转速显示为"0"，力矩显示为"·"，实验系统处于"自动校零"状态。校零结束后，力矩显示为"0"。再将粗调调速旋钮顺时针旋转接通"开关"，并慢慢地向高速方向旋转，电机启动，逐渐增速，同时观察实验台面板上主动轮转速显示屏上的转速数，其上的数字即为当时的电机转速。当主动电机转速达到预定转速(本实验建议预定转速为 1 200～1 300 r/min 左右)时，停止转速调节。此时从动电机转速也将稳定地显示在显示屏上。

(3) 加载

在空载时，记录主、被动轮转矩与转速。按"加载"键一次，第一个加载指示灯亮，调整主动电机转速(此时只需使用细调电位器进行转速调节)，使其仍保持在预定工作转速内，待显示基本稳定(一般 LED 显示器跳动 2～3 次即可达到稳定值)，记下主、被动轮的转矩及转速值。

再按"加载"键一次，第二个加载指示灯亮，再调整主动转速(用细调电位器)，仍保持预定转速，待显示稳定后再次记下主、被动轮的转矩及转速值。

第三次按"加载"键，第三个加载指示灯亮，再调整主动转速(用细调电位器)，仍保持预定转速，待显示稳定后再次记下主、被动轮的转矩及转速值。

重复上述操作，直至 7 个加载指示灯亮，记录下 8 组数据。根据这 8 组数据便可作出带传动滑动曲线 $\varepsilon - T_2$ 及效率曲线 $\eta - T_2$。

为便于记录数据，在实验台的面板上还设置了"保持"键，每次加载数据基本稳定后，按"保持"键可使转矩、转速稳定在当时的显示值不变。按任意键，可脱离"保持"状态。

(4) 关断电源

在记录下各组数据后应先将电机粗调速旋钮逆时针转至"关断"状态，然后将细调电位器逆时针转到底，再按"清零"键。显示指示灯全部熄灭，机构处于关断状态，等待下次实验或关闭电源。

带传动实验报告

班级＿＿＿＿＿＿ 姓名＿＿＿＿＿＿ 学号＿＿＿＿＿＿

同组实验人姓名＿＿＿＿＿＿＿＿ 实验日期＿＿＿＿＿＿

1 实验目的

2 实验数据

负载情况	电动机转速 n_1 (r/min)	发电机转速 n_2 (r/min)	电动机转矩读数 T_1	发电机转矩读数 T_2
0				
1				
2				
3				
4				
5				
6				
7				
8				

3 数据处理

分别绘制弹性滑动和效率曲线。

4 思考题

弹性滑动与打滑有什么区别，分别发生在什么情况下？

成绩评定＿＿＿＿＿＿＿＿ 指导教师＿＿＿＿＿＿＿＿

实验3　减速器拆装实验

1　实验目的

通过对一级或二级圆柱齿轮减速器的拆装和分析，达到了解其中各零件的结构、用途及减速器的装配、调整及润滑方法。

2　实验设备和工具

(1) ZCJ-A型拆装实验用减速器(一级或二级)。

(2) 木槌、扳手、起子、拉马、塞规、钢直尺、外卡。

(3) A4图纸、铅笔(自备)。

3　拆装和分析步骤

(1) 在拆开减速器前，观察其外形、外露零件的相互位置，判断减速器属于何种类型。

(2) 拆开箱盖，观察齿轮、轴的结构特点及齿轮在轴上如何定位。

(3) 确定齿轮副的润滑形式。

(4) 通过对轴承结构的分析，了解其结构特点，明确如下问题：

① 轴承的受力情况如何，为什么采用该类型轴承，为什么这样布置；

② 是否要调整轴承的间隙，如何调整；

③ 轴承盖的形式、结构；

④ 如何保证轴的润滑，采用什么润滑剂；

⑤ 采用何种密封装置。

(5) 分析减速器其他部分(如螺栓凸台、吊钩或吊环、加强筋、箱体结合面、底座面及螺栓分布、通气器、油塞、油标、观察孔等)的结构特点、用途及优缺点。

(6) 分析如何调整齿轮啮合。

(7) 分析轴承部分零件的装拆顺序。

4　注意事项

(1) 拆卸时，要认真工作，观察要仔细。要爱护工具及各构件，用力适当，以免损坏零件。

(2) 拆出的零件要按一定的顺序摆放，注意保护各配合面不受污损和破坏。

(3) 注意安全，零件要轻拿轻放，小组成员互相配合。

(4) 拆卸结束后，应把减速器按原样装好，收好工具并交经指导教师查验后方可离开实验室。

减速器拆装实验报告

班级__________ 姓名__________ 学号__________

同组实验人姓名______________ 实验日期________

1 实验目的

2 实验数据

(1) 减速器的主要参数

	第一轴	第二轴	第三轴
传动比			
中心距 A			
齿轮最大浸油深度 H			
轴承类型			
轴承润滑方法			
轴承轴向间隙调整方法			
轴座两侧凸台高度			

(2) 减速器附属结构及附件

名称	箱盖吊环	加强筋	通气器	观察孔	油塞
型式尺寸					
名称	油标	箱座吊钩	联接螺栓	定位销	起盖螺钉
数量					

(3) 各种螺栓、螺钉的尺寸

轴承盖螺钉	观察孔盖螺钉	上下箱体接合螺栓

3 对实验的建议和意见

成绩评定____________ 指导教师____________

实验 4　滑动轴承实验

1　实验目的

(1) 观察径向滑动轴承液体动压润滑油膜的形成过程和现象。

(2) 测定和绘制径向滑动轴承径向油膜压力曲线,求轴承的承载能力。

(3) 观察载荷和转速改变时油膜压力变化情况。

(4) 观察径向滑动轴承油膜的轴向压力分布情况。

(5) 了解径向滑动轴承的摩擦系数 f 及其测量方法和摩擦特性曲线的绘制方法。

2　实验台的构造和工作原理

该实验的实验设备为 HS-A 型液体动压轴承试验台,如图 3-10 所示,其构造如图3-11 所示。

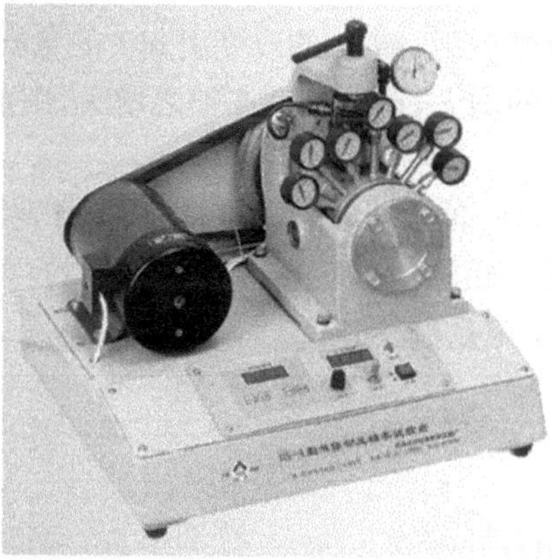

图 3-10　HS-A 液体动压轴承实验台

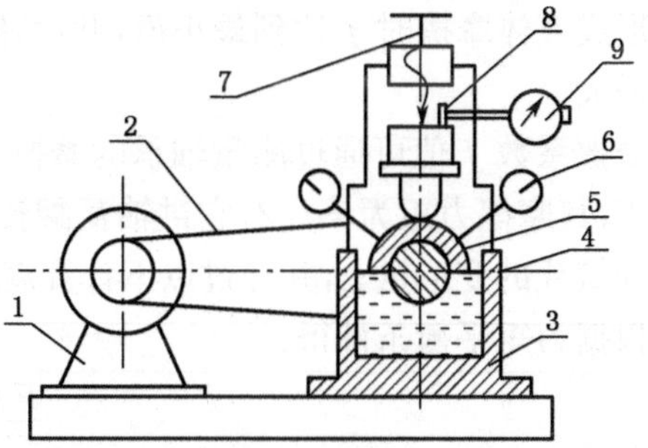

图 3-11　HS-A 型液体动压轴承实验台

1—直流电机; 2—V 带传动; 3—箱体; 4—轴; 5—轴瓦
6—压力表; 7—加载装置; 8—弹簧片; 9—测力计(百分表)

(1) 传动装置

传动装置由直流电动机 1 通过 V 带传动 2 驱动轴沿顺时针(面对实验台面板)方向转动,由无级高速器实现轴 4 的无级高速。本实验台轴的转速范围为 3～500 r/min,轴的转速由数码管直接读出。

(2) 轴与轴瓦间的油膜压力测量装置

轴的材料为 45 号钢,经表面淬火、磨光,由滚动轴承支承在箱体 3 上,轴的下半部浸泡在润滑油中。本实验台采用的润滑油牌号为 N68(即旧牌号 40 号机械油),该油在 20 ℃时的动力黏度为 0.34 Pa・s。轴瓦的材料为铸锡铅青铜,牌号为 ZCuSn5PbZn5(即旧牌号 ZQSn6-6-3)。在轴瓦的一个径向平面内沿圆周钻有 7 个小孔,每个小孔沿圆周相隔 20°,

每个小孔联接一个压力表，用来测量该径向平面内相应点的油膜压力，由此可绘制出径向油膜压力分布曲线。沿轴瓦的一个轴向压力剖面装有两个压力表，用来观察有限长滑动轴承沿轴向的油膜压力情况。

(3) 加载装置

油膜径向压力分布曲线是在一定的载荷和一定的转速下绘制的。当载荷改变或轴的转速改变时所测出的压力值是不同的，所绘出的压力分布曲线的开头也是不同的。转速的改变方法于前所述。本实验台采用螺旋加载，转动螺旋即可改变载荷的大小，所加载荷值可通过传感器数字显示，直接在实验的操纵板上读出(取中间值)。这种加载方法的主要优点是结构简单，使用方便，载荷的大小可任意调节。

(4) 摩擦系数测量装置

径向滑动轴承的摩擦系数随轴承的特性系数 $\eta n/p$ 值的改变而改变(η 为油的动力粘度，n 为轴的转速，p 为压力，$p = W/Bd$，W 为轴上的载荷，B 为轴瓦的宽度，d 为轴的直径，本实验台 $B = 125$ mm，$d = 70$ mm)，如图 3-12 所示。

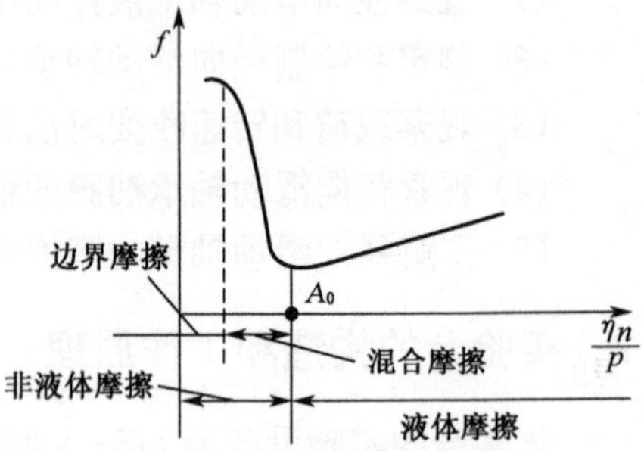

图 3-12 摩擦特性曲线

在边界摩擦时，f 随着 $\eta n/p$ 的增大而变化很小(由于n值很小，建议用手慢慢地转动轴)，进入混合摩擦后，$\eta n/p$ 的改变引起f 的急剧变化，在刚形成液体摩擦时 f 达到最小值，此后，随 $\eta n/p$ 的增大，油膜厚度亦随之增大，因而 f 亦有所增大。

摩擦系数 f 值可通过测量轴承的摩擦力矩而得到。轴 4 转动时，轴对轴瓦 5 产生周向摩擦力 F，其摩擦力矩为 $Fd/2$，它供轴瓦翻转，其翻转力矩通过固定在弹簧片 8 上的百分表 9 测出弹簧片的变形量 Δ，并经过以下计算就可得到摩擦系数 f 值。

根据力矩平衡条件得：

$$\frac{Fd}{2} = LQ$$

式中：L—— 测力杆的长度(本实验台 $L = 120$ mm)；

Q—— 作用在 A 处的反力。

设作用在轴上的外载荷为 W，则

$$f = \frac{F}{W} = \frac{2LQ}{Wd}$$

而 $Q = K\Delta$，因此，

$$f = \frac{2LK\Delta}{Wd}$$

式中：K ——测力计的刚度系数(N/格)，见实验台上的说明；

Δ——百分表读数(格)。

(5) 摩擦状态指示装置

指示装置的原理如图 3-13 所示。当轴不转动时，可看到灯泡很亮；当轴在很低的转速下运动时，轴将润滑油

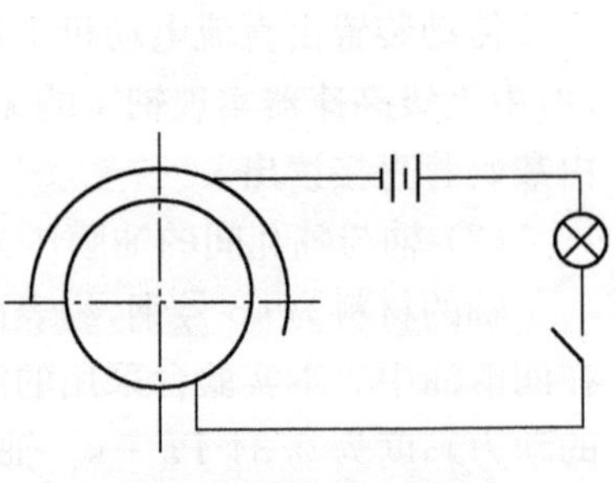
图 3-13 摩擦状态指示

带入轴和轴瓦之间收敛性间隙内，但由于此时的油膜厚度很薄，轴与轴瓦之间部分微观不平度的凸峰高峰处仍在接触，故灯忽亮忽暗；当轴的转速达到一定值时，轴与轴瓦之间形成的压力油膜厚度完全遮盖两表面之间微观不平度的凸峰高度，油膜完全将轴与轴瓦隔开，灯泡就不亮了。

3 实验方法和步骤

(1) 准备工作

在弹簧片的端部安装百分表(测力计)，使其触头具有一定的压力值。

(2) 绘制径向油膜压力分布曲线与承载曲线

① 启动电机，将轴的转速调整到一定值(可取 200 r/min 左右)，注意观察从轴开始运转至 200 r/min 时灯泡亮度的变化情况，待灯泡完全熄灭，此时已处于完全液体润滑状态。

② 用加载装置加载(约 40 N)。

③ 待各压力表的压力值稳定后，由左至右依次记录各压力表的压力值。

④ 卸载、关机。

⑤ 根据测出的各压力表的压力值按一定比例绘制出油压分布曲线与承载曲线，如图 3-14 所示。此图的具体画法是：沿着圆周表面从左到右画出角度分别为 300，500，700，900，1 100，1 300，1 500，分别得出油孔点 1，2，3，4，5，6，7 的位置。通过这些点与圆心 O 连线，在各连线和延长线上，将压力表(比例：0.1 MPa＝5 mm)测出的压力值画出压力线 1—1′，2—2′，…，7—7′。将 1′，2′，…，7′各点连成光滑曲线，此曲线就是所测轴承的一个径向截面的油膜径向压力分布曲线。

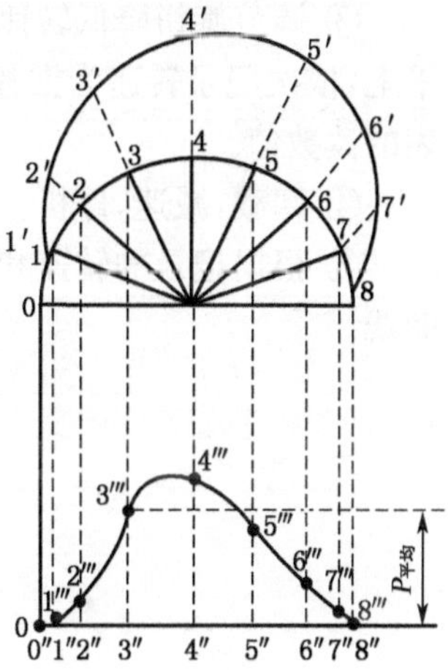

图 3-14 油压分布曲线与承载曲线

为了确定轴承的承载量，用 $P_i \sin\varphi_i$ ($i=1, 2, \cdots, 7$) 求得向量 1—1′，2—2′，…，7—7′ 在载荷方向(即 y 轴) 的投影值。角度 φ_i 与 $\sin\varphi_i$ 的数值见表 3-1。

表 3-1 φ 与 $\sin\varphi$ 对照表

φ	30°	50°	70°	90°	110°	130°	150°
$\sin\varphi_i$	0.500 0	0.766 0	0.939 7	1.000 0	0.939 7	0.766 0	0.500 0

然后将 $P_i \sin\varphi_i$ 这些平行于 y 轴的向量移到直径 0～8 上，为清楚起见，将直径 0″～8″平移到图 3-14 的下部，在直径 0″～8″上先画出轴承表面上油孔位置的投影点 1″，2″，…，8″，然后通过这些点画出上述相应的各点压力在载荷方向的分量，即 1‴，2‴，…，7‴等点，将各点平滑连接起来，所形成的曲线即为在载荷方向的压力分布。

用数格法计算曲线所围的面积，以 0″～8″线为底作一个矩形，采用方格纸，使其面积与曲线所包围的面积相等，其高度 $P_{平均}$ 即为轴瓦中间截面处的 Y 向平均压力。

轴承处在液体摩擦工作时，其油膜承载量与外载荷平衡，轴承内油膜的承载量可用下式求出：

$$q = \psi P_{平均} d B = W$$

式中：q——轴承内油膜承载量；

ψ——端泄对轴承能力影响系数，一般取 0.7；

$P_{平均}$——径向平均单位压力；

d——轴的直径；

B——轴瓦宽度；

W——外载荷。

(3) 测量摩擦系数 f，绘制摩擦特性曲线

① 启动电机 1，用手使弹簧片 8 与测力杆脱开，转动百分表刻盘，使百分表对“0”。

② 逐渐使电机升速，使轴的转速达到 300 r/min，拧动螺杆板棍，逐渐加载到 700 N (70 kgf)，稳定运转 1～2 min。

③ 调节旋钮降低转速，并注意随时高速加载螺杆，使外加载荷保持在 700 N(70 kgf)水平上，依次记录转速为推荐值 250、180、150、120、80、60、30、20、10、5、2 r/min 时百分表的读数值。

④ 卸载，减速，停机。

⑤ 根据记录的转速和百分表值，通过计算整理 f 和 $\eta n/p$，按一定的比例绘制摩擦特征曲线。

滑动轴承实验报告

班级＿＿＿＿＿＿　姓名＿＿＿＿＿＿　学号＿＿＿＿＿＿

同组实验人姓名＿＿＿＿＿＿＿＿＿　实验日期＿＿＿＿＿

1 实验目的

2 实验数据

（1）实验条件：

实验平均油温 T_m =

润滑油黏度 η =

（2）油膜径向压力分布的测定

轴承载荷 P(N)	主轴转速 n(r/min)	压力表读数(kg/cm²)						
		1	2	3	4	5	6	7

（3）测量摩擦系数 f，绘制摩擦特性曲线

轴承载荷(N)=

主轴转速 n(r/min)	300	250	180	150	120	80	60	30	20	10	5	2
百分表读数												

3 数据处理

分别绘制油膜径向压力分布曲线和承载曲线。

4 思考题

(1) 径向滑动轴承的轴向压力分布曲线能否通过本实验台测得？如何测量？

(2) 轴承摩擦特性曲线(即摩擦系数与轴承特性系数的关系曲线)如何通过本实验测量？

实验成绩＿＿＿＿＿＿＿＿　　指导教师＿＿＿＿＿＿＿＿

第 4 章　液压与气压传动

实验 1　液压传动的认识实验

1　实验目的

了解液压传动的工作原理，了解在液压系统中工作压力的大小决定于负载、执行元件的速度决定于流量，并了解液压传动系统的组成部分及各部分功用。

2　实验内容

参观并操作 QCS 001 实验台。其液压系统工作原理如图 4-1 所示。

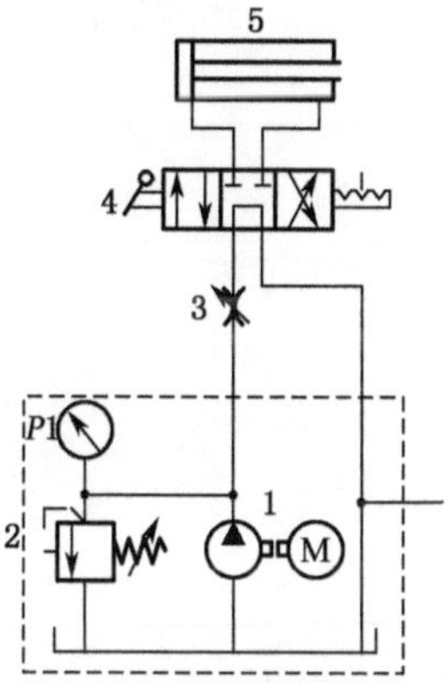

图 4-1　液压系统工作原理

3　实验方法和步骤

(1) 把节流阀和溢流阀开口打到最大，并检查系统的管路连接情况。

(2) 启动电动机。

(3) 操作换向阀 4，观察液流运动方向和油缸活塞动作方向。

(4) 调节节流阀 3，观察活塞杆动作速度。

(5) 调节溢流阀 2，观察压力表读数和活塞杆动作情况。

(6) 关停电动机。

注：该实验也可用 BIBB 液压实验装置做，实验方法同上。

液压传动的认识实验报告

班级＿＿＿＿＿＿＿　姓名＿＿＿＿＿＿＿　学号＿＿＿＿＿＿＿

实验指导教师(签名)＿＿＿＿＿＿＿　实验日期＿＿＿＿＿＿

1　实验目的

2　实验装置的液压系统原理图

3　实验方法和步骤

4 实验结果和记录

(1) 操作换向阀、液压缸活塞怎样动作？

(2) 调节节流阀，若节流阀开口增大，活塞杆动作速度将______，反之，活塞杆的动作速度将______。

(3) 调节溢流阀，若压力表读数增大，活塞杆的运动速度将______，反之，活塞杆的运动速度将______。

5 思考题

(1) 什么叫液压传动？结合本系统图说明它是怎样实现能量传递的。

(2) 液压传动系统一般由哪几部分组成？

(3) 液压传动系统的压力和工作机构的运动速度分别是由什么决定的？

成绩评定________________　　指导教师________________

实验 2　液压泵和液压马达的结构实验

1　实验目的

了解液压泵和液压马达的结构组成、工作原理和结构特点。

2　实验内容

(1) 对 YBC-45/48 型齿轮泵、内啮合齿轮泵、单作用叶片泵、单柱塞泵、CY14-1 型轴向柱塞泵进行拆装，掌握结构原理。

(2) 掌握各种液压马达的工作原理、结构及与同类型液压泵的异同。

3　实验用工具和材料

内六角扳手、固定扳手、螺丝刀、相关液压泵、液压马达。

4　实验记录和要求

1) 齿轮泵

YBC-45/48 型齿轮泵是由泵体、主动轴齿轮、从动轴齿轮、两对滑动轴承、泵盖、弓形板和吸排油口等组成。

拆装齿轮泵应解决下列问题：

(1) 组成齿轮泵的各个密封容积指的是哪一部分，它们是由哪几个零部件组成，在工作过程中其容积怎样变化。

(2) 齿轮泵中有几个可能产生泄漏的部位，哪个部位泄漏最大，轴套对解决此泄漏有何优点，弓形板有何作用。

(3) 齿轮泵的困油现象是如何产生的，该泵是怎样消除困油现象的。

(4) 平衡齿轮泵的径向不平衡力的方法有哪些。

2) 叶片泵

此叶片泵是变量叶片泵，它是由定子(即泵壳)、转子、油泵轴、变量调节机构等组成。拆装叶片泵应解决下列问题：

(1) 叶片泵泵壳借助于拉杆螺丝可以上下移动，其作用是什么。

(2) 转子、旋板、滑块、导向环怎样安装在油泵壳的内壁圆孔中。

(3) 当转子与油泵无偏心时导向环与轴是否同心，当调节泵壳使其与转子产生偏心后导向环与转子是否还是同心，若不是则导向环通过滑块迫使旋板随转子旋转的同时在转子槽中做什么运动?

(4) 为什么在旋转板顶部开有纵向小槽，槽内放入很薄的叶片，这些小叶片怎样贴紧油泵壳内壁。

3) 柱塞泵

CY14-1 型轴向柱塞泵由泵体和变量机构两大部分组成，该系列在泵体部分不变的情况下，改变变量机构的变量形式可组成多种型号的产品。CY14-1 型轴向柱塞泵采用手动伺服变量机构。

拆装轴向柱塞泵应解决下列问题：

(1) 该泵在工作时，其密封容积是怎样变化的，是否符合容积式液压泵工作条件。

(2) 该泵的中心弹簧、弹簧内外套、回程盘、配油盘各有什么作用。

(3) 该泵采取什么方法消除困油现象。

(4) 手动伺服变量机构的工作原理。

(5) 滑履中心有一小孔，它对润滑及支撑有何作用，柱塞上的环形槽有何作用。

4) 液压马达的结构

主要拆装一种叶片马达，参观内曲线多作用液压马达及其他柱塞马达。

分析与相应的液压泵的异同。

液压泵和液压马达的结构实验报告

班级____________ 姓名____________ 学号____________

同组实验人姓名__________________ 实验日期__________

1 实验目的

2 实验记录

1）齿轮泵

（1）组成齿轮泵的各个密封容积指的是哪一部分？它们是由哪几个零部件组成？在工作过程中其容积怎样变化？

（2）油液从吸油腔流到压油腔的途径是怎样的？

（3）齿轮泵中有几个可能产生泄漏的部位？哪个部位泄漏最大？轴套对解决此泄漏有何优点？弓形板有何作用？

（4）齿轮泵的困油现象是如何产生的？该泵是怎样消除困油现象的？

（5）平衡齿轮泵的径向不平衡力的方法有哪些？

2）叶片泵

（1）叶片泵泵壳借助于拉杆螺丝可以上下移动，其作用是什么？

（2）转子、旋板、滑块、导向环怎样安装在油泵壳的内壁圆孔中？

（3）为什么在旋转板顶部开有纵向小槽、槽内放入很薄的叶片？这些小叶片怎样贴紧油泵壳内壁？

3）柱塞泵

（1）该泵在工作时，其密封容积是怎样变化？是否符合容积式液压泵工作条件？

（2）该泵的中心弹簧、弹簧内外套、回程盘、配油盘各有什么作用？

（3）该泵采取什么方法消除困油现象？

(4) 简述手动伺服变量机构的工作原理。

(5) 滑履中心有一小孔,它对润滑及支撑有何作用? 柱塞上的环形槽有何作用?

4) 液压马达的结构

(1) 主要拆装一种叶片马达,参观内曲线多作用液压马达及其他柱塞马达。

(2) 分析与相应的液压泵的异同。

成绩评定________________ 指导教师________________

实验3　液压泵的性能测试实验

1　实验目的

掌握液压泵的主要性能，学会液压泵性能的测试方法。

2　实验目的

测试一种液压泵的下列特性：

(1) 压力脉动值；

(2) 流量-压力特性；

(3) 容积效率-压力特性；

(4) 总效率-压力特性。

3　实验方法

图4-2为QCS003B型液压实验台测试液压泵性能的液压系统原理图。图中，8为被试泵，它的吸油口装有线隙式滤油器，出油口并联有溢流阀9和压力表P6。被试泵输出的油液经节流阀10和椭圆齿轮流量计20流回油箱，用节流阀10对被试泵加载。

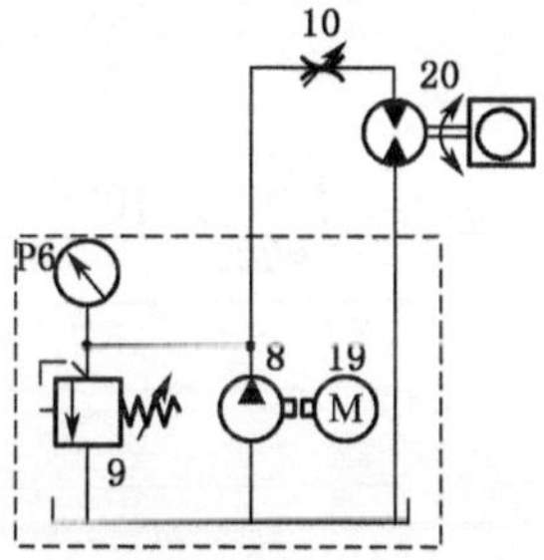

图4-2　液压泵的性能测试实验液压系统工作原理

(1) 液压泵的压力脉动值：把被试泵的压力调到额定压力(6.3 MPa)，观察记录其脉动值，看是否超过规定值，测试时压力表P6不能加阻尼器。

(2) 液压泵的流量-压力性能：通过测量被试泵在不同工作压力下的实际流量，得出它的流量-压力特性曲线$Q=f(P)$。调节节流阀10即得到被试泵的不同压力，可通过压力表P6观测。不同压力下的流量用椭圆齿轮流量计和秒表测量。压力调节范围从0开始，到被试泵额定压力的1.1倍为宜。

(3) 液压泵的容积效率-压力特性：

$$\eta_V = \frac{Q_{实}}{Q_{理}}$$

式中：η_V——容积效率；

$Q_{实}$——实际流量；

$Q_{理}$——理论流量。

理论流量通常用空载流量 $Q_{空}$ 来代替，即

$$\eta_V = \frac{Q_{实}}{Q_{空}}$$

(4) 液压泵总效率-压力性能

$$\eta = \frac{N_{出}}{N_{入}}$$

$$N_{出} = PQ \times 10^{-3}(\text{kW})$$

式中：η——总效率；

$N_{出}$——泵的输出功率；

$N_{入}$——泵的输入功率；

P——泵的工作压力(Pa)；

Q——泵的实际流量(m^3/s)。

泵的输入功率通过测量电动机 19 的输入功率而计算出。功率表指示的数值 $P_{表}$ 为电动机输入功率。再根据该电动机的效率曲线，查出功率为 $P_{表}$ 时的电动机效率 $\eta_{电}$。则泵的输入功率 $P_{入}$ 为：

$$P_{入} = P_{表}\eta_{电}$$

液压泵总效率 η_P 为：

$$\eta_P = \frac{PQ}{N_{表}\eta_{电}} \times 10^{-3}$$

4 实验步骤

参照图 4-2 进行实验。

(1) 将节流阀 10 和溢流阀 9 全部打开，接通电源，让被试泵 8 空载运转几分钟，排除系统内的空气。

(2) 关闭节流阀 10，缓慢关闭溢流阀 9，将压力调到 7 MPa，然后用锁紧螺母将溢流阀 9 锁住；

(3) 逐渐开大节流阀 10 的通流面积，使系统压力降到 6.3 MPa，即泵的额定压力，观察被试泵的压力脉动值(做 2 次)。

(4) 全部打开节流阀 10，使被试泵的压力为 0，或接近 0，测出此时的流量，即为空载流量。再逐渐改变节流阀 10 的通流截面，作为泵的不同负载，对应测出其压力 P、流量 Q 和电动机的输入功率 $P_{表}$。注意：节流阀每次调节后须运转一两分钟后，再测有关数据。

液压泵的性能测试实验报告

班级____________ 姓名____________ 学号____________

同组实验人姓名__________________ 实验日期__________

1 液压泵性能测试实验液压系统图

2 实验步骤

3 实验记录

（1）填写液压泵技术性能指标

型号规格________ 额定转速________ 额定压力________

额定流量________ 理论流量________ 油液重度________

油液牌号________

（2）填写实验记录表

特性		一		二		三		四		五		六		七		八	
		1	2	1	2	1	2	1	2	1	2	1	2	1	2	1	2
1	P(MPa)																
2	ΔV(L)																
	T(s)																
	$Q=\frac{\Delta V}{t}\times10^3$ (m^3/s)																
3	$P_{表}$(kW)																
	$\eta_{电}$(%)																
	$P_{入}=P_{表}\eta_{电}$																
4	η_V(%)																
5	η(%)																

4 数据处理和分析

(1) 绘制液压泵工作特性曲线，用坐标纸绘制 $Q-P$、η_V-P 和 $\eta-P$ 这 3 条曲线。

(2) 分析实验结果

5 思考题

(1) 从 η_P-P 曲线中得到什么启发？（从泵的合理使用方面考虑）

(2) 在液压泵性能实验液压系统中，溢流阀起什么作用？

(3) 节流阀为什么能够对被试泵加载？（可用流量公式 $Q=Ka\sqrt{\Delta P}$ 进行分析）

成绩评定________________ 指导教师________________

实验4　液压阀的性能实验

1　实验目的

了解各种液压控制阀的用途、控制方式、结构形式、连接方式及性能特点。

2　实验内容

典型的压力控制阀(溢流阀、减压阀、顺序阀)、流量控制阀(节流阀、调速阀)、方向控制阀(单向阀、换向阀)等的结构和工作原理。

3　实验记录与要求

1) 压力控制阀

(1) 溢流阀、减压阀、顺序阀的结构和工作原理。

(2) 压力控制阀的共同特点。

(3) 各种压力控制阀的主要用途和安装部位。

(4) 比较减压阀、顺序阀与溢流阀有何异同。

(5) 各种压力控制阀如何调压。

2) 流量控制阀

(1) 节流阀的基本要求是什么,它与减压阀有何区别。

(2) 说明调速阀的工作原理。

(3) 流量控制阀的用途是什么。

3) 方向控制阀

(1) 方向控制阀的功用是什么,它是如何分类的。

(2) 普通单向阀与直动式溢流阀比较有何特点。

(3) 各种单向阀和换向阀的工作原理。

液压阀的性能实验报告

班级＿＿＿＿＿＿ 姓名＿＿＿＿＿＿ 学号＿＿＿＿＿＿

同组实验人姓名＿＿＿＿＿＿＿＿＿ 实验日期＿＿＿＿＿

1 实验目的

2 实验记录和要求

1）压力控制阀

（1）先导式溢流阀、减压阀、顺序阀结构的异同。

（2）压力控制阀的主要用途和安装部位。

2）流量控制阀

（1）节流阀的基本要求及其与减压阀的区别。

（2）调速阀的工作原理。

（3）节流阀与调速阀的区别。

3）方向控制阀

（1）方向控制阀的功用及分类方法？

（2）普通单向阀与直动式溢流阀比较有何特点？

（3）各种单向阀和换向阀的工作原理。

成绩评定＿＿＿＿＿＿＿＿　　　　指导教师＿＿＿＿＿＿＿＿

实验5　液压基本回路实验

（一）用顺序阀实现两液压缸的顺序动作回路

1　实验目的

了解用顺序阀实现两液压缸顺序动作回路的组成及特点。

2　实验内容

参照图 4-3 搭接用顺序阀实现两液压缸的顺序动作回路，并进行调试。

3　实验回路

当电磁阀处于左阀位时，由泵来的液压油首先进入液压缸 A，当液压缸 A 活塞杆完全伸出时，系统压力升高，达到顺序阀的动作压力时，顺序阀打开，液压缸 B 才可以向外伸出。因此，由顺序阀控制液压缸 A 和液压缸 B 动作的先后顺序。

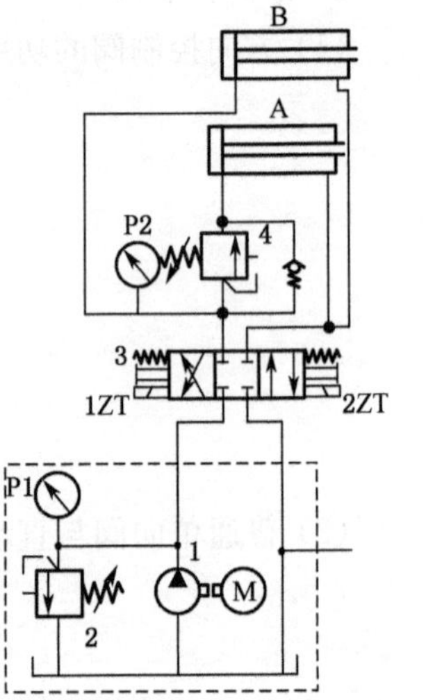

图 4-3　用顺序阀实现两液压缸顺序动作回路的原理（QSC 0014 实验台）

4　电磁阀状态

电磁阀状态如表 4-1 所示，其中 1ZT 和 2ZT 为电磁铁编号。

表 4-1　电磁阀状态

序　号	工　况	1ZT	2ZT
1	缸ⅠⅡ进	+	−
2	缸ⅠⅡ进	−	+

5　实验步骤

(1) 打开钥匙开关，打开总电源开关（指示灯亮），按下照明按钮（日光灯亮），接通两个单级自动开关（即过载保护按钮）。两个自动开关的直流电压表有 24 V 直流电压指示。

(2) 从液压元件板储存中取出，参照图 4-3，把它们布置在工作台框架上。两个液压缸分别装在工作台面上的两个 T 形槽中后，按图 4-3 把管路接好。

(3) 按图 4-4 在矩阵板上画有点处的插头插好。在电磁阀 3 元件板上 1ZT 和 2ZT 的插座中，分别插上两端都有插头的导线，然后将导线的另一端按顺序插入侧板上输出信号的插座上。将选择开关 ZK 旋钮置于手动位置。

(4) 全部打开溢流阀 2，关闭顺序阀 4，使电磁阀 3 处于中位。启动泵 1，调节溢流阀 2，使压力表 P1 调至 4 MPa。拨手动开关 1，使 1ZT 接通，此时手动开关 2 一定处于关闭位置。液压缸 A 快进，待其到达终点后，调顺序阀 4，直至液压缸 B 快速运动。观察压力表 P2。为使顺序阀动作可靠，溢流阀 2 的调定压力 P_1 应大于顺序阀的压力 P_2，一般大 0.4～0.6 MPa。缸Ⅱ到达终点后，拨动手动开关 2，使 2ZT 接通(此时手动开关 1 必须处于关闭位置)。两缸快退。此实验重复进行 2～3 次。

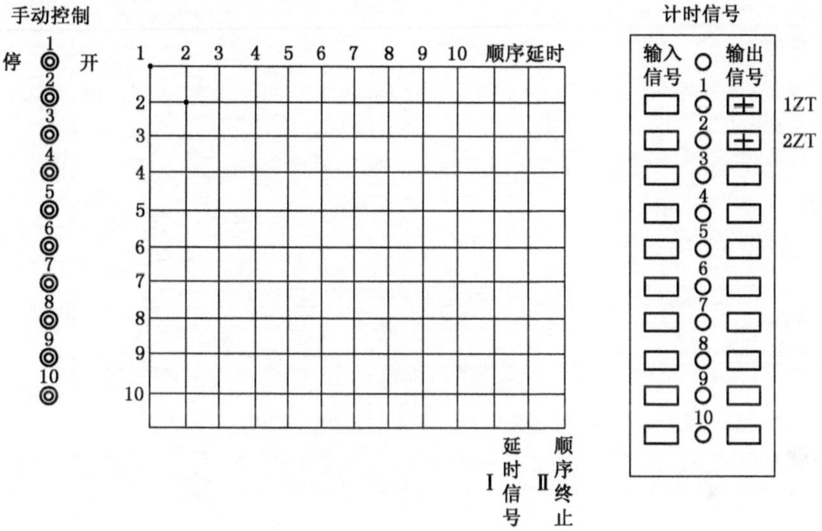

图 4-4　用顺序阀实现两液压缸的顺序动作回路实验电路控制图

用顺序实现两液压缸的顺序动作回路实验报告

班级__________ 姓名__________ 学号__________

同组实验人姓名______________ 实验日期__________

1 实验回路

2 实验步骤

成绩评定______________ 指导教师______________

(二) 用行程开关和电磁阀实现两液压缸的顺序动作回路

1 实验目的

了解用行程开关和电磁阀实现两液压缸顺序动作回路的组成和特点。

2 实验内容

组装用行程开关和电磁阀控制两液压缸的顺序动作回路,并进行调试。

3 液压回路(QCS 0014 实验台)

如图 4-5 所示。

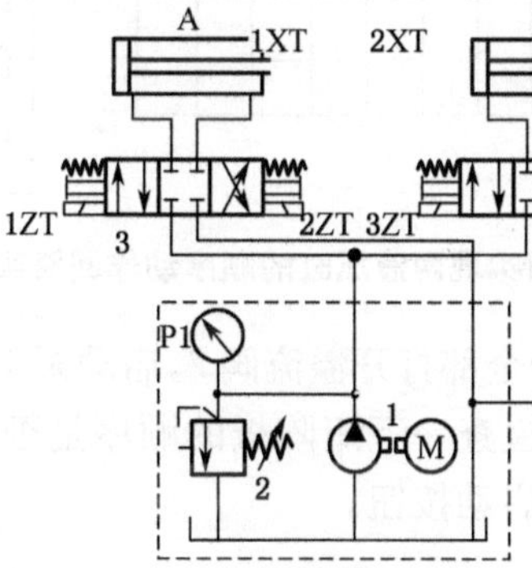

图 4-5 用行程开关和电磁阀实现两液压缸顺序动作回路的原理

4 电磁阀状态

电磁阀状态图如表 4-2 所示,其中 1ZT～4ZT 为电磁铁编号。

表 4-2 电磁阀状态

序 号	工 况	1ZT	2ZT	3ZT	4ZT	输入信号
1	缸 A 进	+	−	−	−	2XK
2	缸 B 进	+	−	−	+	3XK
3	缸 A 退	−	+	−	+	1XK
4	缸 B 退	−	+	+	−	4XK

5 实验步骤

(1) 与实验(一)中实验步骤(1)相同。

(2) 将需要的液压元件从元件板储存柜中取出,参照图 4-5,将它们布置在工作台框架上,两液压缸相对装在工作台上面的一根 T 形槽内。安装行程开关时要注意前后位置。预调量为 3 mm,不必预压过紧,以能发信号为宜。最后按图 4-5 把管路接好。

(3) 按图 4-6,在矩阵板上画黑点处将插头插好。把 1ZT、2ZT、3ZT、4ZT 分别用导线按顺序接入输出信号的插座上,把 1XK、2XK、3XK、4XK 用导线分别按顺序接入输入信号的插座上。

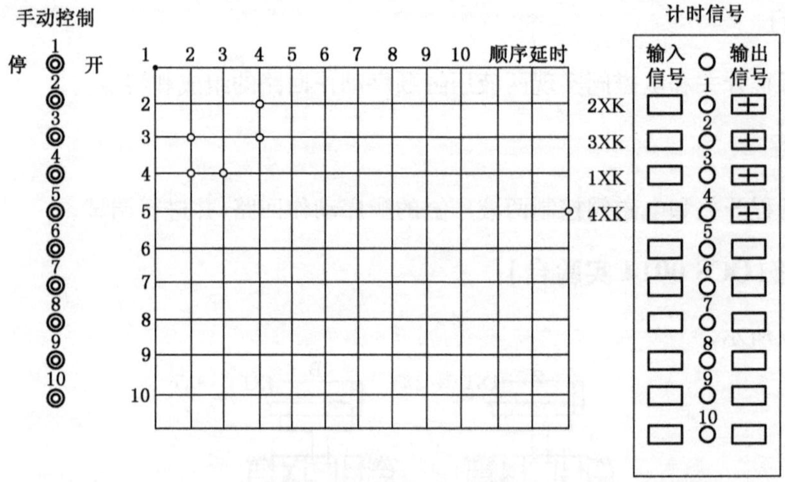

图 4-6 用行程开关和电磁阀实现两液压缸的顺序动作回路实验电路控制图

(4) 将选择开关置于"顺序"位置,全部打开溢流阀 2,启动泵 1,调节溢流阀 2,使压力表 P1 调至 4 MPa。按顺序启动按钮前,检查一下矩阵板的顺序是否复位。若没有复位,按动"复位"按钮,使之复位,然后再按顺序启动按钮。

用行程开关和电磁阀实现两液压缸的顺序动作回路实验报告

班级＿＿＿＿＿＿ 姓名＿＿＿＿＿＿ 学号＿＿＿＿＿＿

同组实验人姓名＿＿＿＿＿＿＿＿ 实验日期＿＿＿＿＿

1 液压回路

2 电磁阀状态

序 号	工 况	1ZT	2ZT	3ZT	4ZT	输入信号
1	缸A进					
2	缸B进					
3	缸A退					
4	缸B退					

3 实验步骤

4 思考题

如果在该回路中，把电磁阀 3、4 换成 2 位四通阀，如何编排工况表、矩阵板和侧面板？

成绩评定＿＿＿＿＿＿ 指导教师＿＿＿＿＿＿

(三) 减 压 回 路

1 实验目的

了解减压回路的组成和特点。

2 实验内容

参图 4-7 组装减压回路并进行调试。

3 实验回路

按图 4-7 连接液压系统。

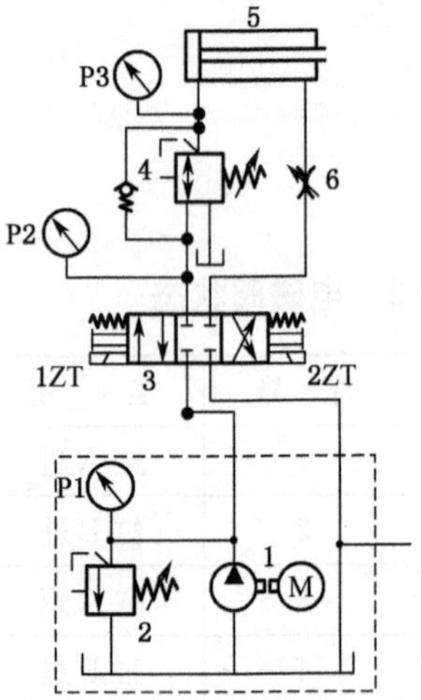

图 4-7 减压回路液压系统原理

4 实验电路和控制

同表 4-1 和图 4-4。

5 实验步骤

(1) 与实验(一)中实验步骤(1)相同。

(2) 将需要的液压元件从元件板储存箱中取出,参照图 4-7,将它们放置在工作台框架上,液压缸固定在工作台面上。最后按图 4-7 把管路接好。

(3) 参照图 4-4,在矩阵板上的黑点处将插头插好,用导线分别把 1ZT 和 2ZT 接入信号的插座上。

(4) 将选择 ZK 置于“手动”位置,全部打开溢流阀 2。启动泵 1,调节阀 2 使压力表 P1 调至 4 MPa。

① 全部打开减压阀 4(无减压),拨动手动开关 1,使 1ZT 通电(手动开关 2 一定关闭)。调节节流阀 6,观察减压阀 4 进、出口的压力表 P2 和 P3 的变化。关闭减压阀 4,打开手动开关 2,使 2ZT 通电,液压缸退回。

② 调节减压阀 4,观察进、出口压力表 P2 和 P3 的变化(具体步骤由学生自己拟出)。

③ 在减压阀 4 开口一定的情况下(起减压作用),调节溢流阀 2,观察减压阀进口压力表 P2 变化时对出口压力表 P3 的影响。

打开手动开关 1(关闭手动开关 2),接通 1ZT,液压缸前进,当其到达终点不动时,调节减压阀 4,将压力表 P3 调至 2.5 MPa,然后使液压缸退回(关闭手动开关 1,打开手动开关 2)。再次使液压缸前进,调节溢流阀 2,使压力表 P1 从 4 MPa 降至 1.5 MPa 观察压力表 P3;当 P1 低于 2.5 MPa 时,P3 为多大。

注:调减压阀旋钮和溢流阀旋钮时,阀的开口变化正好相反。当旋转各自的旋钮时,减压阀开口增大而溢流阀则开口减小。

减压回路实验报告

班级____________ 姓名____________ 学号____________

同组实验人姓名__________________ 实验日期__________

1 实验回路

2 实验步骤

3 记录与要求

(1) 记录数据

项　目	次数	压力表 P2 指示值	压力表 P3 指示值
减压阀不起作用时，调节节流阀 6，观察减压阀进出口压力(液压缸不动)	1		
	2		
	3		
液压缸不动，调节减压阀，观察出口压力对进口压力的影响	1		
	2		
	3		
减压阀起减压作用时(减压阀开口一定)观察减压阀进口压力对出口压力的影响(液压缸不动)	1		
	2		
	3		

(2) 分析实验结果

4 思考题

(1) 减压阀实现减压有何条件？当压力表 P2 的指示值小于压力表 P3 的指示值时会出现什么现象？为什么？

(2) 调压与减压回路的主要区别是什么？

成绩评定________________ 指导教师________________

实验6　气动基本回路实验

1　实验目的

（1）掌握典型的气动基本回路的原理及应用。

（2）了解由计算机、可编程控制器、传感器及气动系统所组成的综合气动实验装置的组成、结构原理、安装调试。

2　实验内容

（1）行程控制的单气缸单往复动作回路的安装及调试。

（2）单气缸连续往复动作回路的安装及调试。

（3）由计算机、可编程控制器、传感器及气动系统所组成的综合气动实验装置的组成、结构原理、安装调试。

3　行程控制的单缸单往复动作回路

1）实验原理

如图4-8所示，2位四通气控换向阀B控制气缸D的动作，B的移动由2位三通手动换向阀A及行程阀C控制，在图示位置，气缸活塞完全缩回，停止不动。若按下手动阀A，压缩气体经阀A的上阀位到达阀B的左端，右端和大气相通，阀B右移，压缩气体经B的左阀位到达D的左腔，右腔排气，气缸D伸出，在伸出的过程中活塞杆压下阀C，使压缩气体经C的上阀位到达阀B的右端，推动阀B左移换向，气缸D缩回。完成一个工作循环。

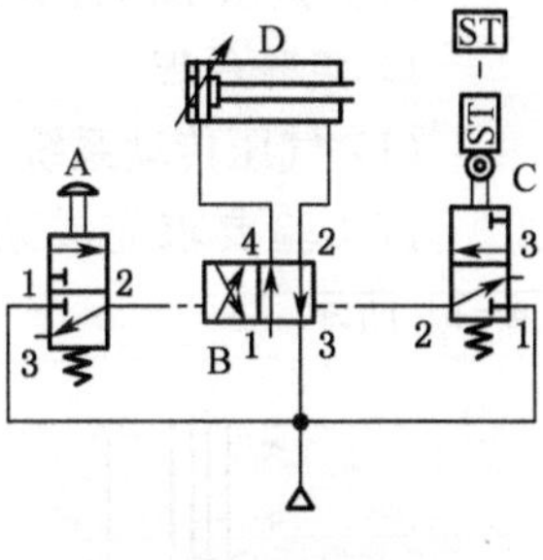

图4-8　单缸单往复动作回路

2）实验方法和步骤

（1）按图4-8所示连接气动回路。所用气动元件如表4-3所示。

表4-3　所用气动元件

序　号	名　称	数　量
A	2位三通手动换向阀	1
B	2位四通气动换向阀	1
C	2位三通机动换向阀	1
D	气　缸	1

（2）检查气动回路连接有无错误、管路连接是否可靠；行程阀C与活塞杆的间隙应调整合适，不能太大，以防接收不到信号；也不能太小，以免活塞杆与阀C发生碰撞。

(3) 经指导老师同意方可启动气压缩机及其他操作。

4 单气缸连续往复动作回路

1) 实验原理

如图 4-9 所示，当按下 A 按钮后，阀 B 换向，活塞向前运动，这时由于行程阀 1ZT 复位将气路封闭，使阀 B 不能复位，活塞继续前进。到行程终点，压下行程阀 2ZT，使阀 B 控制气路排气，在弹簧作用下阀 B 复位，气缸返回，在终点压下阀 1ZT，阀 B 换向，活塞再次向前，形成了 A1，A0，A1，A0…的连续往复动作，待提起阀 A 的按钮后，阀 B 复位，活塞返回而停止运动。

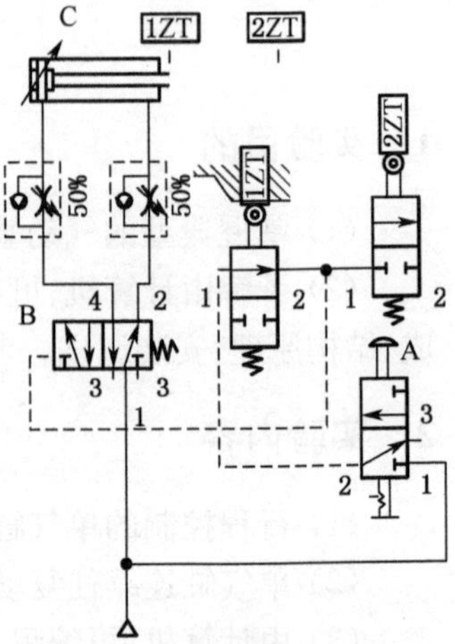

图 4-9 单气缸连续往复动作回路

2) 实验方法和步骤

(1) 按图 4-9 所示连接气动回路。

(2) 检查气动回路连接有无错误、管路连接是否可靠；行程阀与活塞杆的间隙应调整合适，不能太大，以防接收不到信号；也不能太小，以免活塞杆与阀发生碰撞。

(3) 指导老师同意方可启动空气压缩机及其他操作。

5 综合气动实验

该实验系统由计算机、可编程控制器、传感器及气动系统所组成。

1) 实验原理

(1) 气压传动系统

该实验要求完成某机械设备的给料动作。气动系统如图 4-10 所示，动作循环如图 4-11 所示。

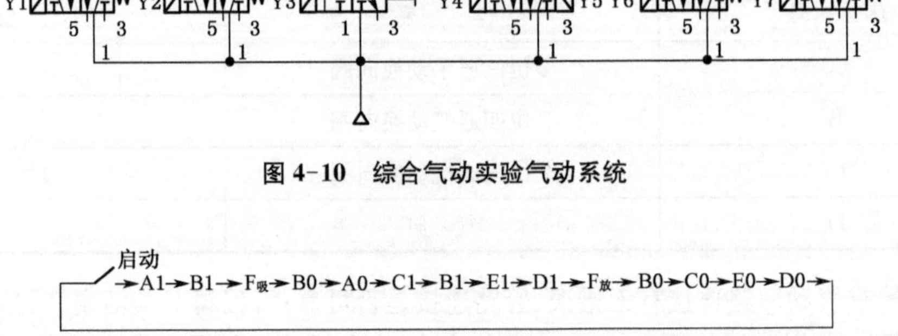

图 4-10 综合气动实验气动系统

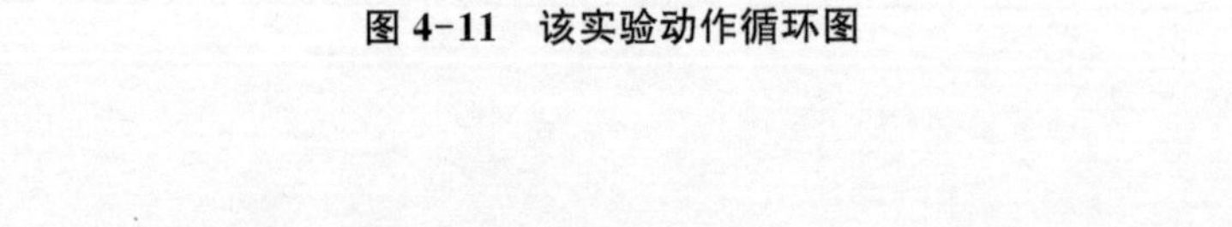

图 4-11 该实验动作循环图

当按下启动按钮后，可顺序完成规定动作。

(2) 电控系统

电控系统如图 4-12 所示。

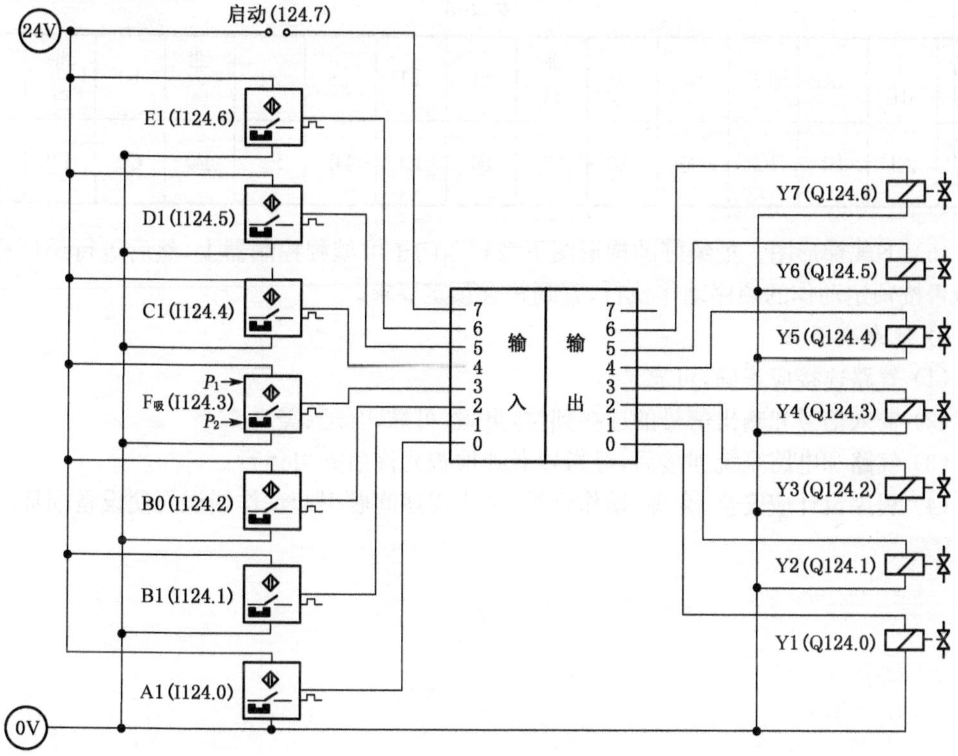

图 4-12　电控系统连接

输出信号连接如图 4-12 所示，其地址分配如表 4-4 所示。

表 4-4　输出信号及地址分配

电磁阀	Y1	Y2	Y3	Y4	Y5	Y6	Y7
地　址	Q124.0	Q124.1	Q124.2	Q124.3	Q124.4	Q124.5	Q124.6

输入信号及地址分配如表 4-5 所示。

表 4-5　输入信号及地址分配

输入信号	A1	B1	B0	C1	D1	E1	F吸	停止
地　址	I 124.0	I 124.1	I 124.2	I 124.4	I 124.5	I 124.6	I 124.3	I 124.7

2) 实验步骤

(1) 按图 4-10 连接气压传动回路。电磁阀应按图 4-10 的顺序 Y1～Y7 编号，在实验过程中编号顺序不能改变。连接过程中应注意各管路要连接正确、可靠。管路连接好后经实验老师检查、允许后方可启动压缩机，手动操作电磁阀，检查实验所连管路是否正确。

(2) 按表 4-4 中的地址分配连接输出信号线路。

(3) 按表 4-5 中的地址分配连接输入信号线路。

(4) 按图 4-11 所示的动作顺序编写梯形图。执行信号与执行动作的对应关系如表4-6所示。编写梯形图用西门子编程软件。

表 4-6

执行信号	非d1	a1	b1	$f_{吸}$	b0	非a1	c1	b1	e1	d1	非$f_{吸}$	b0	非c1	非e1
执行动作	A1	B1	$F_{吸}$	B0	A0	C1	B1	E1	D1	$F_{吸}$	B0	C0	E0	D0

(5) 下载梯形图。把编好的梯形图下载到西门子可编程控制器上，然后进行调试程序。看是否按预定动作的顺序动作执行，直到符合预定要求。

3) 注意事项

(1) 气路连接应正确，可靠。

(2) 输入信号和输出信号的连接到位，灵敏、可靠、合理、美观。

(3) 气路和电路系统连接后，经指导老师检查允许后方可运行。

(4) 程序设计应安全、合理、动作可靠，防止程序问题引起动作错误而使设备损坏。

气动基本回路实验报告

班级____________ 姓名____________ 学号____________

同组实验人姓名__________________ 实验日期__________

1 实验目的

2 行程控制的单缸单往复动作回路

(1) 所用气动元件

序号	名称	数量
A		
B		
C		
D		

(2) 实验回路

(3) 实验方法和步骤

3　单气缸连续往复动作回路

（1）所用气动元件

序号	名称	数量
A		
B		
C		
D		
E		
F		

（2）实验回路

（3）实验方法和步骤

4　综合气动实验

（1）气压传动系统图

（2）电控接线图

(3) 输出信号地址分配

电磁阀	Y1	Y2	Y3	Y4	Y5	Y6	Y7
地　址							

(4) 输入信号地址分配

输入信号	A1	B1	B0	C1	D1	E1	$F_{吸}$	停止
地　址								

(5) 梯形图

(6) 实验步骤

5 思考题

(1) 如何设计时间控制的单气缸单往复动作回路?

(2) 气缸连续往复动作回路还有哪些设计方案?

成绩评定________________　　　　指导教师________________

实验7　比例液压实验

（一）比例压力控制阀的性能测试

1　实验目的

（1）熟悉比例压力控制阀的性能。

（2）学会比例压力控制阀的测试方法。

2　实验内容

测试某比例压力阀的信号 -压力性能曲线。

3　实验原理

比例压力阀是根据输入电信号的大小，成比例、连续地调节阀的控制压力。实验方框图如图 4-13 所示。由电信号给定单元设定不同的输入点，再经比例放大器输入到比例压力控制阀的电磁线圈，去调定阀的压力。实验液压系统及电控接线如图 4-14 和图 4-15 所示。由压力表 4 测量控制压力，由比例压力阀控制系统压力，给比例压力阀以不同的输入信号，会在压力表上显示不同的压力值。本实验是测试输入电信号与输出压力的关系。

图 4-13　比例压力控制阀性能实验方框图

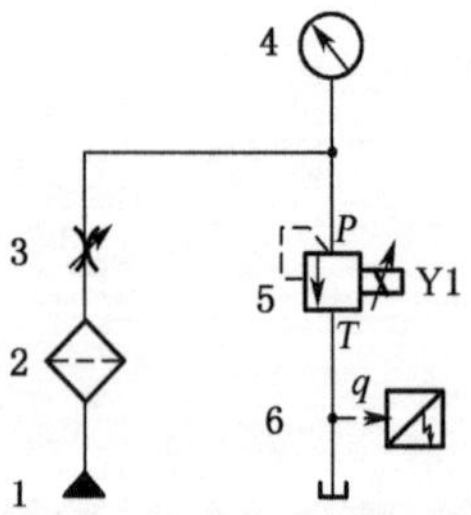

图 4-14　比例压力控制阀性能实验液压系统

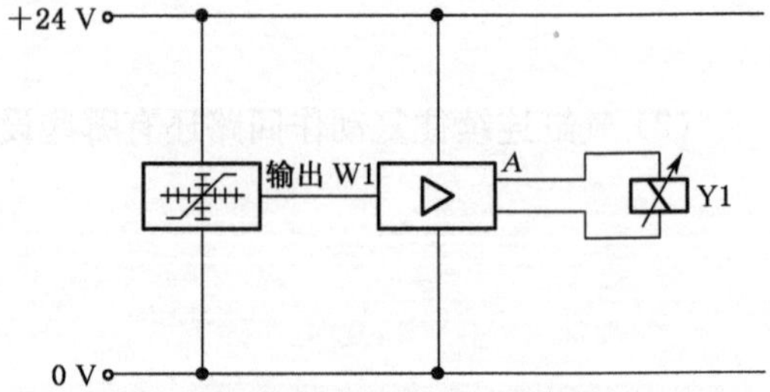

图 4-15　比例压力控制阀性能实验电气接线

4　实验步骤

（1）按图 4-14 所示在实验台上连接液压系统。所用液压元件如表 4-7 所示。

表 4-7　液压元件

序　　号	名　　称	数　　量
1	液压泵	1
2	液压过滤器	1
3	节流阀	1
4	压力表	1
5	比例压力控制阀	1
6	油管	4

(2) 按图 4-15 所示在实验台上连接电控图。所用电气元件如表 4-8 所示。

表 4-8　电气元件

序　　号	名　　称	数　　量
1	电信号给定单元	1
2	比例放大器	1
3	电源	1
4	导线	1

(3) 根据表 4-9 和表 4-10 设定电信号给定单元和比例放大器。检查液压系统与电气连接是否正确,然后关闭电源开关。

表 4-9　电信号给定单元设定

选择开关	旋钮位置	显示
FUNCTION	+/−	E1, E2, E3
W1	+/−	W1=2.7

表 4-10　比例放大器设定

选择开关	旋钮位置	显　　示	
FUNCTION	+/−	Two 1-channelamplifiers	
1A　　BASIC	+/−	Basic current A	1 A basic=0.0 mA
1A　　JUMP	+/−	Jump current A	1 A jump=0.0 mA
1A　　MAX	+/−	Maximum current A	1 A max=1 000 mA
DITHERFREQ	+/−	Dither frequency	F=200 Hz
1A		Output current A	1A=270 mA

(4) 完全打开节流阀,然后启动液压泵。

(5) 调节电信号给定单元,使 W1 有不同的数值,由压力表 4 读出不同的压力,填入表 4-11。

表 4-11 实验数据记录

W1(V)	0.0	1.0	2.0	3.0	4.0	5.0	6.0	7.0	8.0	9.0	10.0
1A(mA)	0.0	100	200	300	400	500	600	700	800	900	1 000
P(bar)→											
P(bar)←											

（6）画出比例压力控制阀性能特性曲线。

比例压力控制阀的性能测试实验报告

班级＿＿＿＿＿＿　姓名＿＿＿＿＿＿　学号＿＿＿＿＿＿

同组实验人姓名＿＿＿＿＿＿＿＿＿　实验日期＿＿＿＿＿

1　实验目的

2　所用液压元件

序　号	名　称	数　量
1		
2		
3		
4		
5		
6		

3　比例压力控制阀性能实验液压系统图

4　所用电气元件

序　号	名　称	数　量
1		
2		
3		
4		
5		
6		

5 比例压力控制阀性能实验电控原理图

6 实验结果记录和处理

（1）实验数据记录

W1(V)	0.0	1.0	2.0	3.0	4.0	5.0	6.0	7.0	8.0	9.0	10.0
1A(mA)	0.0	100	200	300	400	500	600	700	800	900	1 000
P(bar)→											
P(bar)←											

（2）比例压力控制阀性能特性曲线

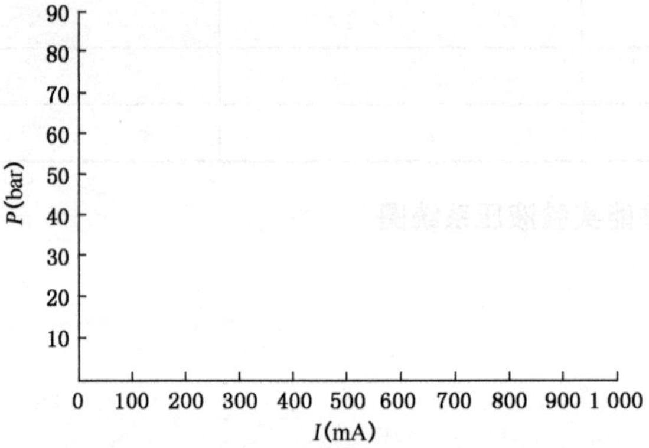

图 4-16　比例压力控制阀 *I*-*P* 性能曲线

7 思考题

根据图 4-16 所测特性曲线，说明该比例压力控制阀的工作范围。

成绩评定________________　　　　指导教师________________

（二）比例液压控制阀的应用

1 实验目的

(1) 熟悉比例液压实验装置及应用。
(2) 掌握比例压力控制阀的工作原理和应用。
(3) 掌握该实验的操作方法和步骤。

2 实验内容

(1) 设定液压系统执行元件在不同工作位置时的系统压力。
(2) 掌握比例压力控制阀在该系统中的应用。

3 实验方法和步骤

(1) 按图 4-17 所示连接液压系统。液压系统所需液压元件如表 4-12 所示。

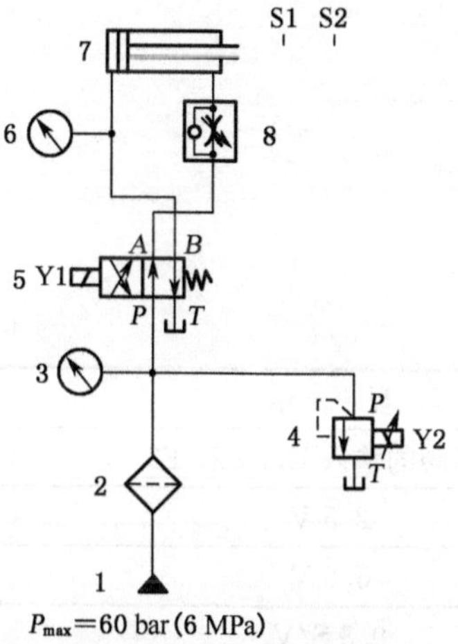

P_{max}=60 bar (6 MPa)

图 4-17 液压系统

表 4-12 液压元件

编 号	名 称	数 量
1	液压泵	1
2	滤油器	1
3	压力表	2
4	比例压力控制阀	1
5	2 位四通电磁阀换向阀	1
6	液压缸	1
7	单向节流阀	1
8	软管	7
9	三通接头	1

(2) 按图 4-18 所示连接电控系统。电控系统所需电气元件如表 4-13 所示。

表 4-13 电气元件

编 号	名 称	数 量
1	电信号输入单元	1
2	继电器单元(3 组)	1
3	磁感应开关	2
4	额定值信号源	1
5	比例放大器	1
6	电源	1
7	导线	若干

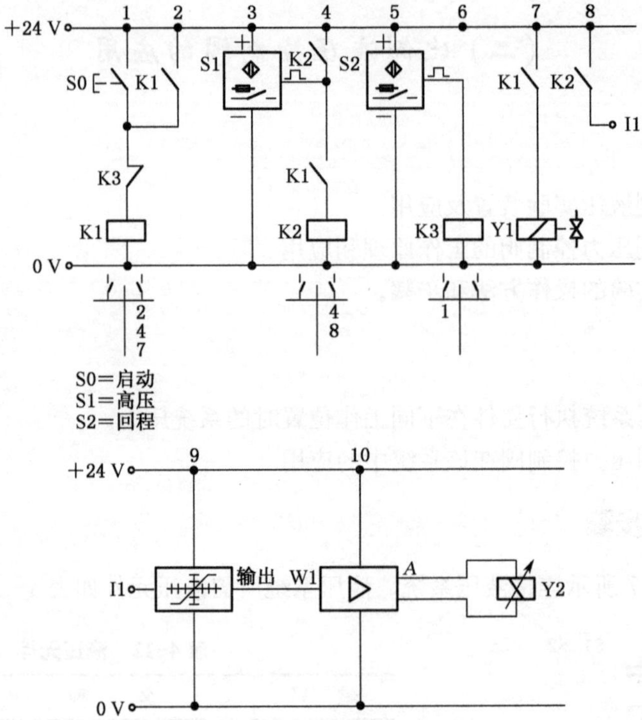

图 4-18　电控系统

(3) 设定阀的输入点,如表 4-14 所示。

表 4-14　设定阀的输入点

选 择 开 关	显　示
FUNCTION	选择阀的输入 E1, E2, E3
W1	2.5 V
W2	5.6 V
R1　0→+	0.3 S/V
R2　+→0	0.8 S/V
R3　0→−	0.0 S/V
R4　−→0	0.0 S/V

(4) 设定放大器,如表 4-15 所示。

表 4-15　设定放大器

选 择 开 关	显　示
FUNCTION	2 种放大信号
IA　BASIC	100 mA
IA　JUMP	0.0 mA
IA　MAX	650 mA
DITHERFREQ	200 Hz

(5) 检测各测点的压力

① 详细检查液压系统和电控系统的连接线路，查看额定值信号源、比例放大器的设定是否正确。

② 为了以无压作为起始位置，比例压力控制阀开始应断电操作。

③ 完全打开单向节流阀，再启动电动机。

④ 如果重新通电，工作压力应在 2 MPa。

⑤ 应缓慢关闭单向节流阀，给系统加载，使压力达到 2 MPa。

⑥ 按下启动按钮 S0，液压缸活塞杆外伸，当活塞杆到达 S1 时，压力上升到 4 MPa。当活塞杆到达 S2 终点位置时，压力降到 2 MPa，同时液压缸活塞杆返回。

比例液压控制阀的应用实验报告

班级＿＿＿＿＿＿　姓名＿＿＿＿＿＿　学号＿＿＿＿＿＿

同组实验人姓名＿＿＿＿＿＿＿＿＿＿　实验日期＿＿＿＿＿

1　实验目的

2　所用液压元件

序　号	名　称	数　量
1		
2		
3		
4		
5		
6		

3　液压系统图

4　所用电气元件

序　号	名　称	数　量
1		
2		
3		
4		
5		
6		

5 电控系统图

6 阀输入点的设定

选 择 开 关	显 示
FUNCTION	
W1	
W2	
R1 0→+	
R2 +→0	
R3 0→−	
R4 −→0	

7 设定放大器

选择开关	显 示
FUNCTION	
IA BASIC	
IA JUMP	
IA MAX	
DITHERFREQ	

8 思考题

当活塞杆到达 S1 时,压力为什么会升高?

成绩评定________________ 指导教师________________

实验 8　闭环控制液压实验

1　实验目的

(1) 了解液压闭环控制系统的原理。

(2) 学会液压伺服定位系统的组成和原理。

(3) 掌握液压伺服定位系统的安装和调试方法。

2　实验内容

(1) 安装并调试液压伺服定位系统。

(2) 测绘其输入信号与输出位移的关系曲线。

3　实验原理

图 4-19 所示为一液压伺服定位系统工作原理图。其由液压伺服阀 1、液压缸 2、位移传感器 3、控制放大器 4 等组成。该系统的基本原理是:通过控制放大器、液压伺服阀、液压缸及位移传感器的调节作用,使输入电压信号 u_e 与液压缸位移反馈信号 u_f(u_f 与液压缸位移之间是线性关系)之差 Δu 减小并趋于 0,从而实现液压缸位对输入信号的跟踪。

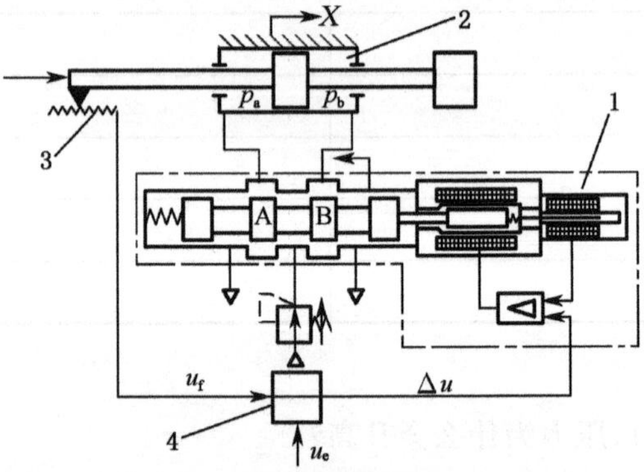

图 4-19　液压伺服定位系统原理

1—比例阀；2—气缸；3—位移传感器；4—控制放大器

具体调节过程如下：当给定输入信号 u_e 大于反馈信号 u_f,即 $\Delta u>0$ 时,控制放大器输出电流 I 增大,伺服阀阀芯右移。进油口与 B 口之间的节流面积增大,从而使液压缸 A 腔的压力 p_b 升高,推动液压缸的活塞左移。液压缸活塞的左移使反馈电压信号 u_f 增大,电压偏差 Δu 随之减小。如此反复,直至 Δu 几乎为 0。反之,当给定的输入信号 u_e 小于反馈信号 u_f,即 $\Delta u<0$ 时,通过与上述相反的调节过程使偏差趋向 0。在达到稳定时,$\Delta u=0$,即 $u_e=u_f=kx$。式中,k 为比例系数,x 为液压缸活塞的位移。如此实现输入信号 u_e 对液压缸活塞位移 x 的定位控制。

4 所用液压元件和液压系统

液压元件如表 4-16 所示。液压系统如图 4-20 所示。

表 4-16 液压元件

序 号	名 称	数 量
1	线性位移组件(行程 200 mm)	1
2	3 位 4 通伺服阀	1
3	压力过滤器	1
4	直控式溢流阀	1
5	三通接头	1
6	压力表	1
7	快插式油管	7
8	液压泵	1

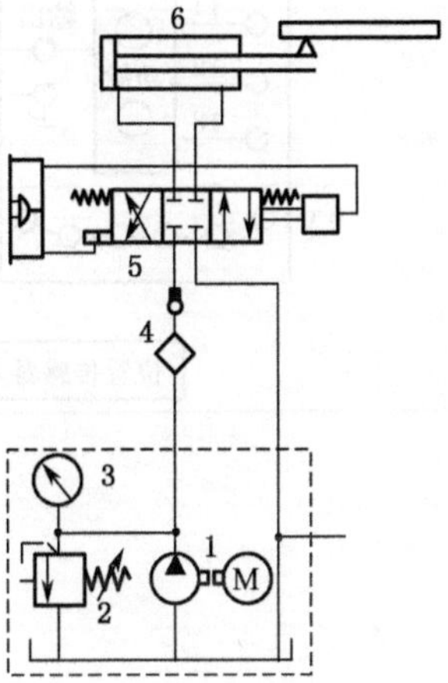

图 4-20 液压系统

5 电气元件和接线图

电气元件如表 4-17 所示。

表 4-17 电气元件

序 号	名 称	数 量
1	状态调节器	1
2	额定值信号给定单元	1
3	比例放大器	1
4	24 V 电源	1
5	导 线	若干

6 实验方法和步骤

(1) 根据表 4-16,从元件柜中取出所用液压元件,安装在实验板适当的位置上,然后根据图 4-20 连接液压系统。

(2) 根据表 4-17,从元件柜中取出电气元件,安装在实验板适当的位置上,然后根据图 4-21连接电控系统。

(3) 详细检查液压及电控系统,如果无误,方可进行。

(4) 打开电源开关,把额定值信号给定单元和比例放大器中的功能旋钮都转到 W1 位,然后调整额定值信号给定单元调压旋钮把输出电压调到 0。

(5) 调节液压系统溢流阀调压手把,把开口调到最大,然后启动液压泵。

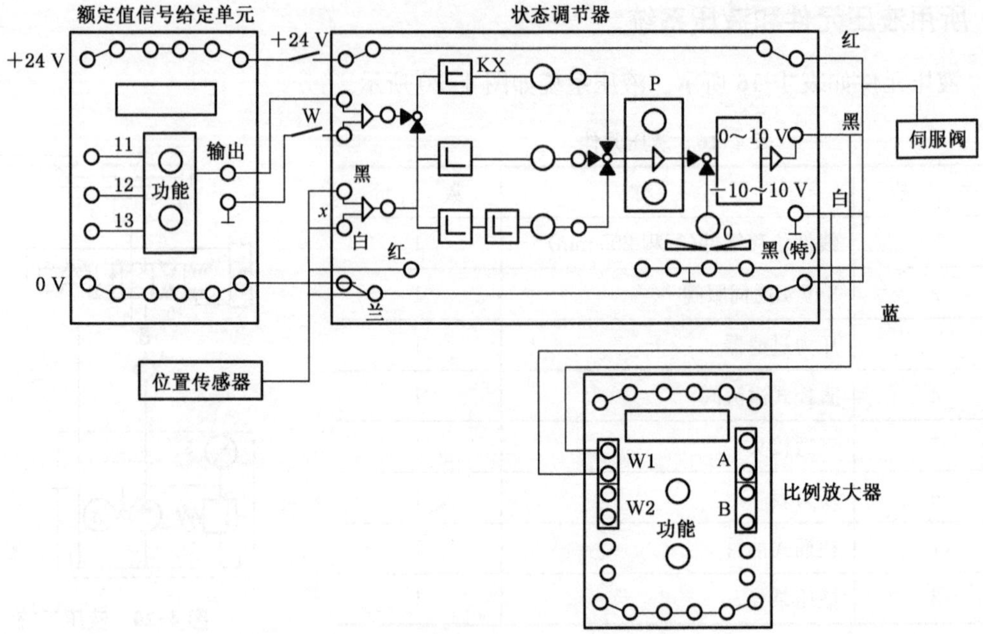

图 4-21 电控系统

(6) 调节溢流阀调压手把,把液压系统压力调到 3 MPa。

(7) 把状态调节器上的 KX′和 KX″调节旋钮转到零位、P 转到 1 位,调节 KX 旋钮,使比例放大器电压为 0 或接近为 0。

(8) 调节额定值信号给定单元调压旋钮,使电压缓漫增加,然后再缓漫减少,观察线性位移组件的移动。记录电压在上升过程和下降过程不同位置时的电压值,填入表 4-18。

表 4-18 实验数据记录

测量名称	测 量 数 据						
缸的位移(mm)	0	10	50	100	150	190	200
电压(V)(上升)							
电压(V)(上升)							

7 数据处理

(1) 根据表 4-18 的记录数据画出输入和输出信号的特性曲线。

(2) 计算该系统的比例系数。

闭环控制液压实验报告

班级＿＿＿＿＿＿＿＿ 姓名＿＿＿＿＿＿＿＿ 学号＿＿＿＿＿＿＿＿

同组实验人姓名＿＿＿＿＿＿＿＿＿＿＿＿ 实验日期＿＿＿＿＿＿

1 实验目的

2 所用液压元件的名称及数量

序　　号	名　　称	数　　量
1		
2		
3		
4		
5		
6		
7		
8		

3 液压系统图

4 所用电气元件的名称及数量

序　　号	名　　称	数　　量
1		
2		
3		
4		
5		
6		
7		
8		

5 实验方法和步骤

6 实验记录和数据处理

（1）实验数据记录

测量名称	测　量　数　据						
缸的位移(mm)	0	10	50	100	150	190	200
电压(V)(上升)							
电压(V)(上升)							

（2）输入和输出信号的特性曲线。

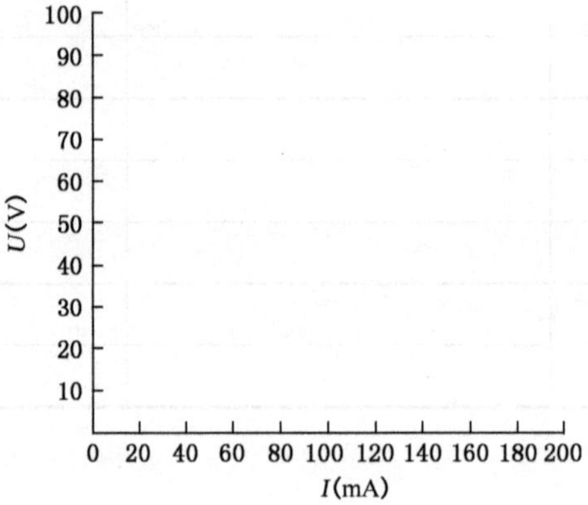

图 4-22　系统特性曲线

（3）计算该系统的比例系数。

7 思考题

说明位移传感器反馈信号的电压范围,并阐述其理由。

成绩评定____________　　　　指导教师____________

第5章　单片机原理及应用

实验1　汇编语言程序设计实验

1　实验目的

（1）了解WAVE集成开发环境的特点和熟练掌握该软件的基本操作，增进单片机编程、调试方法的掌握。

（2）学会使用循环结构编程实现存储器读写。

（3）了解单片机子程序编写和调用方法、特点。

2　实验设备和工具

（1）PC机。

（2）WAVE 6000 for Windows软件。

3　实验内容

（1）指定存储器中某块的起始地址和长度，要求能将其内容清零或置为某固定值（例如全填充为0A3H）。

（2）编写程序将片内RAM中40 H～4 FH共16个存储单元依次设置为00 H～0 FH。

（3）给出一个BCD码数，将其转换成相应数值的ASCII值。

4　实验原理

（1）涉及的存储器块为连续地址单元，应采用寄存器间接寻址方式寻址。

（2）应用DJNZ、CJNE等条件转移指令构成程序循环结构，顺次向各存储单元读写数据。

（3）了解数值的BCD码和ASCII码的区别以及BCD码转换为ASCII码的控制算法。

5　实验步骤

（1）根据实验目的、要求，设计实验流程。

（2）用汇编语言编制程序，输入并调试。

（3）分析实验过程中出现的各类问题，总结经验。

（4）完成实验报告。

汇编语言程序设计实验报告

班级__________ 姓名__________ 学号__________

同组实验人姓名______________ 实验日期________

1 实验记录

2 实验分析

3 实验程序

成绩评定______________ 指导教师______________

实验 2　定时/计数器与中断系统实验

1　实验目的

(1) 学会定时器的使用，了解定时/计数器的 4 种模式特点，掌握与定时/计数器有关的控制寄存器即 TCON、TMOD、TH0、TL0、TH1、TL1 在编程中的应用。

(2) 了解中断的概念、单片机中断系统的特点、中断服务程序的编制与应用。

(3) 了解定时/计数器程序中使用查询方式和中断方式的方法、特点。

(4) 了解单片机实验箱的基本功能和使用方法。

2　实验设备和工具

(1) PC 机。

(2) WAVE 6000 for Windows 软件。

(3) LAB 6000U 单片机仿真实验仪。

3　实验内容

(1) 用定时/计数器和中断技术产生周期为 2 s 的方波，方波信号由 P 1.0 引脚输出，并由该引脚输出驱动发光二极管(LED)闪烁，使 LED 亮 1 s、灭 1 s，闪烁不止。

(2) 8051 单片机内部定时/计数器 T0，按计数器模式、工作方式 1，对 P 3.4(T0)引脚进行计数。将其数值按二进制数在 P1 口驱动 LED 上显示出来。

4　实验原理

(1) 定时/计数器用做定时器时，脉冲信号取自单片机内部振荡器输出脉冲的 12 分频信号，对该信号的计数即可实现计时功能。

(2) 定时/计数器用作计数器时，外部事件计数脉冲由 P 3.4 引脚引入定时/计数器。

5　实验步骤

(1) 分析 MCS-51 单片机定时/计数器结构、工作方式、中断原理及相关控制寄存器，编制程序流程图。

(2) 连接实验仪，连接并检查各连线。

(3) 用汇编语言编写程序，输入并调试。

(4) 对分析实验过程中出现的各类问题进行认真分析、总结经验。

(5) 完成实验报告。

定时/计数器与中断系统实验报告

班级________ 姓名________ 学号________

同组实验人姓名________________ 实验日期________

1 实验记录

2 实验分析

3 实验程序

成绩评定______________ 指导教师______________

实验3　单片机I/O接口实验

1　实验目的

（1）了解数码管的组成、静态显示和动态显示的原理。

（2）利用霍尔元件对直流电机转速进行测量。

2　实验设备和工具

（1）PC机。

（2）WAVE 6000 for Windows 软件。

（3）LAB 6000U 单片机仿真实验仪。

3　实验内容

（1）本实验仪提供了6位8段码LED显示电路，在实验仪上根据要求连接电路，并编程实现动态显示一行数据，如200808。

（2）利用霍尔元件对直流电机每秒转速进行测量，并由数码管显示出来。

4　实验原理

（1）七段数码管的字形代码表如表5-1所示

表5-1　七段数码管的字形代码

显示字形	g	f	e	d	c	b	a	段码
0	0	1	1	1	1	1	1	3FH
1	0	0	0	0	1	1	0	06H
2	1	0	1	1	0	1	1	5BH
3	1	0	0	1	1	1	1	4FH
4	1	1	0	0	1	1	0	66H
5	1	1	0	1	1	0	1	6DH
6	1	1	1	1	1	0	1	7DH
7	0	0	0	0	1	1	1	07H
8	1	1	1	1	1	1	1	7FH
9	1	1	0	1	1	1	1	6FH
A	1	1	1	0	1	1	1	77H
B	1	1	1	1	1	0	0	70H
7CHC	0	1	1	1	0	0	1	39H
D	1	0	1	1	1	1	0	5EH
E	1	1	1	1	0	0	1	79II
F	1	1	1	0	0	0	1	71H

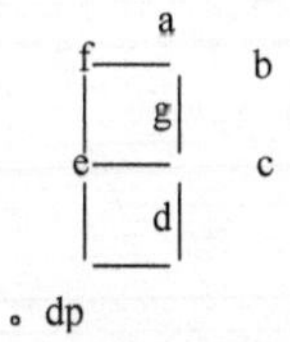

(2) 实验仪上的直流电机附近装有霍尔元件，电机每转一圈，霍尔元件发出一个脉冲。通过对该脉冲信号的 1 s 计数即可知直流电机的每秒转速。

5 实验步骤

(1) 分析实验流程，查表指令使用特点，编制程序流程图。

(2) 连接实验仪，连接并检查各连线。

(3) 用汇编语言编写程序，输入并调试。

(4) 分析实验过程中出现的各类问题，认真分析、总结经验。

(5) 完成实验报告。

单片机 I/O 接口实验报告

班级__________ 姓名__________ 学号__________

同组实验人姓名______________ 实验日期________

1 实验记录

2 实验分析

3 实验程序

成绩评定______________ 指导教师______________

附录　WAVE 集成开发环境简介

WAVE 集成开发环境为南京伟福实业有限公司开发的用于《单片机原理》、《微机接口原理》等课程的实验仿真、开发软件。可登录该公司网站 http://www.wave-cn.com，在“下载专区”中下载该软件，文件名为：WAVE 6000 for windows。

该实验系统不但能够培养学生的实践能力和开发能力，也为学生的课程设计、电子设计竞赛、教师的业余开发提供了高效的开发/分析工具。实验仪提供强大的逻辑分析、波形输出和程序跟踪功能，可以让使用者直观地观察到单片机内部及外部电路工作的波形。

实验系统可以方便灵活地构成各种实验方案，在有无系统机和实验仪的情况下，都能进行相应的编程实验，从而具有极为广泛的应用范围。

1　WAVE 集成开发环境的启动

双击 WAVE 图标或从“开始/程序”进入 WAVE 开发环境。WAVE 启动后的主界面与其他 W・r 应用软件类似。图 5-1 所示为启动后的标题栏、菜单栏和常用工具栏。

图 5-1　WAVE 集成开发环境界面

2　编辑单片机源程序文件

通过菜单“文件”→“新建文件(N)”或点击工具栏“新建文件”按钮，在弹出的源程序编辑窗口(见图 5-2)中即可输入 MCS-51 单片机汇编语言源程序。

图 5-2　源程序编辑窗口

汇编语言源程序输入完成后，操作菜单“文件”→“保存文件”或点击工具栏按钮“保存文件”或按“F2”键，在弹出的对话框(见图 5-3)中选择好文件存放路径，输入合适的文件名及文件名后缀(注意:后缀 ASM 是必需的)。例如,参看图 5-2、图 5-3,将源程序存放在“桌面”上,文件名为“例 4-2. ASM”。

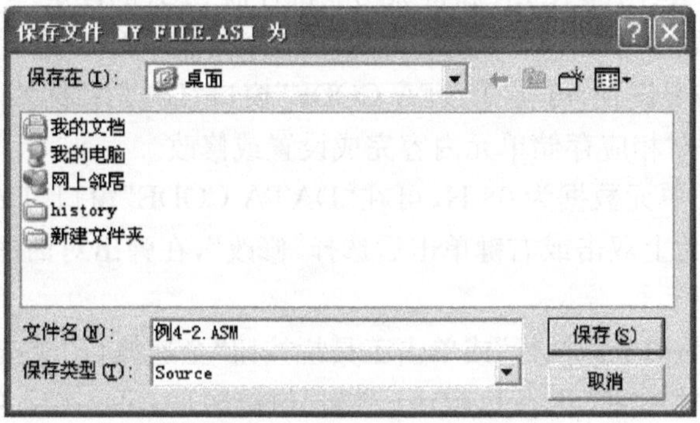

图 5-3　保存文件对话框

3　源程序的编译

通过菜单“项目”→“编译”项操作或按快捷键“F9”,查看“信息窗口”(见图 5-4)的“Message”标签页显示的编译信息有无错误,如有错误请检查程序,排除错误后重新编译直至通过。

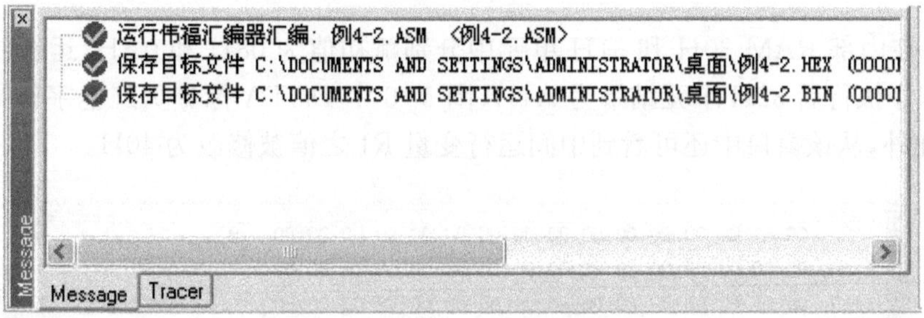

图 5-4　信息窗口

在“DATA CODE”窗口中,一般有“DATA”、“CODE”、“XDATA”标签页,分别为片内数据存储器(RAM)数据窗口、程序存储器(ROM)代码窗口、外部数据存储器数据窗口。

源程序完成编译后形成的机器码以十六进制数显示在“CODE”标签页中。上例完成编译后的代码如图 5-5 所示。

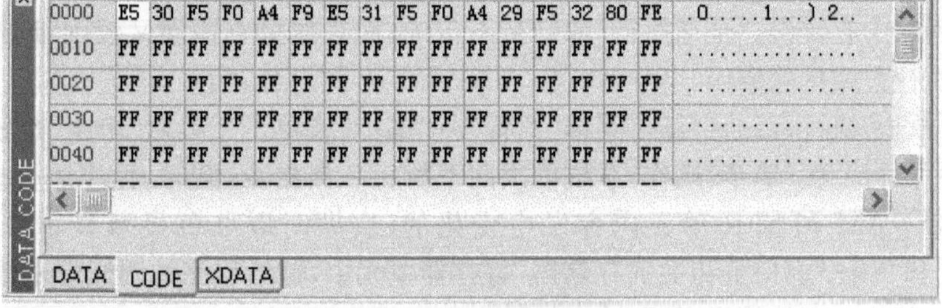

图 5-5　源程序编译后在程序存储器中的指令代码页

4 程序的运行和调试

(1) 初始运行参数、内部RAM和特殊功能寄存器SRF的设定

初始运行参数，如内部RAM单元或特殊功能寄存器SRF之值，并非在每次仿真时必须设置。如果确实需要设置，可在“DATA CODE”窗口“DATA”标签页或在“SFR Project”窗口“SRF”标签页中对相应存储单元内容完成设置或修改。

例如，设定30 H单元数据为08 H，可在“DATA CODE”窗口“DATA”标签页中，把鼠标指针移到30 H单元上双击或右键单击后选择“修改”，在弹出对话框中输入08 H。

(2) 程序全速执行

操作菜单“执行”→“全速执行”或单击工具栏按钮“全速执行”或按“CTRL-F9”键，如果程序无误，可在状态栏看到“正在执行……”和“执行时间：599.237.000.0us……”之类似信息。

操作菜单“执行”→“暂停”或单击工具栏“暂停”按钮，系统停止执行运行中的程序。

(3) 程序运行结果查看

程序运行后，若要查看程序运行结果，首先要使程序暂停下来，然后到相应寄存器中查看结果。程序程序运行结果如果是存放在片内RAM、片外RAM、SFR中的，可分别在“DATA CODE”窗口，“DATA”、“XDATA”标签页和“SRF，Project”窗口的“SRF”标签页中查看。

例如，在内部RAM 30H和31H单元中分别赋初值为08H和0AH，运行结果保存在32H中，程序执行后32H单元结果为A4H(图5-6中DATA标签页红色字符显示的数据“A4”)。此外，从该窗口中还可看到中间运行变量R1之值被修改为40H。

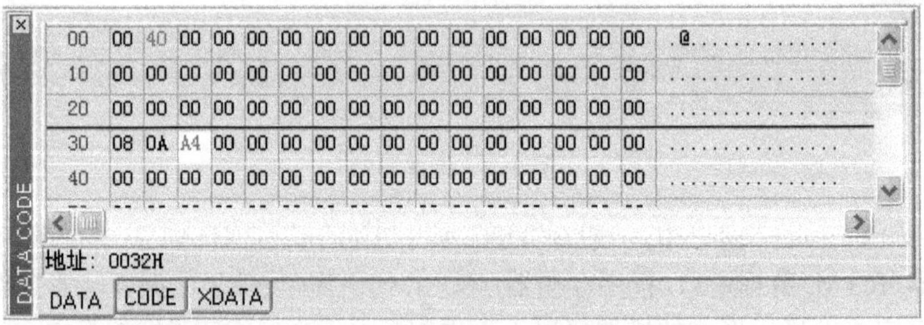

图5-6　内部数据存储器数据页

(4) 程序单步执行和调试

如果程序中有错误，“全速执行”的结果不正确，而直接排查错误又较困难时，可考虑使用“单步”执行方式排除错误。

程序“单步”执行，可通过操作菜单“执行”→“单步”或单击工具栏“单步”按钮或按“F8”键实现。每执行一次“单步”操作，系统依次向下执行一条指令，同时，程序运行过程中内部RAM、外部RAM和SFR单元内容发生变化的，会即时以红色显著显示在“DATA”、“XDATA”和“SRF”窗口页相关的存储器、寄存器单元中，这给程序的调试带来很大方便。

本软件其他方面的使用说明，请在软件中查阅相关“帮助”。

第6章　电气控制与PLC

实验1　电动机的单向运转控制实验

1　实验目的

（1）掌握按钮、接触器、热继电器、熔断器的规格型号、结构组成、工作原理及使用方法。

（2）掌握电动机单向运转控制线路的安装、调试。

（3）熟悉上述线路的故障分析及排除故障的方法，锻炼发现问题、独立分析问题和解决一些实际问题的能力，提高对各种继电器接触器控制线路的实际接线动手能力。

2　主要仪器设备

（1）三相异步电动机，J02-12-4，0.8 kW，1台；

（2）三相胶盖刀开关，HK2-3，15 A，1个；

（3）单相胶盖刀开关，HK2-2，10 A，1个；

（4）熔断器FU，RLl-15，5 A，2只；

（5）交流接触器KM，CJl0-10，380 V，3只；

（6）热继电器KR，JR0-20/3，2.4 A，1只；

（7）控制按钮，LA4-2H，2只；

（8）万用表，1个；

（9）电工工具及导线。

3　实验内容

（1）掌握实验所用仪器、设备的结构和工作原理及使用方法。

（2）按所给电气元件完成电动机的单向运转控制电路设计。

（3）熟悉实验原理，掌握所用设备和元器件的接线方法和操作过程。

4　实验步骤

（1）按所设计的线路完成电气元件的布置。

（2）对所布置的电气元件要认真细心接线，接完线后应在指导老师检查允许后方可通电。

（3）要爱护设备和元器件，不要有损坏设备和元器件的现象。

（4）要注意安全，实验完毕后，应在指导老师检查允许后方可离去。

（5）撰写实验报告。

电动机的单向运转控制实验报告

班级____________ 姓名____________ 学号____________

同组实验人姓名______________ 实验日期____________

1 实验中所用设备和电气元件的名称、型号及规格

2 实验设计的电气原理图

3 回答思考题及解释实验中所出现的现象

成绩评定________________ 指导教师________________

实验 2　Y-△减压启动控制实验

1　实验目的

（1）掌握时间继电器的结构、工作原理及使用方法。

（2）掌握三相异步电动机 Y-△减压启动控制电路的设计及安装、调试。

（3）熟悉上述线路的故障分析及排除故障的方法，锻炼具有发现问题、独立分析问题和解决一些实际问题的能力，提高对各种继电器接触器控制线路的实际接线动手能力。

2　主要仪器设备

（1）三相异步电动机，J02-12-4，0.8 kW，1 台；

（2）三相胶盖刀开关，HK2-3，15 A，1 个；

（3）单相胶盖刀开关，HK2-2，10 A，1 个；

（4）熔断器 FU，RL1-15，5 A，2 只；

（5）交流接触器 KM，CJ10-10，380 V，3 只；

（6）时间继电器 KT，JS7－1A，380 V，1 只；

（7）热继电器 KR，JR0-20/3，2.4 A，1 只；

（8）控制按钮，LA4-2H，2 只；

（9）万用表，1 个；

（10）电工工具及导线。

3　实验内容

（1）了解实验所用仪器、设备的结构和工作原理及使用方法。

（2）按上面所给电气元件完成三相异步电动机 Y-△减压启动控制电路设计。

（3）熟悉实验原理，掌握所用设备和元器件的接线方法和操作过程。

4　实验步骤

（1）按所设计的线路完成电气元件的布置。

（2）对所布置电气元件要认真细心接线，接完线后应在指导老师检查允许后方可通电。

（3）要爱护设备和元器件，不要有损坏设备和元器件的现象。

（4）要注意安全，实验完毕后，应在指导老师检查允许后方可离去。

（5）撰写实验报告。

5　问题与讨论

（1）Y-△减压启动控制电路使启动电流降低了多少？它有什么缺点？

（2）若把时间继电器的延时动合触点与动断触点接错，线路工作状态会怎样？

（3）试用断电延时时间继电器设计 Y-△减压启动控制电路。

（4）分析实验中发生的故障情况，总结实验体会。

Y-△减压启动控制实验报告

班级____________　姓名____________　学号____________

同组实验人姓名__________________　实验日期__________

1　实验中所用设备和电气元件的名称、型号及规格

2　实验设计的电气原理图

3　回答思考题及解释实验中所出现的现象

成绩评定________________　指导教师________________

实验3　PLC编程器的使用实验

1　实验目的

(1) 掌握可编程逻辑控制器(PLC)编程器的基本使用方法。
(2) 掌握PLC编程操作和程序输入方法。
(3) 掌握用编程器对用户程序的编辑及监视程序运行状态的方法。
(4) 初步掌握定时器、计数器的使用方法,进一步熟悉PLC的工作原理。

2　主要仪器设备

(1) FX2N-40MR主机,1台;
(2) FX-20P编程器,1台;
(3) 模拟开关板,1块。

3　实验内容

(1) 完成程序的键入和读出。
(2) 在键入程序前,首先将NOP成批写入,进行清零。
(3) 操作前,把PLC的RUN输入端子设置为OFF。
(4) 撰写实验报告。

PLC 编程器的使用实验报告

班级__________ 姓名__________ 学号__________

同组实验人姓名________________ 实验日期__________

1 实验中所用设备的名称、型号及规格

2 实验中所用 PLC 简单的指令程序

3 回答思考题及解释实验中所出现的现象

成绩评定______________ 指导教师______________

实验4　PLC 控制的机械手顺序动作实验

1　实验目的

(1) 通过实验,进一步掌握可编程逻辑控制器(PLC)的系统结构和工作原理。

(2) 进一步熟悉编程器的使用方法,通过程序的写入和调试,熟悉 PC 的指令系统和编程方法。

(3) 学会顺序控制程序的设计和调试方法。

(4) 熟悉上述线路的故障分析及排除故障的方法。

2　实验设备和工具

(1) SIEMENS 公司 PLC,1 台。

(2) FESTO 实验装置,1 套。

3　实验内容

(1) 了解实验所用仪器、设备的结构和工作原理及使用方法。

(2) 采用梯形图和语句表法编程语言来完成机械手由起点到 A 点然后到 B 点,或由起点到 B 点然后到 A 点的程序的编制。

(3) 学会程序的写入、检查和修改。

(4) 学会调试运行程序。

4　实验步骤

(1) 在该停的地方安装传感器。

(2) 连接设备与 PLC。

(3) 编写程序并经传输线传输给 PLC。

(4) 对 PC 外部接线要认真细心,接完线后应在指导老师检查允许后方可开始实验。

(5) 要爱护设备和元器件,不要有损坏设备和元器件的现象。

(6) 要注意安全,实验完毕后,应在指导老师检查允许后方可离去。

5　机械手动作过程

机械手能把工件从 A 点移到 B 点。机械手的结构示意图如图 6-1(a)所示。该机构的上升、下降和左移、右移是由双线圈 2 位电磁阀推动气缸来实现的。当某一线圈得电,机构便单方向移动,直至线圈断电才停在当前位置。夹紧和放松是由单线圈 2 位电磁阀驱动气缸来实现的,线圈通电则为夹紧,失电则为放松。设备上装有上、下限位和左、右限位开关。

机械手工作循环过程示意图如图 6-1(b)所示。从图中可见,机械手工作循环过程主要有 8 个动作,即为控制要求。

要求有两种工作方式:点动操作和自动控制。点动操作时,用按钮单独操作机构上升或下降、右移或左移、夹紧或放松。自动控制工作时,按下启动按钮,机构从“原点”开始,自动完成一个工作循环过程,即将工件夹紧后,从 A 点移到 B 点放下工件,然后返回“原点”,等待下一次操作。机构“原点”设置在可动部分位置的左上方,即压下左限位开关和上限位开关,工作钳处于放松状态,机构在“原点”处应有指示。

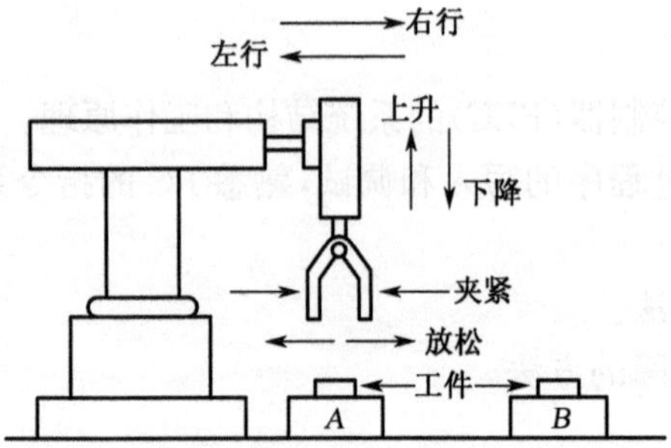

(a) 机械手结构示意图

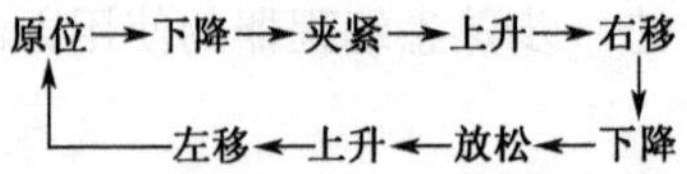

(b) 机械手工作循环过程

图 6-1　机械手结构及工作过程

PLC 控制的机械手顺序动作实验报告

班级____________ 姓名____________ 学号____________

同组实验人姓名__________________ 实验日期__________

1 实验中所用设备和电气元件的名称、型号及规格

2 实验设计的电气原理图、PLC 外部接线图及梯形图和语句表

3 观察所编制的程序是否满足控制要求，并做实验记录

4 问题和讨论

实验中曾发生何种故障？是如何分析排除的？

成绩评定________________ 指导教师________________

参 考 文 献

1. 邢邦圣编著.计算机辅助机械图形设计.北京:煤炭工业出版社,2004
2. 刘鸿文主编.材料力学.北京:高等教育出版社,2004
3. 齐乐华主编.工程材料与机械制造基础.北京:高等教育出版社,2006
4. 廖念钊主编.互换性与技术测量.北京:中国计量出版社,2007
5. 江征风主编.测试技术基础.北京:北京大学出版社,2007
6. 杨叔子,杨克冲编著.机械工程控制基础.武汉:华中科技大学出版社,2005
7. 张景松编著.流体力学.徐州:中国矿业大学出版社,2001
8. 郑文纬,吴克坚主编.机械原理.北京:高等教育出版社,1997
9. 邱宣怀等编著,机械设计.北京:机械工业出版社,2007
10. 王积伟主编.液压与气压传动.北京:机械工业出版社,2006
11. 李朝青编著.单片机原理与接口技术.北京:北京航空航天大学出版社,2005
12. 齐占庆主编.机床电气控制技术.北京:机械工业出版社,2006